高等学校计算机类课程应用型人才培养规划教材

单片微型计算机及接口技术

谢永宁　编著

中国铁道出版社
CHINA RAILWAY PUBLISHING HOUSE

内 容 简 介

本书基于 51 内核，融合了多种新型的单片机，结合编者多年的教学和科研经验，系统全面地介绍了单片机应用系统的基本概念、结构、软硬件设计方法和相关的开发工具。内容更加侧重于接口技术，读者对接口的应用有了更深入的了解以后，可以按照不同的应用需求选择不同的接口进行应用开发。通过本书的学习，可以帮助读者从系统的角度掌握单片机应用系统的基本知识，掌握单片机应用系统开发的基本方法，具备开发单片机应用系统的设计技能。

本书适合作为高等学校计算机、电子、电气、通信等与控制相关专业的教材，也可用于 IT 企业嵌入式工程师作为单片机开发的参考手册。

图书在版编目（CIP）数据

单片微型计算机及接口技术 / 谢永宁编著. — 北京：中国铁道出版社，2012.3

高等学校计算机类课程应用型人才培养规划教材 / 何新贵主编

ISBN 978-7-113-14266-7

Ⅰ. ①单… Ⅱ. ①谢… Ⅲ. ①单片微型计算机－高等学校－教材 Ⅳ. ①TP368.1

中国版本图书馆 CIP 数据核字(2012)第 024713 号

书　　名：单片微型计算机及接口技术

作　　者：谢永宁　编著

策　　划：严晓舟　焦金生　　　　**读者热线：**400-668-0820

责任编辑：周海燕　彭立辉

封面设计：付　巍

封面制作：白　雪

责任印制：李　佳

出版发行：中国铁道出版社（100054，北京市西城区右安门西街 8 号）

网　　址：http://www.51eds.com

印　　刷：三河市华丰印刷厂

版　　次：2012 年 3 月第 1 版　　2012 年 3 月第 1 次印刷

开　　本：787mm×1092mm　1/16　**印张：**14.75　**字数：**348 千

印　　数：1～3 000 册

书　　号：ISBN 978-7-113-14266-7

定　　价：29.00 元

编审委员会

PREFACE

丛书序

当前，世界格局深刻变化，科技进步日新月异，人才竞争日趋激烈。我国经济建设、政治建设、文化建设、社会建设以及生态文明建设全面推进，工业化、信息化、城镇化和国际化深入发展，人口、资源、环境压力日益加大，调整经济结构、转变发展方式的要求更加迫切。国际金融危机进一步凸显了提高国民素质、培养创新人才的重要性和紧迫性。我国未来发展关键靠人才，根本在教育。

高等教育承担着培养高级专门人才、发展科学技术与文化、促进现代化建设的重大任务。近年来，我国的高等教育获得了前所未有的发展，大学数量从 1950 年的 220 余所已上升到 2008 年的 2 200 余所。但目前诸如学生适应社会以及就业和创业能力不强，创新型、实用型、复合型人才紧缺等高等教育与社会经济发展不相适应的问题越来越凸显。2010 年 7 月发布的《国家中长期教育改革和发展规划纲要（2010—2020 年）》提出了高等教育要"建立动态调整机制，不断优化高等教育结构，重点扩大应用型、复合型、技能型人才培养规模"的要求。因此，新一轮高等教育类型结构调整成为必然，许多高校特别是地方本科院校面临转型和准确定位的问题。这些高校立足于自身发展和社会需要，选择了应用型发展道路。应用型本科教育虽早已存在，但近几年才开始大力发展，并根据社会对人才的需求，扩充了新的教育理念，现已成为我国高等教育的一支重要力量。发展应用型本科教育，也已成为中国高等教育改革与发展的重要方向。

应用型本科教育既不同于传统的研究型本科教育，又区别于高职高专教育。研究型本科培养的人才将承担国家基础型、原创型和前瞻型的科学研究，它应培养理论型、学术型和创新型的研究人才。高职高专教育培养的是面向具体行业岗位的高素质、技能型人才，通俗地说，就是高级技术"蓝领"。而应用型本科培养的是面向生产第一线的本科层次的应用型人才。由于长期受"精英"教育理念的支配，脱离实际、盲目攀比，高等教育普遍存在重视理论型和学术型人才培养的偏向，忽视或轻视应用型、实践型人才的培养。在教学内容和教学方法上过多地强调理论教育、学术教育而忽视实践能力的培养，造成我国"学术型"人才相对过剩，而应用型人才严重不足的被动局面。

应用型本科教育不是低层次的高等教育，而是高等教育大众化阶段的一种新型教育层次。计算机应用型本科的培养目标是：面向现代社会，培养掌握计算机学科领域的软硬件专业知识和专业技术，在生产、建设、管理、生活服务等第一线岗位，直接从事计算机应用系统的分析、设计、开发和维护等实际工作，维持生产、生活正常运转的应用型本科人才。计算机应用型本科人才有较强的技术思维能力和技术应用能力，是现代计算机软、硬件技术的应用者、实施者、实现者和组织者。应用型本科教育强调理论知识和实践知识并重，相应地，其教材更强调"用、新、精、适"。所谓"用"，是指教材的"可用性"、"实用性"和"易用性"，即教材内容要反映本学科基本原理、思想、技术和方法在相关现实领域的典型应用，介绍应用的具体环境、条件、方法和效果，培养学生根据现实问题选择合适的科学思想、理论、技术和方法去分析、解决实际问题的能力。所谓"新"，是指教材内容应及时反映本学科的最新发展和最新技术成就，以及这些新知识和新成就在行业、生产、管理、服务等方面的最新应用，从而有效地保证学生"学以致用"。所谓"精"，不是一般意义的"少而精"。事实常常告诉我们"少"与"精"是有矛盾的，数量的减少并不能直接促使质量的提高。而且，"精"又是对"宽与厚"的直接"背叛"。

因此，教材要做到“精”，教材的编写者要在“用”和“新”的基础上对教材的内容进行去伪存真的精练工作，精选学生终身受益的基础知识和基本技能，力求把含金量最高的知识传承给学生。“精”是最难掌握的原则，是对编写者能力和智慧的考验。所谓“适”，是指各部分内容的知识深度、难度和知识量要适合应用型本科的教育层次，适合培养目标的既定方向，适合应用型本科学生的理解程度和接受能力。教材文字叙述应贯彻启发式、深入浅出、理论联系实际、适合教学实践，使学生能够形成对专业知识的整体认识。以上 4 个方面不是孤立的，而是相互依存的，并具有某种优先顺序。“用”是教材建设的唯一目的和出发点，“用”是“新”、“精”、“适”的最后归宿。“精”是“用”和“新”的进一步升华。“适”是教材与计算机应用型本科培养目标符合度的检验，是教材与计算机应用型本科人才培养规格适应度的检验。

中国铁道出版社同《高等学校计算机类课程应用型人才培养规划教材》编审委员会经过近两年的前期调研，专门为应用型本科计算机专业学生策划出版了理论深入、内容充实、材料新颖、范围较广、叙述简洁、条理清晰的系列教材。本系列教材在以往教材的基础上大胆创新，在内容编排上努力将理论与实践相结合，尽可能反映计算机专业的最新发展；在内容表达上力求由浅入深、通俗易懂；编写的内容主要包括计算机专业基础课和计算机专业课；在内容和形式体例上力求科学、合理、严密和完整，具有较强的系统性和实用性。

本系列教材是针对应用型本科层次的计算机专业编写的，是作者在教学层次上采纳了众多教学理论和实践的经验及总结，不但适合计算机等专业本科生使用，也可供从事 IT 行业或有关科学研究工作的人员参考，适合对该新领域感兴趣的读者阅读。

本系列教材出版过程中得到了计算机界很多院士和专家的支持和指导，中国铁道出版社多位编辑为本系列教材的出版做出了很大贡献，在此表示感谢。本系列教材的完成不但依靠了全体作者的共同努力，同时也参考了许多中外有关研究者的文献和著作，在此一并致谢。

应用型本科是一个日新月异的领域，许多问题尚在发展和探讨之中，观点的不同、体系的差异在所难免，本系列教材如有不当之处，恳请专家及读者批评指正。

《高等学校计算机类课程应用型人才培养规划教材》编审委员会

2011 年 1 月

前 言

“微型计算机及接口技术”是一门应用性较强的计算机专业课程，是设计与开发各种计算机应用系统的基础。从硬件的角度看，微型计算机、单片机、嵌入式系统的开发与应用，很大程度上就是接口电路的开发与应用。掌握常用接口的工作原理和编程控制技术，对学生自主设计计算机应用系统解决实际问题具有重要的意义。

传统的“微型计算机及接口技术”都是基于8086 CPU来讲述的，而8086 CPU早已淘汰，因此必须进行教材改革。改革的方向一般有2个：一是基于目前广泛使用的32位PC，改为介绍“32位微机接口技术”；二是基于目前广泛使用的8位单片机，介绍“单片微型计算机及接口技术”。

本书的编写，不是仅仅基于传统的MCS51单片机或89C(S)51单片机，而是基于51内核的单片机。内容融合了多种新型的基于51内核的单片机，这些新型单片机的在片资源更加丰富，功能更加强大，应用更加广泛。在内容编排上，更加侧重于接口技术，读者对接口的应用有了更深入的了解后，可以按照不同的应用需求选择不同的接口进行应用开发。

本书的编写原则

以工程应用为主，强调实际的工程应用能力，选材上力求实用、新颖；叙述上力求简洁、易懂；为读者提供完整的单片机应用系统开发的思路和设计方法，使之具有应用系统开发设计的综合能力。

本书的适用对象

本书适合作为高等学校计算机、电子、电气、通信等与控制相关专业的教材，也可用于IT企业嵌入式工程师作为单片机开发的参考手册。

本书的结构

本书共9章，各章的内容如下：

第1章 介绍单片机与接口技术的一些基础知识。通过本章的学习，读者可以了解单片机与接口技术的一些基本概念和数据传送的方式，掌握认识接口的基本方法，为进一步学习奠定基础。

第2章 主要介绍51内核的单片机，并且对一些新型的采用51内核的单片机作了简单的介绍。通过本章的学习，读者可以初步了解51内核单片机的组成结构、在片资源。

第3章 对软件开发环境的基本要求和几种目前流行的51单片机的软件开发环境作了简单介绍，重点介绍了Keil μ Vision 4集成开发环境的使用。通过本章的学习，读者可以基本掌握Keil μ Vision 4集成开发环境的使用方法，在Keil μ Vision 4集成开发环境下进行软件的开发。

第4章 介绍51系列单片机的指令系统，详细介绍了51系列单片机有哪些类型的操作指令，分别用什么缩写字；有哪些寻址方式，各种寻址方式的含义，以及各种寻址方式所采用的助记符；各种类型的指令分别使用哪些寻址方式，以及允许的寻址方式的组合形式。通过本章的学习，读者可以较全面地掌握51系列单片机的指令系统，为采用汇编语言编写应用程序奠定基础。

第5章 介绍C51程序设计语言，详细介绍了C51的标识符、关键字、运算符、数据的基本类型；函数、数组、指针、结构、联合、枚举以及C51语言程序设计的基本格式。通过本章的学习，读者可以较全面地掌握 C51 程序设计语言，为采用 C 语言编写 51 系列单片机的应用程序奠定基础。

第 6 章 介绍 51 内核单片机的基本应用接口的设计方法，详细介绍了存储器接口、通用 I/O 接口、键盘接口、显示器接口，以及 A/D 转换接口、D/A 转换接口的设计原理和设计方法。通过本章的学习，可使读者对应用接口有更深入的了解，可以按照不同的应用需求选择不同的接口进行应用程序开发。

第 7 章 介绍基于 51 单片机的通信接口的基本设计方法，详细介绍了 UART 接口、IIC 接口、SPI 接口、USB 接口以及常用的网络接口的设计原理和设计方法。通过本章的学习，可使读者对通信接口有更深入的了解，可以按照不同的应用需求选择不同的接口进行应用程序开发。

第 8 章 简单介绍实时操作系统的基本概念，详细介绍了适合 51 单片机系统的 RTX51 及 μC/OS 等实时操作系统。通过本章的学习，读者可以初步建立对实时操作系统的全面认识，学会自行选配 RTOS 开发平台。

第 9 章 通过系统设计实例，详细地介绍了一个单片机应用系统的开发过程，从系统选题、需求分析、系统的软硬件设计及调试等方面都作了详细的介绍。希望本章内容能为读者在今后学习、工作过程中的系统开发有一定的帮助。

本课程的教学建议

由于不同的专业，先期学习的课程不同，对本课程的要求也可能不同，所以在教学安排上，可以有选择地学习相关内容，这里给出两种建议：

（1）课时安排比较充足的，可以教学全部内容

建议学时为 80 学时，其中教学 60 学时、实验 20 学时。教学学时具体安排如下：

第 1 章 概述	2 学时
第 2 章 51 内核的单片机	2 学时
第 3 章 单片机的软件开发环境	2 学时
第 4 章 51 汇编语言程序设计	6 学时
第 5 章 C51 程序设计语言	10 学时
第 6 章 51 内核单片机的基本应用接口设计	16 学时
第 7 章 51 内核单片机的通信接口设计	10 学时
第 8 章 51 实时操作系统	6 学时
第 9 章 单片机应用系统的开发实例	6 学时

（2）课时较少且先期已开设“C 语言程序设计”课程的可酌减教学学时

建议学时为 64 学时，其中教学 44 学时、实验 20 学时，第 5 章安排学生自行复习，第 8 章安排学生自学。

致谢

本书在编写过程中得到了相关教师的热心帮助，中国铁道出版社为本书的尽快出版做了大量的工作，特别是编审专家提出了很多宝贵的意见，在此表示衷心的感谢。本书写作时参考了大量文献资料，在此也向这些文献资料的作者深表谢意。

由于时间仓促，编者水平有限，书中难免有不当和欠妥之处，敬请各位专家、读者批评指正。

编 者

2011 年 10 月

目录

CONTENTS

第1章 概　述

本章导读

本章重点介绍单片机与接口技术的一些基本知识。

本章内容要点：

- 单片机与微控制器的概念；
- 单片机系统的基本组成；
- 关于接口的一些基本概念；
- 数据传送方式；
- 认识接口的基本方法。

内容结构

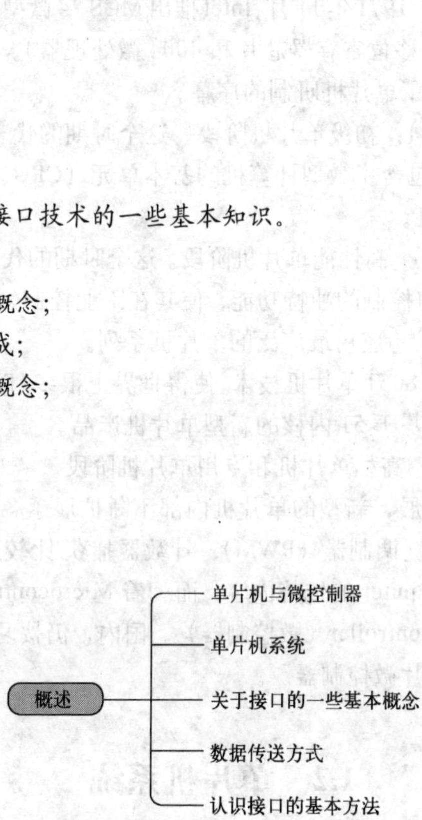

学习目标

本章内容一般只要求作认识性了解，通过学习，学生应该能够：

- 初步建立对单片机系统的全面认识；
- 了解关于接口的一些基本概念和数据传送方式；
- 掌握认识接口的基本方法；
- 为今后的深入学习和研究打下基础。

1.1　单片机与微控制器

按照冯·诺依曼体系结构，一台计算机的硬件系统由五大部分（运算器、控制器、存储器、输入设备、输出设备）组成。

一般的计算机，是采用按逻辑功能划分的各种微机电路芯片（如：CPU 芯片、存储器芯片、I/O 芯片等）组装而成的，即所谓“多片结构的计算机”。

单片机则是将 CPU、存储器、I/O 接口等集成在一块芯片上，因此称为 Single-Chip Microcomputer。

单片机主要是针对工业控制以及与控制有关的数据处理而设计的。

目前，单片机的发展已有 40 年的历史，它是硬件和软件交替发展的，可以分为 4 个阶段。

第一阶段(1971—1974 年)：1971 年 11 月，Intel 推出 MCS-4 微型计算机系统(包括 4001 ROM 芯片、4002 RAM 芯片、4003 移位寄存器芯片和 4004 微处理器)。这个时期的单片机还不是真正意义上的单片机，但却拉开了单片机研制的序幕。

第二阶段（1974—1978 年）：初级单片机阶段。这个时期的代表产品是 Intel 公司的 8048，它出现在 1976 年。8048 片内包含了微型计算机的基本单元（CPU、存储器、并行 I/O、定时计数器等)，形成了实际的单片机。

第三阶段（1978—1983 年）：高性能单片机阶段。这个时期的代表产品是 Intel 公司的 8051，它出现在 1980 年。由于其面向控制的独特功能，使其在工业控制领域引起了轰动。在此基础上发展的 51 系列单片机，迅速成为应用最广泛的单片机系列。

由于 Intel 公司彻底开放了 8051 单片机技术，使得世界上很多 IT 厂商加入到开发与改造 8051 单片机的行列中，开发出各种基于 51 内核的新型单片机产品。

第四阶段（1983 年至今）：高档单片机和专用单片机阶段。

随着单片机技术的不断发展，新型的单片机内部不断扩展了各种控制功能。例如，增加了 A/D 转换器、D/A 转换器、脉宽调制器（PWM）、计数器捕获/比较逻辑（PCA）、高速 I/O 接口等，使得它已突破了 Microcomputer 的传统内容，而朝着 Microcontroller 的内涵发展。因此，国外已将单片机统一称为 Microcontroller（微控制器）。国内，仍按习惯称为“单片机”，但其实质应该是“微控制器”或“单片微控制器”。

1.2 单片机系统

同计算机系统一样，单片机系统也是由硬件系统和软件系统构成的。

单片机的硬件系统分为单片机、单片机系统和单片机应用系统 3 个层次。详述如下：

① 单片机：将 CPU 和计算机的外围功能单元（如：存储器、I/O 接口、定时计数器、中断系统等）集成在一起的芯片。

② 单片机系统：当单片机内部的计算机外围功能单元不能满足对象要求时，通过系统扩展，在外部并行总线上扩展相应的计算机外围功能单元所构成的系统。构成单片机系统的手段是“系统扩展”。

③ 单片机应用系统：通过系统配置，给单片机系统按控制对象的环境要求配置相应的外部接口电路（如：数据采集系统的传感器接口、控制系统的伺服驱动接口单元以及人机界面等)，以构成满足对象全部要求的单片机硬件环境。构成单片机应用系统的手段是“系统配置”。

单片机的软件一般可以分层为系统软件和应用软件。系统软件处于底层硬件和高层应用软件之间，但是单片机的资源有限，设计者必须在系统软件的功能与构成系统软件的软硬件开销之间，仔细地寻求平衡。

单片机的系统软件构成有两种模式：

① 监控程序：用非常紧凑的代码，编写系统的底层软件。这些软件实现的功能，往往主要是实现系统硬件的管理及驱动，并内嵌一个用于系统的开机初始化、程序代码下载及辅助调试等功能的引导（BOOT）模块。

② 操作系统：经过多年的努力，目前已有许多种适合于 8～32 位单片机的操作系统进入实用阶段，在操作系统的支持下，单片机系统会具有更好的技术性能。例如，程序的多进程结构、与硬件无关的设计特性、系统的高可靠性、软件开发的高效率等。

1.3 关于接口的一些基本概念

1. 接口与端口

(1) 接口的概念

计算机在工作过程中，CPU 要不断地与其他部件交换信息。CPU 不是直接与外围设备（简称外设）交换信息的，而是经过一个中间电路，这个电路就称为“接口电路”，简称“接口”。所谓接口就是主机与外围设备连接的桥梁，由它来完成 CPU 与外围设备之间信息的传递。

一般将外围设备与接口合称为“I/O 系统”。接口又称为“设备控制器”或“适配器”。

(2) 端口的概念

这里所说的端口，是指接口电路内可由程序员通过选择进行读/写的那些寄存器的地址。

通常，一个外围设备可用一个接口与计算机总线相连。但由于工作需要，一个接口中往往有几个端口。除了数据口外，还有命令口（或控制口）和状态口，分别用于对数据、命令和状态进行锁存。

2. 接口的基本形式

I/O 接口通常是数据传送的中转站，其动作受控制信号的控制。因此，I/O 接口一方面与数据总线相连，同时还必须与控制总线相连。为了保证通信的两方都得到数据，它至少应包含一个具有数据锁存能力的锁存器，锁存器和缓冲器一起用以实现对输入/输出数据的锁存与缓冲。此外，对锁存器还必须有选择机构和读/写控制，使 CPU 能有选择地对 I/O 端口进行读/写。

3. 接口电路的基本组成

接口是 CPU 与外围设备连接的桥梁，一定存在两个方向的连接界面，一方面是与 CPU 的连接，另一方面是与外围设备的连接，由它来完成 CPU 与外围设备之间的信息传递。

接口电路主要由若干个端口和相应的控制逻辑组成。

例如，要完成端口的选择，要有地址译码部件；要完成中断控制，要有中断控制逻辑；要完成差错检测，要有差错检测逻辑等。

1.4 数据传送方式

1. I/O 接口与外围设备之间的数据传送方式

I/O 接口与外围设备的数据传送方式是由所用外围设备决定的。根据外围设备的特点，有以下 3 种数据传送方式：

(1) 无条件传送方式

无条件传送方式认为外围设备始终是准备好的，能随时接收或提供数据。

无条件传送方式的接口要求比较简单，只需具有选址和缓冲功能即可。

(2) 同步传送方式

同步传送方式是指接口以某一确定的时钟速率和外设交换数据。例如，对磁盘信息的读/写，计算机外部的同步通信都采用这种传送方式。这是一种速度较高的数据传送方式。它适用于中等以上数据传送速率和按规则间隔工作的外围设备。同步传送方式的关键是确定数据传送的起始与停止，通常采用的是使用专门信息或作出某些规定。

同步传送的原则较简单，但接口需要额外的硬件支持。

(3) 应答方式

应答方式又称握手（Hand Shake）方式。应答方式要安排一对握手线。一根由接口送信号到外设，一根由外设送信号到接口。它们可以是一位控制信号或状态信号。

2. CPU 与 I/O 接口之间的数据传送方式

CPU 与 I/O 接口的数据传送方式通常称为输入/输出的控制方式。采用何种方式和接口与外设之间的数据传送方式有很大关系。常见的方式有以下几种：

(1) 无条件传送方式

无条件传送方式（或称简单的 I/O 方式）对应于接口与外设间的无条件传送方式。适用于那些随时都能读、写数据的设备。

无条件传送方式在读、写操作之前对目标设备的状态不作任何检测，其条件是外设状态已知，即输入时，外设肯定已准备好了有效数据；输出时，外设肯定已准备好了接收数据。

(2) 查询传送方式

很多外围设备，其状态不是已知的。例如，有些与 CPU 异步工作的设备，其工作状态总在变化，在这种情况下，利用无条件传送方式进行数据传送就很难保证数据的可靠性，因此必须在数据传送之前，对目标设备的状态进行查询，确知外设已做好了传送数据的准备时再进行数据传送。否则，CPU 等待并持续不断地查询，一旦外设准备好，则立即进行读/写操作，这种传送方式称为查询传送方式。

查询方式的不足之处：

从查询传送方式的工作过程可以看出，查询传送方式实际上是程序循环等待方式，即利用程序循环检测外设状态，直到外设准备好时才能进行数据传送的操作。在这种方式下，CPU 只能循环执行查询程序而不能进行其他工作，因此其工作效率显然是很低的。另外，用查询方式工作时，如果一个系统中有多个外设，那么 CPU 只能轮流对每个外设进行查询，而这些外设的速度往往并不相同，这时 CPU 显然不能很好地满足各个外设随机地对 CPU 提出输入/ 输出服务的要求，所以此方式不具备实时性。

(3) 中断方式

为了提高系统效率和实时性，可以采用中断传送方式。

在中断传送方式下，外设具有申请 CPU 服务的主动权，当输入设备已将数据准备好或者输出设备可以接收数据时，便可以向 CPU 发出中断请求。如果 CPU 允许中断响应，则 CPU 暂时停下目前的工作而和外设进行一次数据传输。等传输操作完成后，CPU 继续进行原来的工作。

可见，中断传送方式就是外围设备中断 CPU 的工作，使 CPU 停止执行当前程序，而去执行一个为外围设备的数据输入/输出服务程序，该服务程序称为中断处理子程序或中断服务子程序。中断子程序执行完后，CPU 返回原来的程序继续执行。被外界中断时，程序中下一条指令所在处称为断点，从中断服务程序返回时，从断点处继续执行被中断的程序。

在中断传送时，CPU 和外设处在并行工作的状态下。CPU 不必在两个输入/输出过程之间对接口进行状态测试和等待，而可以去作别的处理。因为每当外围设备准备就绪时，会主动向 CPU 发中断请求，由此而进入一个传输过程。此过程完成后，CPU 又可以执行别的任务，而不是处在等待状态，这样就大大提高了 CPU 的效率。

中断方式的不足之处：

比起无条件方式和查询方式，利用中断方式进行数据传送可以大大提高 CPU 的工作效率。但在中断方式下，仍然是通过 CPU 执行程序来实现数据传送的，每进行一次传送，CPU 都必须执行一遍中断处理程序。而且每次中断，CPU 都要保护断点和现场（相关寄存器的内容），中断返回时，还要恢复断点和现场，这些都要使 CPU 花费不少时间。因此，中断方式下的传输效率仍然不是很理想。

如果 I/O 设备的数据传输率较高，那么 CPU 和这样的外围设备进行数据传输时，即使尽量压缩程序查询方式和中断方式中的非数据传输时间，也仍然不能满足要求。这是因为在这两种方式下，还存在另外一个影响传输速度的原因，即它们都是按字节或字进行传输的，为了解决这个问题就需要改变传输方式，这就是数据块传输方式，即 DMA 方式。

(4) 直接存储器存取（DMA）方式

在 DMA 方式下，外围设备利用专门的接口电路直接和存储器进行高速数据传送，并不经过 CPU。这样，进行传输就不必进行保护现场之类的一系列额外操作，数据传输的速度基本上决定于外设和存储器的速度。

在利用 DMA 方式进行数据传输时，当然要利用系统总线。但系统总线是由 CPU 或者总线控制器管理的，因此，在用 DMA 方式进行数据传输时，接口电路要向 CPU 发出请求，使 CPU 让出总线，即把总线控制权交给控制 DMA 传输的接口电路。这种接口电路就是 DMA 控制器。

1.5 认识接口的基本方法

为了实现接口的基本功能，一方面需要有物理基础——硬件的支持；另一方面还要有相应的程序——软件驱动。所以，一个能够实际运行的接口，应由硬件和软件两部分组成。

要掌握接口的应用，必须从硬件与软件两方面来认识它。

1. 接口的外特性（硬件）

接口的外特性，就是接口的应用特性，一般包括以下几个方面：

(1) 接口的逻辑组成

通过接口的连接框图了解接口的逻辑组成。

(2) 接口的引脚信号

对于扩展的接口电路，可以采用两侧分析法来认识接口的引脚信号。

其一是与 CPU 连接的一侧，了解它提供的数据线的宽度、地址线的宽度、控制线的逻辑定义（高电平有效、低电平有效、脉冲跳变）以及时序关系。

其二是与外设连接的一侧，情况比较复杂，因为被控对象种类繁多，型号不一，所提供的信号线五花八门，其逻辑定义、时序关系、电平高低差异甚大。

对与外设连接一侧的分析重点放在两个方面：

① 了解被连接的外设的外部特性，即外设信号线引脚的功能定义和逻辑定义，这样就可以找出需要接口为它提供哪些控制信号线，它能反馈给接口哪些状态信号线，以便在设计接口硬件时提供这些信号线，满足外设的要求。

② 了解被控外设的工作过程，以便在接口软件设计时，按照这种过程编写程序。外设的种类甚多，从高容量快速存储器到指示灯和扬声器，不管其复杂程度如何，只要将它们的外部特性和工作过程分析清楚，接口电路的硬件设计与软件编程才有依据。

(3) 与接口相关的寄存器（端口）

了解接口中的端口非常重要，一切对外设的操作都是通过对接口中的端口的操作来实现的。要正确地应用接口，必须从以下两个方面了解端口。

① 了解端口的功能。一般可以将接口中的端口分为 3 种类型：

- "命令口"（命令寄存器）：接收 CPU 送来的命令，根据这些命令来选择（或设置）接口电路的工作方式（或功能），产生相应的具体操作来实现相应的控制。
- "状态口"（状态寄存器）：用来存放外设的某些工作状态，以便向 CPU 报告。

对于命令/状态口，都必须详细了解其每一个二进制位的功能。

- "数据口"（数据缓冲寄存器）：用来存放与外设交换的数据，数据口又分为输入和输出缓存器，前者暂存外设送来的数据，以待 CPU 将它取走；后者暂存 CPU 送往外设的数据。有了数据缓存器，就可以使高速工作的 CPU 与慢速工作的外设协调工作。

由于数据缓存器直接连在系统数据总线上，因此它应具有三态特性。

② 了解端口的地址分配。了解接口中的端口，还必须了解端口的地址分配，因为端口的操作是按地址进行的。这里应注意的是为了节省系统中的地址空间，很多接口中都采用了端口复用技术，将若干个寄存器共用一个端口地址。

对于地址复用的端口，必须详细了解其采用的是哪种技术，才能够正确地实现对端口的操作。常用的端口复用方法有如下几种：

- 索引法：每次写入控制信息时先写入索引值，然后写入命令字。由索引值决定命令字写入哪一个寄存器。此方法在命令种类多时尤其有用。
- 特定顺序法：这种方法要求写入命令字时要按照严格的写入次序。由事先确定好的次序决定哪一个命令写入哪一个寄存器。

2. 接口的编程（软件）

从实现接口的功能来看，一个完整的接口程序主要包括初始化程序段和数据传送程序段。

(1) 初始化程序段

初始化程序一般包括两大内容，其一对于可编程接口芯片，使用前都需要设置其工作方式及初始工作条件；其二是传送方式的初始化处理，对于中断方式，有中断源的屏蔽/开放、中断优先级的设置等；对于 DMA 方式，有相关的 DMA 通道的开放/屏蔽等。

(2) 数据传送程序段

只要有数据传送，就一定涉及传送方式。其主要有：

- 无条件传送方式：比较简单，只要直接用指令去读或写即可。

- 程序查询方式：需要首先读取状态口，检测外设或接口的状态，根据状态进行分析。如果外设传送数据准备就绪时，即进行数据传送，否则，返回读取状态口，持续不断地查询，直到外设准备好，再进行读或写操作。
- 程序中断方式：数据传送是在中断服务程序中进行的。

小结

本章介绍了单片机与接口技术的一些基本知识。通过本章的学习，读者可以了解单片机与接口技术的一些基本概念和数据的传送方式，掌握认识接口的基本方法，为进一步学习奠定基础。

习题

1．什么是单片机？
2．单片机的硬件系统分为哪几个层次？
3．单片机的软件系统分为哪几个层次？
4．什么是接口？什么是端口？
5．CPU 与接口之间有哪几种传送数据的方式？它们各应用在什么场合？
6．接口与外设之间有哪几种传送数据的方式？

第2章 51内核的单片机

本章导读

自 Intel 公司开放了 8051 单片机技术以来，世界上很多 IT 厂商加入到开发与改造 8051 单片机的行列中，基于 51 内核的各种新型单片机产品不断涌现。

本章内容要点：

- 传统的 51 系列单片机；
- 一些新型的采用 51 内核的单片机。

内容结构

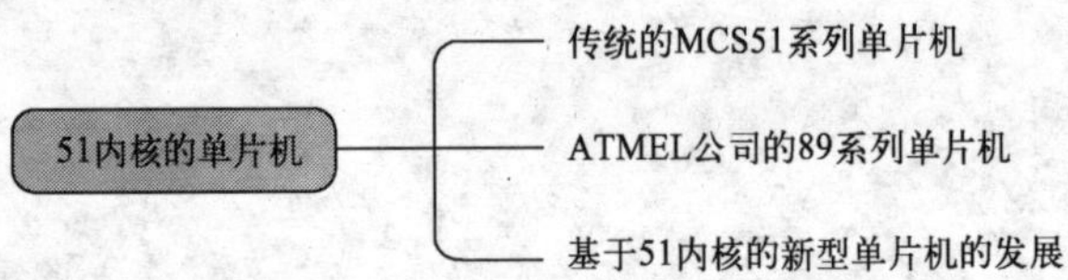

学习目标

本章内容一般只要求作认识性了解，通过学习，学生应该能够：

- 初步建立对 51 系列单片机的全面认识；
- 了解 51 内核单片机的体系结构、在片资源；
- 能够根据实际的应用选择相应的单片机芯片。

2.1 传统的 MCS51 系列单片机

1980 年，Intel 公司在 MCS48 系列单片机的基础上推出了 MCS51 系列单片机，由于该系列单片机片内含有存储器、定时计数器、并行 I/O 接口和串行 I/O 接口，所以成为单片机应用系统的主流产品。

1. MCS51 单片机的基本型号

MCS51 系列单片机的基本型号有 5 种，主要区别是片内存储器不同，如表 2-1 所示。

表 2-1　MCS51 单片机的基本型号

型号 \ 组成	ROM/KB		RAM /B	定时计数器 /个×位	并行 I/O /个	UART /个	中断系统	
	EPROM	ROM					中断源/个	优先级
8031			128	2×16	4	1	5	2
8032			256	3×16	4	1	6	2
8051		4	128	2×16	4	1	5	2
8052		8	256	3×16	4	1	6	2
8751	4		128	2×16	4	1	5	2

2. MCS51 单片机的在片资源

MCS51 单片机在一块芯片中集成了 CPU、 RAM、 ROM、定时计数器和 I/O 接口等多种功能，如图 2-1 所示。其内部包含的功能部件如下：

- 1 个 8 位 CPU；
- 1 个片内振荡器及时钟电路；
- 4 KB ROM 程序存储器；
- 128 B RAM 数据存储器；
- 2 个 16 位定时/计数器；
- 可寻址 64KB 外部数据存储器和 64 KB 外部程序存储器之间的控制电路；
- 32 条可编程的 I/O 线（4 个 8 位并行 I/O 端口）；
- 1 个可编程全双工串行口；
- 具有 5 个中断源、2 个优先级嵌套中断结构。

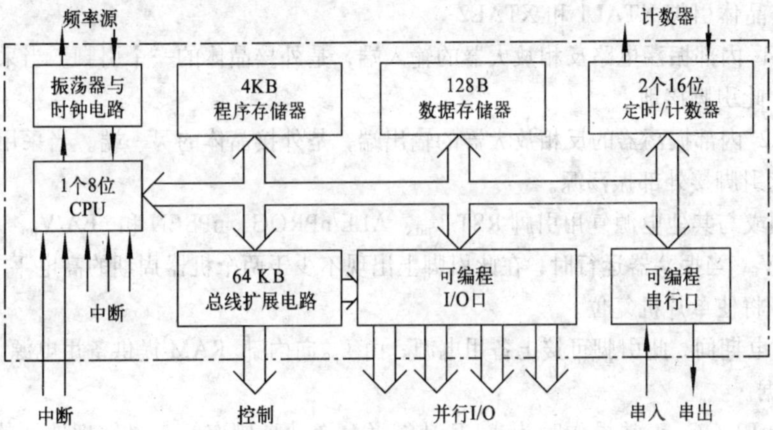

图 2-1　8051 单片机内部结构框图

图中 4 KB 的 ROM 存储器部分用 EPROM 替换就成为 8751；图中去掉 ROM 部分就成为 8031 的结构图。

3．MCS51 的引脚信号

MCS51 系列单片机通常有两种封装方式，一种是双列直插式封装(DIP)；另一种是方形封装(PLCC)。图 2–2（a）为双列直插式封装引脚排列图，图 2–2（b）为接口示意图。

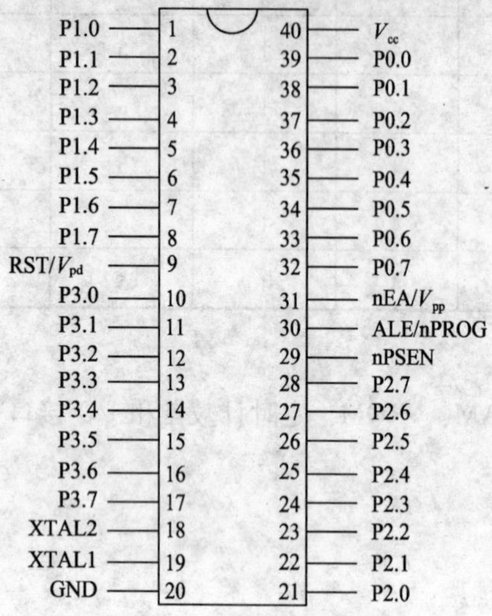

(a) 引脚排列

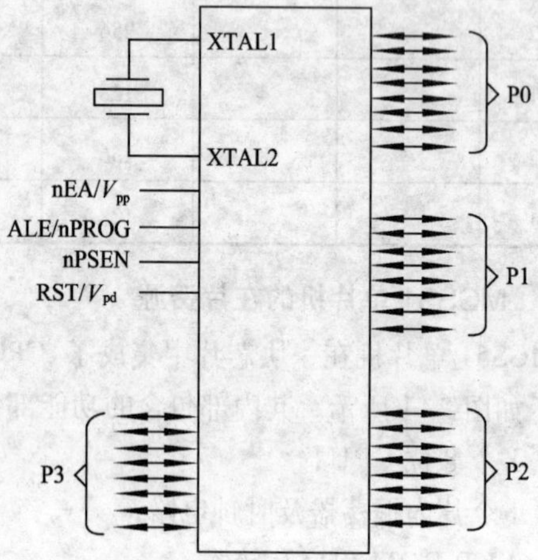

(b) 接口示意图

图 2–2　MCS51 的引脚排列图

40 条引脚说明如下：

（1）主电源引脚 GND 和 V_{CC}

- GND 接地。
- V_{CC} 正常操作时为 +5 V 电源。

（2）外接晶体引脚 XTAL1 和 XTAL2

- XTAL1 内部振荡电路反相放大器的输入端，是外接晶体的一个引脚。当采用外部振荡器时，此引脚接地。
- XTAL2 内部振荡器的反相放大器的输出端，是外接晶体的另一端。当采用外部振荡器时，此引脚接外部振荡源。

（3）控制或与其他电源复用引脚 RST/V_{pd}、ALE/nPROG、nPSEN 和 nEA/V_{pp}

- RST/V_{pd} 当振荡器运行时，在此引脚上出现不少于两个机器周期的高电平（由低到高跳变），将使单片机复位。

在 V_{CC} 掉电期间，此引脚可接上备用电源，由 V_{pd} 向内部 RAM 提供备用电源，以保持内部 RAM 中的数据。

- ALE/nPROG 正常操作时为 ALE 功能（允许地址锁存），提供把地址的低字节锁存到外部锁存器。ALE 引脚以不变的频率（振荡周期的 1/6）周期性地发出正脉冲信号。因此，它可用作对外输出的时钟，或用于定时目的。但要注意，每当访问外部数据存储器时，将跳过一个 ALE 脉冲。ALE 端可以驱动（吸收或输出电流）8 个 LSTTL 电路。

对于 EPROM 型单片机，在 EPROM 编程期间，此引脚接收编程脉冲（nPROG 功能）。

- nPSEN 外部程序存储器读选信号输出端。在从外部程序存储器取指令（或数据）期间，nPSEN 在每个机器周期内两次有效。nPSEN 同样可以驱动 8 个 LSTTL 输入。
- nEA/ V_{pp} 为内部程序存储器和外部程序存储器选择端。当 nEA 为高电平时，CPU 从片内程序存储器开始执行指令，当 PC 的内容超过片内程序存储器地址的最大值时（4K），将自动转去执行片外程序存储器的指令。当 nEA 为低电平时，则从片外程序存储器开始执行指令。对于 EPROM 型单片机，在 EPROM 编程期间，此引脚上加 21V EPROM 编程电源（V_{pp}）。

（4）输入/输出引脚 P0.0～P0.7、P1.0～P1.7、P2.0～P2.7、P3.0～P3.7

- P0.0～P0.7：P0 是一个 8 位漏极开路型双向 I/O 接口。在访问外部存储器时，它是分时传送的低字节地址和数据总线。P0 口能以吸收电流的方式驱动 8 个 LSTTL 负载。
- P1.0～P1.7：P1 是一个带有内部提升电阻的 8 位准双向 I/O 接口。它能驱动（吸收或输出电流）4 个 LSTTL 负载。
- P2.0～P2.7：P2 是一个带有内部提升电阻的 8 位准双向 I/O 接口。在访问外部存储器时，它输出高 8 位地址。P2 可以驱动（吸收或输出电流）4 个 LSTTL 负载。
- P3.0～P3.7：P3 是一个带有内部提升电阻的 8 位准双向 I/O 接口，能驱动（吸收或输出电流）4 个 LSTTL 负载。P3 还用于第二功能，如表 2-2 所示。

表 2-2　P3 口的第二功能

P3 引脚	第二功能
P3.0	RXD：串行输入
P3.1	TXD：串行输出
P3.2	nINT0：外中断 0 输入
P3.3	nINT1：外中断 1 输入
P3.4	T0：定时器 0 外部输入
P3.5	T1：定时器 1 外部输入
P3.6	nWR：片外 RAM 写允许
P3.7	nRD：片外 RAM 读允许

2.2　ATMEL 公司的 89 系列单片机

AT89 系列单片机是美国 ATMEL 公司生产的低功耗、高性能 CMOS 8 位单片机，片内含可系统编程的 Flash 只读程序存储器，器件采用 ATMEL 公司的高密度、非易失性存储技术生产，兼容标准 8051 指令系统。它集成的 Flash 程序存储器、既可在线编程（ISP），也可用传统方法进行编程。在通用的 8 位微处理器芯片中，ATMEL 公司的 AT89S 系列单片机功能强大，价位低，可提供较高的性价比，灵活应用于各种控制领域。

1. AT 89 系列单片机型号的说明

AT89 系列单片机的型号编码由前缀、型号和后缀三部分组成，格式如下：

```
AT 89Cxxxx – xxxx
 |     |          └ 后缀 由 x x x x 4个参数组成
 |     |                    | | | └ 用以说明产品的处理情况
 |     |                    | | |        =/883 表示采用 MIL-STD-883 标准
 |     |                    | | └ 表示产品的温度范围
 |     |                    | |          =C  商业产品  0℃～+70℃
 |     |                    | |          =I  工业产品  –40℃～+85℃
 |     |                    | |          =A  车用产品  –40℃～+125℃
 |     |                    | |          =M  军工产品  –55℃～+150℃
 |     |                    | └ 表示产品的封装形式
 |     |                    |            =D  Cerdip
 |     |                    |            =J  塑料引线芯片载体
 |     |                    |            =L  无引线芯片载体
 |     |                    |            =P  PDIP 封装
 |     |                    |            =S  SOIC 封装
 |     |                    |            =Q  PQFP 封装
 |     |                    |            =A  TQFP 封装
 |     |                    |            =W  无封装
 |     |                    └ 表示产品的速度(工作频率)
 |     |                           =12  12 MHz
 |     |                           =16  16 MHz
 |     |                           =20  20 MHz
 |     |                           =24  24 MHz
 |     └ 型号 由 89 C  xxxx  3个参数组成
 |                | |  └ 表示器件的型号
 |                | └ 表示器件的特征
 |                |        =C  表示是 CMOS 产品
 |                |        =S  表示含有可下载 Flash 存储器
 |                |        =LV 表示为低电压产品
 |                └ 9 表示内部有 Flash 存储器
 └ 前缀 表示为 ATMEL 产品
```

2. AT89 系列单片机的特点

AT89 系列单片机有多种型号，其中 AT89C1051、AT89C2051 属低档低电压产品，为 20 脚封装，最低工作电压为 2.7 V；AT89C51、AT89LV51、AT89C52、AT89LV52、AT89S51 为中档产品，与 8051 完全兼容，AT89S52 为增强型，内含把关定时器（看门狗）电路。

与 8051 单片机相比，AT89S52 单片机内部多了一个 8 KB 的 Flash 程序存储器，一个 16 位的定时器/计数器，一个中断源，还多了 128 B 内部 RAM 和把关定时器电路。

由于 AT 89 系列单片机采用 Flash 取代了使用不太方便的 EPROM，使得这个系列单片机更受人们的青睐。

2.3　基于 51 内核的新型单片机的发展

自从 Intel 公司彻底开放了 8051 单片机的技术，世界上很多 IT 厂商都加入到开发与改造 8051 单片机的行列中，相继开发出各种基于 51 内核的新型单片机产品。

纵观基于 51 内核的新型单片机的发展，主要反映在以下几个方面：

1．采用先进的结构以实现高性能

这里的高性能主要是指通过改进 CPU 的性能，加快指令运算的速度和提高系统控制的可靠性。采用精简指令集（RISC）结构和流水线技术，大幅度提高运行速度。现指令速度最高者已达 100 MIPS（Million Instruction Per Seconds，即兆指令每秒），并加强了位处理功能、中断和定时控制功能。这类单片机的运算速度比标准的单片机高出 10 倍以上。

Philips 公司的 51LPC 系列单片机的指令执行速度比现有的 80C51 器件高 1 倍，因为它在结构上有所改善；采用双数据指针，依据条件读取扩展或外接存储器；采用 4 级中断优先，用来处理越来越频繁的中断；芯片上具有多个存储器，有最大到 64 KB 的 ROM 或 EPROM，有 512 B 或 1KB 的 RAM 等；改善的 UART，用来进行 FRAMING 错误检测，自动地址检测。

美国 Cygnal 公司生产的 C8051F 系列单片机具有高速指令处理的能力。作为标准的 8051，一个机器周期要占用 12 个系统时钟周期，执行一条指令最少要一个机器周期。而 C8051F 系列单片机指令系统采用流水线结构，机器周期由标准的 12 个系统时钟周期降为一个系统时钟周期，指令处理能力比 51 单片机大大提高。

C8051F 系列单片机采用 CIP51 内核，CIP51 内核 70%的指令执行是在一个或两个系统时钟周期内完成的，只有 4 条指令的执行需要 4 个以上的时钟周期。

华邦公司的 W77、W78 系列 8 位单片机的引脚和指令集与 8051 兼容，但每个指令周期只需要 4 个时钟周期，速度提高了 3 倍，工作频率最高可达 40 MHz。

华邦公司的 Enhanced-51 内核经过重新设计，提高了时钟速度和存储器访问周期速度。经过改进以后，在相同的时钟频率下，它的指令执行速度比标准 8051 要快许多。一般来说，按照指令的类型，其指令执行速度是标准 8051 的 1.5～3 倍。整体来看，该系列的速度比标准的 8051 快 2.5 倍。在相同的吞吐量及低频时钟情况下，电源消耗也降低。

2．低功耗低电压化

MCS−51 系列的 8031 推出时的功耗达 630 mW，而现在的单片机普遍都在 100 mW 左右，随着对单片机功耗要求越来越低，现在的各个单片机制造商基本都采用了 CMOS（互补金属氧化物半导体）工艺，由于 CHMOS 技术的进步，大大地促进了单片机的 CMOS 化。CMOS 电路的特点是低功耗、高密度、低速度、低价格。CMOS 虽然功耗较低，但由于其物理特征决定其工作速度不够高，而 CHMOS 则具备了高速和低功耗的特点，这些特征，更适合于在要求低功耗，电池供电的应用场合。

很多单片机都具有 WAIT、STOP 等省电运行方式。允许使用的电压范围越来越宽，一般在 3～6 V 范围内工作。低电压供电的单片机电源下限已可达 1～2 V。目前，0.8 V 供电的单片机已经问世。

3．采用 FlashMemory

随着半导体工艺技术的不断进步，MCU 的 Flash 版本逐渐替代了原有的 OTP 版本。Flash MCU 具有以下优点：与多次可编程的窗口式 EPROM 相比，Flash MCU 的成本要低得多；在系统编程能力以及产品生产方面提供了灵活性，因为Flash MCU可在编程后再次以新代码重新编程，可减少已编程器件的报废和库存；有助于生产厂商缩短设计周期，使终端用户产品更具竞争力。

由于AT89系列单片机采用Flash取代了使用不太方便的EPROM，使得这个系列单片机更受人们的青睐，成为51单片机的主流产品。

4．扩展了片内存储器的容量

新型的51内核单片机的片内存储器容量越来越大：程序ROM从原来的4 KB扩展到8 KB、16 KB、64 KB，片内RAM从原来的128 B扩展到256 B。

华邦电子股份有限公司的W79E532/W79E548/W79E54还将1 KB的片外数据存储器放在了片内，可以采用MOVX 指令访问。

为了便于存放断电以后也不丢失的数据，C8051F系列单片机还增加了EEPROM存储器。

5．在片资源更加丰富

除了基本的存储器、定时计数器、并行I/O、串行UART以外，很多新型的单片机还集成有新型的通信接口（IIC、SPI、USB、CAN）和模拟应用接口（ADC、DAC、PWM）等。

6．增加了在系统编程的能力

宏晶科技有限公司的STC89系列单片机具有ISP/IAP功能，无须专用编程器，无须将单片机从目标板上取下，即可通过PC串口，对单片机进行编程。由于STC89系列单片机在销售给用户之前，已在单片机内部固化有ISP 系统引导程序，因此，最好不要用通用编程器对STC89系列单片机进行编程，否则，有可能将单片机内部已固化的ISP 系统引导程序擦除，造成无法使用STC 提供的ISP软件下载用户的程序代码。

美国SST 89系列单片机提供系统在线编程(ISP功能)，内部Flash擦写次数1万次以上，程序保存时间可达100年。SST单片机是在目前所有的51单片机产品中IAP技术最强的单片机，单片机内部Flash扇区小（128 B），速度快，功耗低，稳定性高。

7．增加了加密机制

宏晶科技有限公司的STC单片机和SYNCMOS半导体公司推出的SM系列单片机，在设计时就吸取51系列单片机很容易被破解的教训，改进了加密机制。STC单片机出厂时就已经完全加密，用户程序是采用 ISP/IAP 机制写入，编程时一边校验一边写，无法读出命令，这就增加了解密难度。SM系列单片机不可解密。

8．集成网络控制

DS80C400是与8051兼容的高度集成的网络微控制器。DS80C400执行指令的速度比普通的8051快3倍。集成外设包括10/100 Mbit/s以太网MAC、3个串行端口，1个CAN2.0B控制器、1-Wire主机和64个I/O引脚。

为了便于访问网络，DS80C400通过嵌入一个64 KB的ROM提供了一个完整的、可被应用访问的TCP IPv4/6网络栈和OS。网栈最多支持32个并发的TCP连接，并且能够通过以太网MAC提供高达5 Mbit/s的吞吐率。最高达75 MHz的系统时钟频率使最短指令周期仅有54 ns。24位寻址方式简化了对于大容量程序或数据存储器的访问，支持高达16 MB的连续存储空间。

为了加速微控制器和存储器间的数据传送，DS80C400提供了4个数据指针，每个指针都可被配置为在执行完特定的数据指针相关指令后自动递增或递减。DS80C400的硬件算术加速器进一步提升了32位和16位乘除运算及高速移位、归一化和累加函数的执行速度。

小结

本章主要介绍了 51 内核的单片机，并且对一些新型的采用 51 内核的单片机作了简单的介绍。通过本章的学习，读者可以初步了解 51 单片机的组成结构、在片资源。

习题

1．8031、8051 和 8751 的主要区别在哪里？

2．51 单片机在一块芯片上集成了________个________位的 CPU、________个片内振荡器及时钟电路、________字节 ROM 的程序存储器、________字节 RAM 的数据存储器、________个 16 位的定时计数器，可寻址外存(________字节 RAM、________字节 ROM）的控制电路、________条可编程的 I/O 端口线、________个全双工串行端口，________个中断源、________个优先级嵌套中断结构。

3．nEA 引脚的作用是什么？在下列情况下，nEA 引脚应接何种电平？

（1）只有片内 ROM；

（2）只有片外 ROM；

（3）有片内 ROM 和片外 ROM；

（4）有片内 ROM 和片外 ROM，片外 ROM 所存为调试程序。

第3章 单片机的软件开发环境

本章导读

单片机应用系统中的程序存储器中必须放入调试好的应用程序，系统才能运行。单片机的软件开发工具可以分为两大类：一类是功能单一的开发工具（如：源程序编辑器、汇编器、编译器、反汇编工具、反编译工具、软件仿真器、硬件仿真器等）；另一类是将多种功能集成在一起的集成开发环境。

本章内容要点：

- 软件开发环境的基本要求；
- 目前流行的51单片机的软件开发环境。

内容结构

学习目标

通过学习本章内容，学生应该能够：

- 了解程序设计的一些基本概念；
- 掌握开发平台 Keil μ Vision4 的使用方法；
- 能够在 Keil μ Vision4 环境下进行应用程序的开发。

3.1 软件开发环境的基本要求

一个优秀的软件开发环境需要具有以下基本要求：

1. 源程序的编辑

采用某种计算机语言来编写应用程序。在单片机的开发环境中常使用的计算机语言有汇编语言、C语言和BASIC语言等。

汇编语言是一种面向硬件的程序设计语言，要求设计人员必须了解单片机的硬件结构，其实时性能非常好。当设计一个小的应用系统（特别是实时时钟系统），对时钟要求很严格时，一般都采用汇编语言编程。

C 语言和 BASIC 语言都是高级程序设计语言，其语法结构更符合人们的思维习惯，开发者可以更专心地考虑算法而不是考虑一些细节问题，这样就减少了开发和调试的时间。使用高级语言程序员不必知道处理器的具体内部结构，不必十分熟悉处理器的运算过程，这意味着对新的处理器也能很快上手。采用高级语言编写的程序比汇编程序具有更好的可移植性。

2．编译

将源程序转换为该单片机的机器语言程序（目标代码）。有的开发环境自带有编译工具，也有的开发环境是借助于单片机厂商提供的编译工具来实现编译功能。

3．仿真调试

仿真器有 2 种主要类型：一类是实时在线仿真器，这类仿真器需要采用与所仿真的单片机一致的仿真芯片构成硬件系统，可以做到完全的实时在线仿真，功能强大，开发起来非常方便；另一类是软件模拟仿真，适用于简单、实时性不需很强的开发，这类仿真工具可以满足用户开发的低成本要求。

3.2　几种流行的 51 单片机的软件开发环境

下面介绍几种目前流行的 51 单片机的软件开发环境。

1．Keil C51 V9（μVision 4）

软件名称：Keil μ Vision 4；

软件大小：29.7 MB；

软件语言：英文、中文简体；

应用平台：Win9x/NT/2000/XP；

下载网址：http://www.embedinfo.com。

软件简介：

Keil C51 是 Keil Software 的 IDE，是一个基于 Windows 的 51 单片机集成开发环境，它把项目管理、源代码编辑、程序调试等集成到一个功能强大的环境中。

源代码编辑可采用 C 语言，也可采用汇编语言。Keil C51 支持所有的 Keil 8051 工具，包括 C 编译器（C51）、宏汇编器（A51）、库管理器（LIB51）、连接/定位器（BL51）、分段目标文件转换器（OC51）、目标代码到 HEX 的转换器（OH51）。

Keil C51 可以连接仿真器进行仿真调试，也可以进行软件仿真调试。

2．TKStudio IDE

软件名称：TKStudio IDE；

软件大小：2 326 KB；

软件语言：简体中文；

应用平台：Windows 98/Me/NT/2000/XP；

下载网址：http://www.zlgmcu.com/tools/fangzhenqi/TKStudio.asp。

软件简介：

TKStudio IDE 是广州周立功单片机发展有限公司开发的简体中文界面的集成开发环境，软件从界面、功能到操作方法与 Keil μ Vision 高度兼容，提供 Keil A51、C51 系列开发工具的无缝接轨，完美实现编译、连接工具的最细节功能。系统在兼容 Keil μ Vision 时，更多地融入了自己的风格与经验，使界面更美观，功能更实用，能更准确、快捷地完成仿真调试任务。

TKStudio IDE 目前可以免费下载使用，但其编译功能需要 Keil μ Vision 工具的支持，包括 C 编译器（C51）、宏汇编器（A51）、库管理器（LIB51）、连接/定位器（BL51）、目标代码到 HEX 的转换器（OH51）等。

系统在兼容 Keil C51 时，更多地融入了自己的风格与经验，使界面更美观，功能更实用，能更准确、快捷地完成仿真调试任务。

从使用的角度，可以将 TKStudio IDE 看成是 Keil C51 的中文简化版。

3. 51 汇编集成开发环境

软件名称：51 汇编集成开发环境；

软件大小：5 950 KB；

软件语言：简体中文；

应用平台：Windows 9x/NT/2000/XP；

下载网址：http://www1.skycn.com/soft/15074.html。

软件简介：

51 汇编集成开发环境是基于 Windows 环境的 51 汇编软件开发平台，它集源程序的编辑、汇编、反汇编和全软件仿真调试于一体，功能齐全，使用方便，适用于与 51 单片机兼容的各类单片机。

源程序的编辑采用汇编语言，内嵌的汇编程序还支持中文编程，51 源程序中的操作码、标号和特殊功能寄存器均可使用中文。

该软件还具有 MCS48 的汇编、反汇编和将 MCS48 源程序转换为 51 源程序的移植功能。

4. BASCOM-8051

软件名称：BASCOM-8051；

软件大小：4.1 MB；

软件语言：英文；

应用平台：Windows 9x/NT/2000/XP；

下载网址：http://www.mcselec.com。

软件简介：

BASCOM-8051 是 MCS 公司推出的采用 BASIC 语言的 51 单片机软件开发平台，集源程序的编辑、汇编和软件仿真调试于一体。

BASCOM-8051 的 DEMO 版本仅可生成 2 KB 的程序代码。

3.3 Keil μ Vision4 集成开发环境

本节对 Keil μ Vision4 集成开发环境的安装与使用方法进行简单介绍。

3.3.1 安装与启动

Keil μ Vision4 是众多单片机应用开发软件中最优秀的软件之一，它支持众多不同公司的 51 内核芯片，甚至 ARM，它集编辑、编译、仿真等于一体，其界面和常用的微软 VC++的界面相似，因此特别易于使用，同时具备非常高的性能。

下载 Keil μ Vision4 得到的是一个压缩文件，解压安装完成后，可选择“开始”→“程序”→“Keil μ Vision4”启动该软件，启动后的界面如图 3–1 所示。

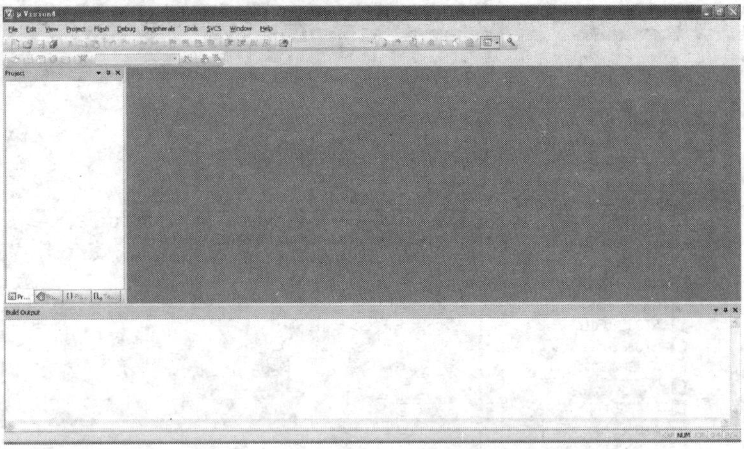

图 3–1　Keil μ Vision4 启动后的界面

3.3.2　工程项目的管理

在 Keil μ Vision4 中，设置了一个项目管理器，可以在项目管理下开发应用程序。创建一个应用程序，一般需要以下几个步骤：

① 新建一个项目；

② 在项目中创建、编辑源程序文件；

③ 为此项目指定编译和调试环境；

④ 编译项目；

⑤ 调试。

1. 创建一个工程项目

① 选择 Project→New μ Vision Project 命令进入 Create New Project 对话框（见图 3–2），输入工程名称，然后单击“保存”按钮，即可创建一个新的项目。

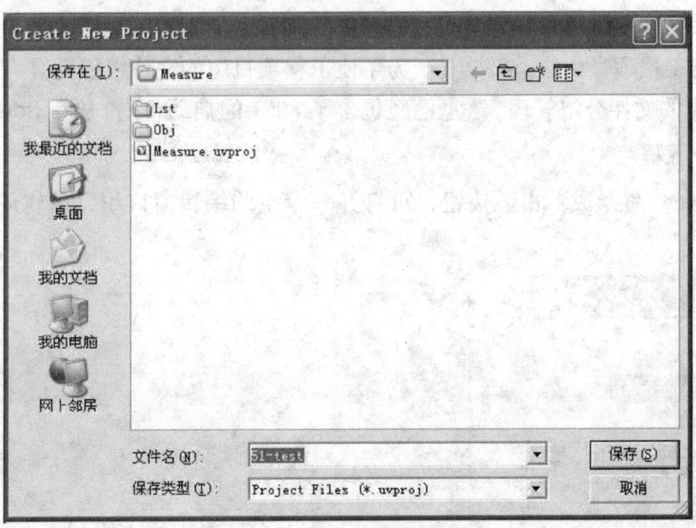

图 3–2　创建一个新的工程项目

② 选择 CPU：创建一个新的工程项目以后，首先需要选择目标 CPU，μ Vision IDE 支持很多种不同公司的 CPU，在这里可以选择 ATMEL 公司的 AT89C51，如图 3–3 所示。

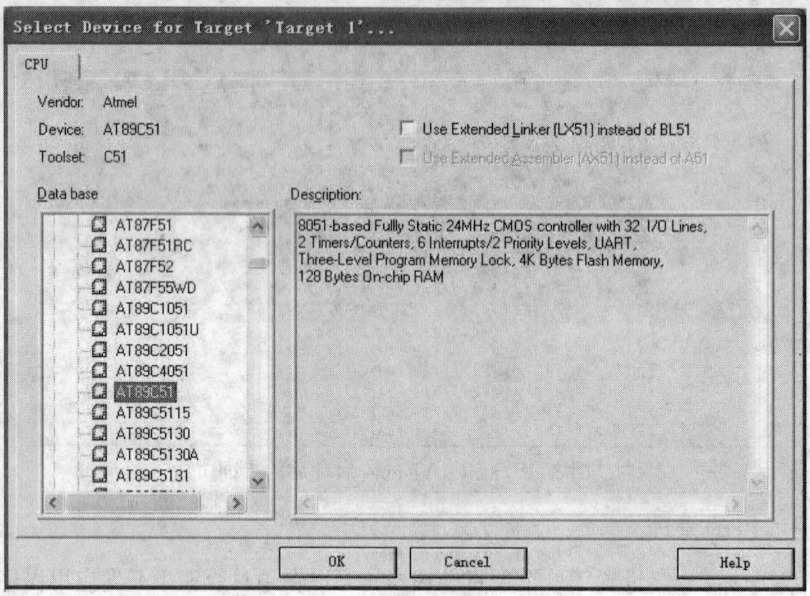

图 3–3　选择目标 CPU

单击 OK 按钮，会出现一个消息框（见图 3–4），问是否复制 8051 的启动代码并加入到工程中。

图 3–4　消息框

单击“是”按钮，工程项目被建立。在打开的工程项目对话框（见图 3–5）中，有 Project 文件管理器，管理着工程项目中的全部文件。为了使工程项目中的文件组织更具有层次性和条理性，可以将工程项目中的文件分组管理。这里已经包含了 8051 的启动代码，放在 Source Group 1 组中。

2. 新建一个源程序

选择 File→New 命令或单击□按钮，可打开一个空的编辑窗口用以编辑源程序，如图 3–6 所示。

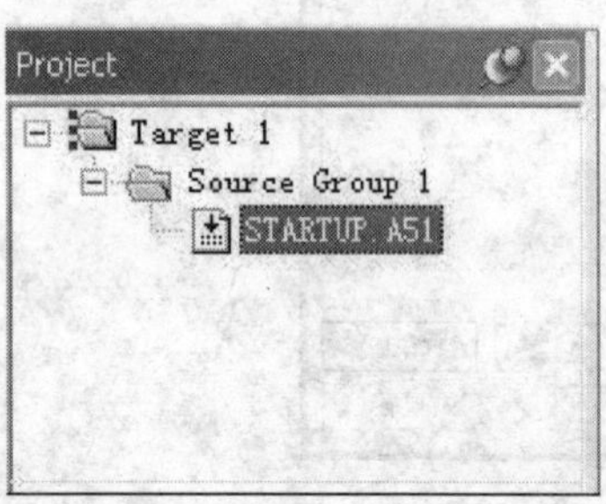

图 3–5　新建的工程项目

图 3–6　源程序编辑窗口

进入源程序编辑窗口后，可以在该窗口下按照编程语言的语法要求编辑源程序。μ Vision IDE 的编辑器就是一个文本编辑器，可以用它来编写各种程序，只是应注意在保存时，必须根据所采用的编程语言选择文件的扩展名。

源程序编辑窗口打开后，Edit 菜单有效。此时，可以使用 Edit 菜单中的命令(Undo、Redo、Cut、Copy、Paste、Find、Replace 等)来辅助源程序进行编辑。

源程序编辑完后，可单击按钮或选择 File→Save 命令保存正在编辑的源程序文件。也可选择 File→Save As 命令将当前正在编辑的源程序文件重命名并进行保存。

保存新编辑的源程序或将当前正在编辑的源程序文件重命名保存时，将出现 Save As 对话框（见图 3-7），在此可选择保存的路径和保存的文件名。

注意：要根据源程序所采用的编程语言来选择文件的扩展名。

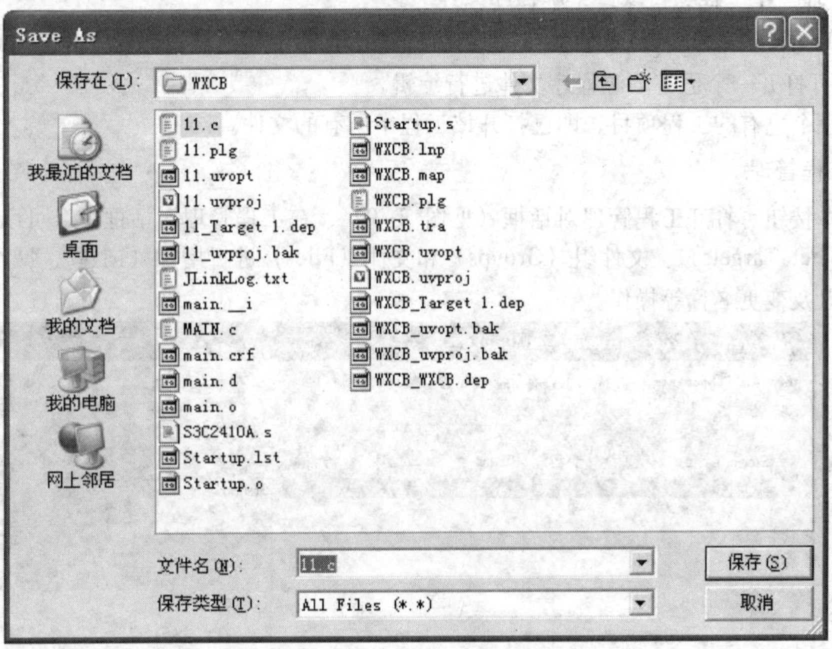

图 3-7　Save As 对话框

3．将一个源程序加入到工程中

在 μ Vision IDE 中，新建的源程序并没有包含在工程中，必须通过下面的操作将一个已有的源程序文件加入到工程项目中。被加入到工程项目中的源程序文件必须满足以下两个条件：

① 该文件的扩展名必须是文件映射表中所定义的。

② 对于可生成目标文件的源程序（如：C 语言程序、汇编语言程序），在同一个工程项目中不能同名。

将一个已有的源程序文件加入到工程项目中的方法有 2 种：

① 在工程项目窗口中的相应位置点右击选择 Add Files 命令进入选择文件对话框（见图 3-8），可选择一个已有的源程序文件，加入到工程项目中。

② 在工程管理对话框中增加已有的源程序文件（见图 3-9）。

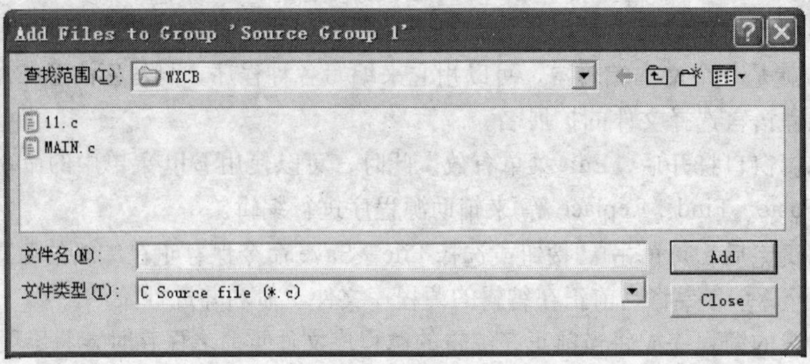

图 3-8 选择文件对话框

4. 打开一个工程项目或一个源程序文件

选择 Project→Open Project 命令，可打开一个已有的工程项目；选择 File→Open 命令或单击按钮可打开一个已有的源程序文件进行编辑。

打开一个已有的工程项目，即已打开该工程中所有的文件。

5. 工程管理

单击按钮可打开工程管理对话框（见图 3-9），在工程管理对话框中，可以分别对工程目标（Project Targets）、文件组（Groups）和文件（Files）进行增加（创建）、减少（删除）、变更顺序以及变更名称等操作。

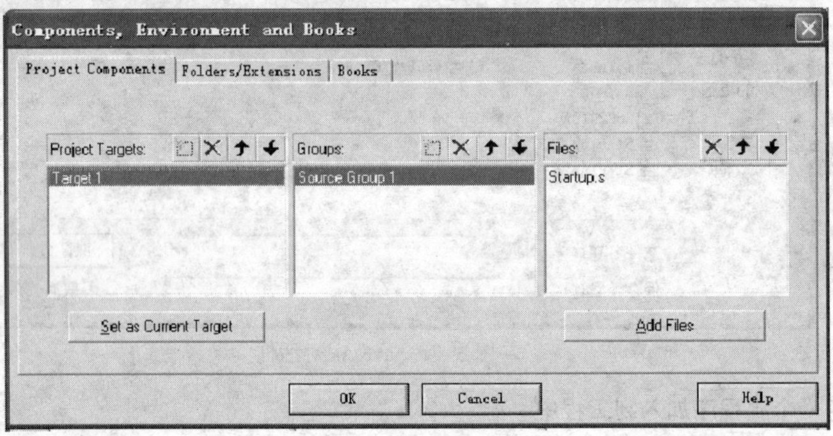

图 3-9 工程管理对话框

6. 编辑源程序

在工程项目窗口中双击文件名，即可打开源程序编辑窗口进行编辑。

3.3.3 工程项目的配置

要使前面创建的工程项目能够正确地被编译，还需要对工程的编译选项进行适当配置。在 μ Vision IDE 中，单击按钮可打开工程配置对话框，如图 3-10 所示。

μ Vision IDE 中，工程项目配置的选项有：目标 CPU 的选择设置（Device）、生成目标的基本选项设置（Target）、编译输出文件的选项设置（Output）、编译输出列表文件的选项设置（Listing）、用户程序的选项设置（User）、C 语言编译器的选项设置（C51）、汇编语言编译器的选项设置(A51)、调试器的选项设置(Debug)和一些公共选项设置(Utilities)等。

这里主要需要设置的是以下一些项目：

在目标 CPU 的选择设置（Device）中，必须选择 CPU 的型号，这在新建工程时已经做了，在此还可以进行修改。

在生成目标的基本选项设置（Target）中，主要需要设置系统时钟的频率；选择是否使用片内 ROM；选择使用片外 ROM 和片外 RAM 的地址空间。

在编译输出文件的选项设置（Output）中，需要选择编译生成可执行文件还是库文件，若选择编译生成可执行文件，还要设置输出文件名。

在调试器的选项设置(Debug)中，主要需要设置采用软件仿真（Simulator）还是硬件仿真。若采用硬件仿真，就需要选择相应的仿真器。

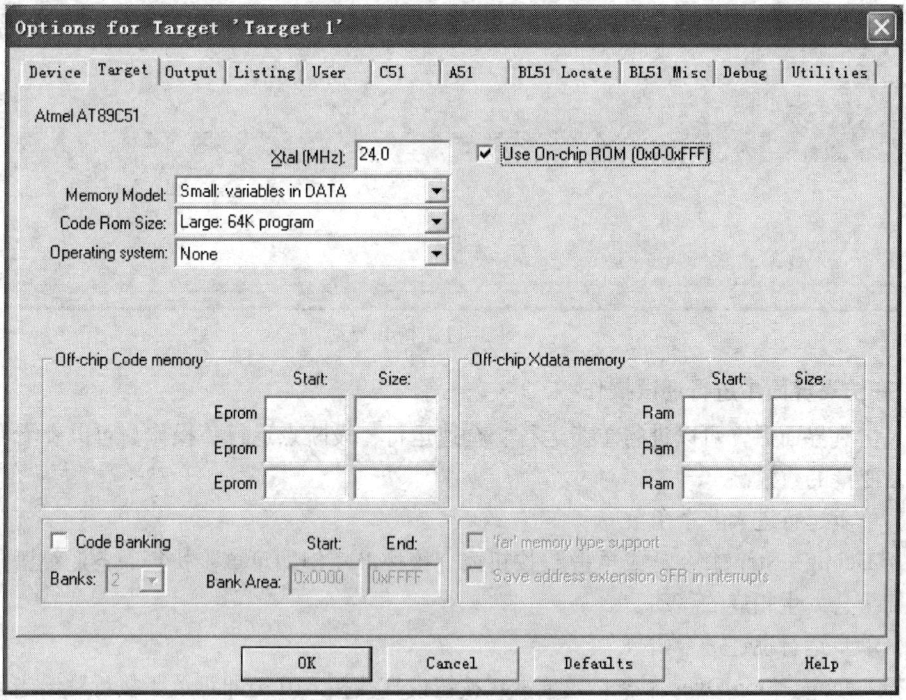

图 3-10　工程配置对话框

3.3.4　编译

选择 Project→Build Target 命令或单击按钮可对选中的工程目标进行编译，选择 Project→Rebuild all Target files 命令或单击按钮可对所有的工程目标进行编译。

编译完成后，在 Build output 窗口报告出错和警告情况。当显示 0 Eorror，0 Warning 时，表明没有语法错误。

3.3.5　仿真调试

μ Vision IDE 支持 2 种仿真调试方式，软件仿真（Simulator）和硬件仿真。需要在调试器的选项设置（Debug）中，设置采用的仿真调试方式。若采用硬件仿真，需要有相应的硬件支持，在调试器的选项设置中，需要选择相应的硬件仿真器。

本节主要介绍采用软件仿真进行代码调试的方法和过程。

1. 启动仿真界面

在 μ Vision IDE 中，选择 Debug→Star/Stop Debug Session 命令或单击按钮或直接按 Ctrl+F5 组合键可以启动仿真界面（见图 3-11），调试器会载入应用程序并执行启动代码。

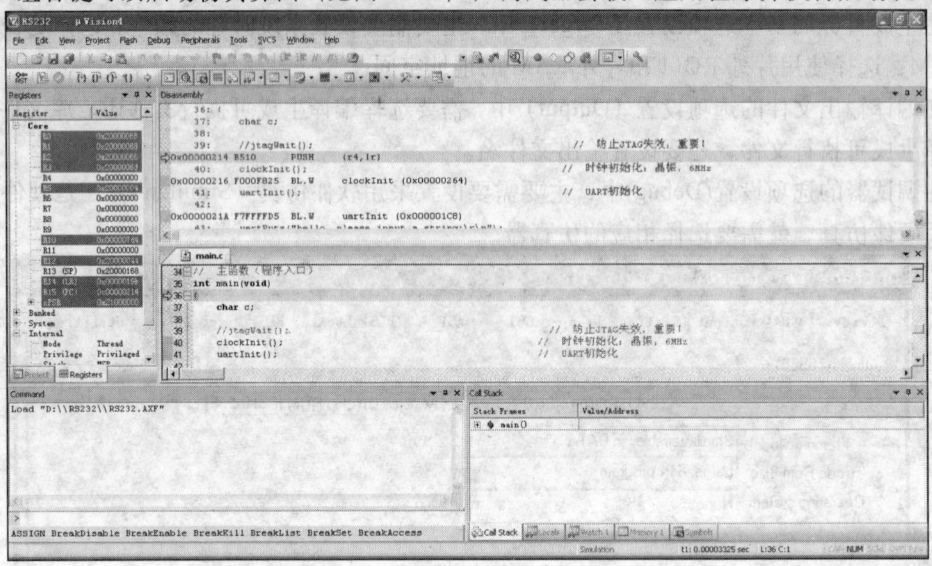

图 3-11 仿真界面

2. 在仿真界面中进行调试操作

进入仿真界面后，可以进行单步运行、全速运行、设断点运行等操作。可以查看存储器、寄存器及变量的数值。

（1）单步运行进入一个函数

选择 Debug→Step 命令，或单击按钮或直接按 F11 键即可单步执行一条汇编语句，窗口中黄色箭头会发生相应的移动。

（2）单步运行跳过一个函数

选择 Debug→Step Over 命令，或单击按钮或直接按 F10 键即可单步执行跳出当前函数调用，若无函数被调用，则 μ Vision4 会给出一个错误。

（3）单步运行从当前函数跳出

选择 Debug→Step Out 命令，或单击按钮或直接按 Ctrl+ F11 组合键即可单步执行从当前函数跳出。

（4）全速运行到下一个活动断点

选择 Debug→Run 命令，或单击按钮或直接按 F5 键即可全速运行代码到下一个活动断点。

（5）设断点运行

有时候，用户可能希望程序在执行到某处时，查看一些所关心的变量值，此时可以通过断点设置达到此要求。将光标移动到要进行断点设置的代码处，选择 Debug→Insert/Remove Breakpoint 命令或按 F9 键，就会在光标所在位置出现一个实心圆点，表明该处为断点。

（6）查看寄存器内容

选择 Views→Registers Window 命令，可以打开寄存器查看窗口。在寄存器查看窗口中，列出了 CPU 的寄存器，选中指定寄存器并单击，或按 F2 键便可以出现一个编辑框，从而可以改变此寄存器的值，如图 3-12 所示。

(7) 查看存储器内容

选择 Views→Memory Window 命令，可以打开存储器查看窗口，如图 3–13 所示。内存窗口可以显示不同的存储域内容，最多可将 4 个不同的存储域显示在不同的页中，通过窗口中的右键菜单可以选择输出格式。

在 Address 域内，可以输入一个表达式，此表达式的值为所显示内容的地址。在某个单元的值上双击可打开一个编辑框，允许输入一个新的存储值，即可改变存储内容。选择 View→Periodic Window Update 命令，可以在运行目标程序时更新此窗口中的值。

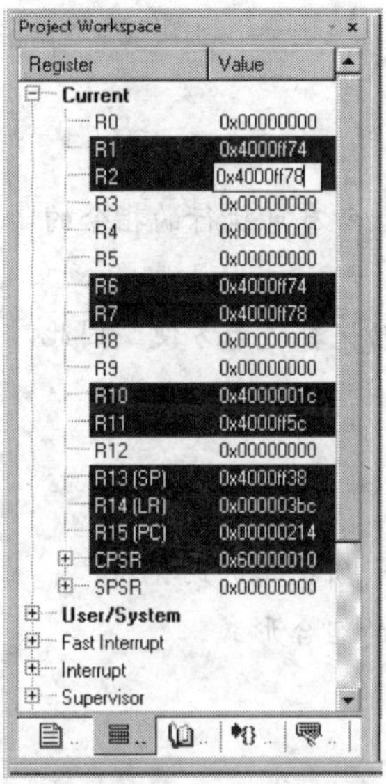

图 3–12　查看寄存器内容

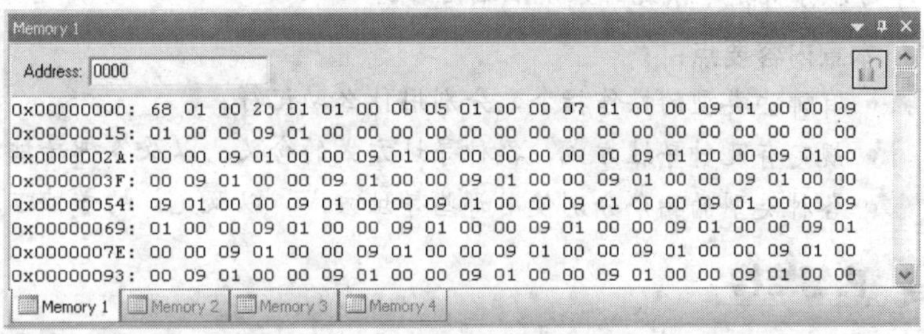

图 3–13　查看存储器内容

小结

本章对软件开发环境的基本要求和几种目前流行的 51 单片机的软件开发环境作了简单的介绍，重点介绍了 Keil μ Vision4 集成开发环境的使用。通过本章的学习，读者可以基本掌握 Keil μ Vision4 集成开发环境的使用方法，在 Keil μ Vision4 集成开发环境下进行软件的开发。

习题

1．在 Keil μ Vision4 环境下开发一个应用项目，需要哪几个过程？

2．请在 Keil μ Vision4 环境下创建一个工程项目，然后编写一个源程序，进行编译，使用 Simulator 进行调试，写出详细操作步骤。

第4章 51汇编语言程序设计

本章导读

指令是由计算机的硬件确定的，它代表计算机可实现的一种操作。所有可执行的指令的集合称为指令系统。

在计算机中，指令以二进制代码表示，而对于应用者来说，采用助记符较为方便。因此，在学习和分析指令系统时采用汇编语言。

本章内容要点：

- 有哪些类型的操作指令，分别用什么助记符。
- 规定有几种寻址方式，各种寻址方式的含义，以及各种寻址方式所采用的助记符。
- 各种类型的指令分别使用哪些寻址方式，以及允许的寻址方式的组合形式。

内容结构

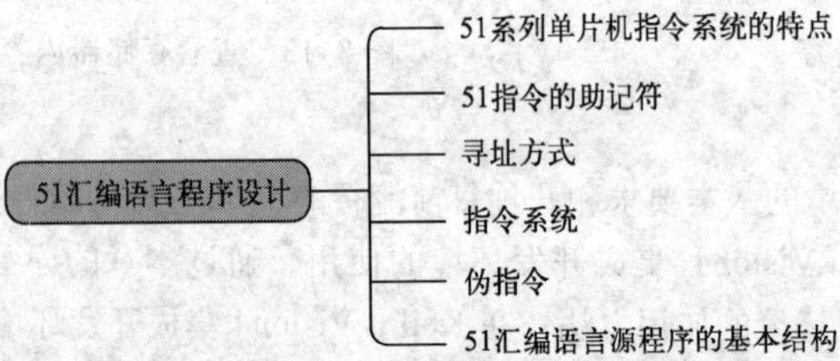

学习目标

通过学习本章内容，学生应该能够：

- 掌握51指令系统的功能；
- 应用51指令进行简单编程。

4.1　51系列单片机指令系统的特点

51系列单片机指令系统的特点如下：

- 大多数指令（运算类指令、位处理指令以及MOV型指令）的操作都在片内RAM中进行。片外数据存储器中待处理的数据或存放在程序存储器中的常数，需使用MOVX指令或MOVC指令进行传送。

- 片内数据存储器内不同区域所能采用的寻址方式是有差异的。应特别注意，特殊功能寄存器的映像只能用直接寻址方式进行字节访问。某些特殊功能寄存器还可用位寻址进行位处理。
- 片内的 I/O 接口均映像为特殊功能寄存器，故可用 MOV 指令访问在片的 I/O 端口进行 I/O 操作。片外的 I/O 端口按片外数据存储器进行扩展，可用 MOVX 指令完成 I/O 操作。在 51 系列单片机的指令系统中，没有专门的 I/O 指令。
- 所有的与在片资源（片内接口）相关的寄存器，均为特殊功能寄存器。
- 作为特殊功能寄存器的“程序状态字寄存器（PSW）”可以位寻址，如用 JB、JNB 和 JBC 指令寻址 PSW 的有关状态位，即分别是多种条件转移指令，如以溢出标志为条件等。另外，PSW 无零标志位。JZ 和 JNZ 指令系直接测试累加器，根据它的内容是否为零作为转移条件的转移指令。

4.2　51 指令的助记符

51 系列单片机的指令系统包含 5 种类型的指令，定义了 7 种寻址方式。助记符号如下：

1. 代表操作类型（操作码）的助记符

(1) 传送类指令

MOV	片内数据存储器数据传送
MOVX	片外数据存储器同累加器间的数据传送
MOVC	程序存储器的数据传送到累加器
XCH	片内数据存储器的字节交换
XCHD	片内数据存储器的半字节交换
PUSH	压栈
POP	弹栈

(2) 算术运算指令

ADD	加法
ADDC	带进位加法
SUBB	带借位减法
MUL	乘法
DIV	除法
DA	十进制调整
INC	增 1
DEC	减 1

(3) 逻辑运界指令

CLR	清 0
CPL	求反
ANL	逻辑与运算
ORL	逻辑或运算
XRL	逻辑异或运算

RL	左环移
RR	右环移
RLC	带进位的左环移
RRC	带进位的右环移

(4) 控制程序转移指令

JMP	变址间接寻址的无条件转移指令
LJMP	直接寻址的无条件长转指令
AJMP	绝对寻址的无条件转移指令
SJMP	相对寻址的无条件转移指令
LCALL	直接寻址的子程序调用指令
ACALL	绝对寻址的子程序调用指令
RET	子程序返回指令
CJNE	比较条件转移指令
DJNZ	循环控制指令
JZ、JNZ	以累加器的内容是否为零作为条件的转移指令
JC、JNC	以进位标志的状态为条件的转移指令
JB、JNB	以寻址的位状态为条件的转移指令
JBC	寻址的位状态为1时转移，且清0所寻址的位

(5) 位处理指令

操作码助记符同上。

2. 寻址方式（操作数）的助记符

① Rn	寄存器寻址
A、B、DPTR	
② @Ri	寄存器间接寻址
③ direct	片内数据存储器直接寻址
④ #data8	8位立即寻址
#data16	16位立即寻址
⑤ bit	位寻址
⑥ @A+DPTR	
@A+PC	变址间接寻址
⑦ rel	相对寻址

51系列单片机指令系统所定义的寻址方式与其存储器的组织形式有密切的联系。它具有3个彼此独立的存储器，即程序存储器、片内数据存储器和片外扩展的数据存储器。访问不同的存储器，使用的寻址方式各不相同。

4.3 寻址方式

51单片机的寻址方式共有7种：

① 寄存器寻址；

② 寄存器间接寻址；

③ 直接寻址；

④ 立即寻址；

⑤ 位寻址；

⑥ 变址间接寻址；

⑦ 相对寻址。

1. 寄存器寻址方式

指令的操作数据在指令选定的片内数据存储器中所定义的工作寄存器内。

累加器 A、寄存器 B、数据指针 DPTR 和位处理累加器 Cy，也可看做寄存器寻址。

寄存器寻址方式在指令中使用的符号是工作寄存器的名字代号 R0～R7，或是 A、B、DPTR 及 Cy。图 4-1 为寄存器寻址方式示意图。

值得注意的是，在寻址工作寄存器方式下，指令中只能说明工作寄存器组内 8 个寄存器中的一个寄存器，不能指明其所在的工作寄存器组号，它是由 PSW 的 b4 和 b3 两位二进制数选定的。

例如，指令中标有 R3，且此时 PSW 4、3 两位的内容为“01”，则说明寻址 1 组工作寄存器的 R3 寄存器，即片内数据存储器的 0BH 单元。

2. 寄存器间接寻址方式

该寻址方式在指令中使用的符号是@R0 或@R1。寄存器间接寻址方式的含义是，把指定的工作寄存器（规定为 R0 或 R1）的内容作地址，该地址所指定的数据存储单元即为指令的操作对象。图 4-2 所示为寄存器间接寻址方式示意图。

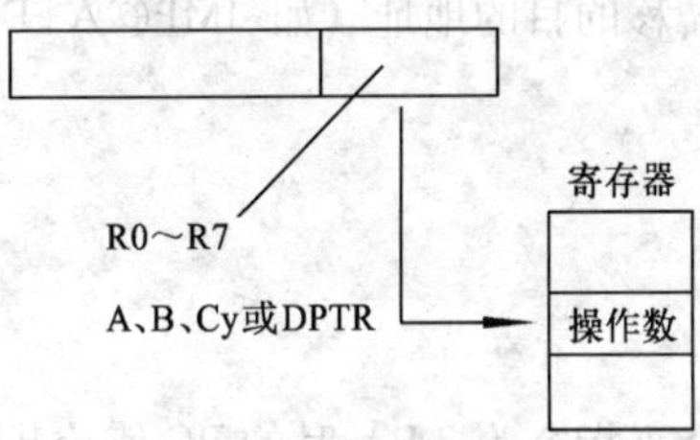

图 4-1　寄存器寻址方式

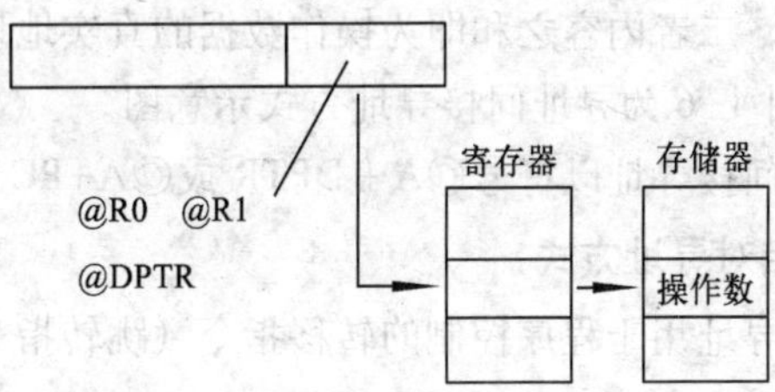

图 4-2　寄存器间接寻址方式

这里，R0 或 R1 为间接寻址寄存器。它可寻址片内数据存储器地址空间 00H~7FH 范围内的 128B 单元，以及片外数据存储器 1 页地址空间的 256 B 单元。

8051 还可采用 16 位的数据指针（DPTR）作为间接寻址寄存器，寻址片外数据存储器 64 K 地址空间。在指令中使用符号为@DPTR。

3. 直接寻址方式

直接寻址就是在指令中直接给出操作数据所在单元的真实地址。

8051 规定，直接寻址方式仅适用于寻址片内数据存储器 00H～7FH 地址空间内的 128 个数据存储单元，以及片内的特殊功能寄存器。图 4-3 所示为直接寻址方式示意图。

对于片外的数据存储器地址空间，不能直接寻址。

直接寻址的符号是 direct（片内数据存储单元或特殊功能寄存

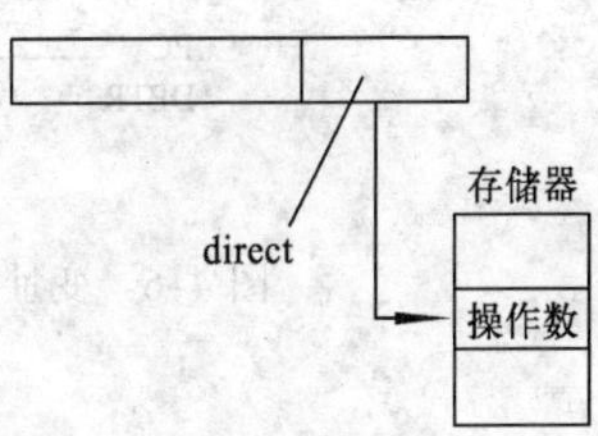

图 4-3　直接寻址方式

器映像地址），若寻址特殊功能寄存器，也可在指令中标出其名字，如 PSW、P1 等。

4．立即寻址方式

立即寻址表示实际操作数据作为指令的一部分，在指令中直接给出操作数据（立即数），取指令时，即可由程序存储器中直接取得操作数据。图 4-4 所示为立即寻址方式示意图。

8051 中除一条指令（MOV　DPTR，#data16）需 16 位长的立即数外，都是 8 位的立即数。指令中，立即数记为#Data（如：#32H），即操作数据是#号后面的数据 32H。

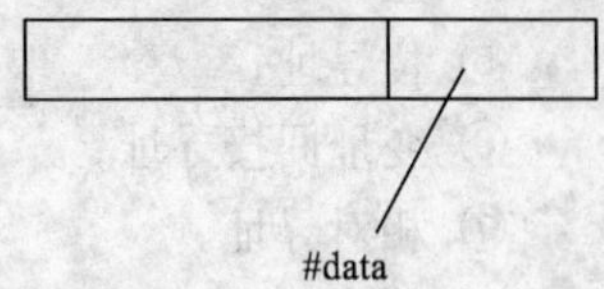

图 4-4　立即寻址方式

5．位寻址方式

8051 设有独立的位处理器，对寻址的位进行处理。相应的，在指令系统中有一类位操作指令，它们仅允许采用位寻址方式，直接寻址片内数据存储器 16 B 单元的 128 个位，以及映像地址可被 8 整除的特殊功能寄存器包含的可直接寻址的位。可位寻址的各数位均规定有位地址（8 位）。

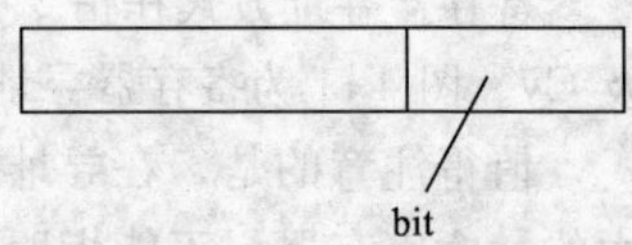

图 4-5　位寻址方式

在位操作指令中，直接标出所操作位的位地址，一般形式下以 bit 表示位寻址，如图 4-5 所示。若操作特殊功能寄存器可直接寻址的位，也可在位操作指令中标注该位的名字，如 P1.0——并行 I/O 接口 P1 的第 0 位。

6．变址间接寻址方式

该寻址方式用于寻址程序存储器地址空间。

其特征是以程序计数器（PC）或数据指针（DPTR）作为基址寄存器，以累加器 A 作为变址寄存器，二者内容之和即为操作数据的真实地址或程序转移的目的地址（如 JMP@A+DPTR 指令）。图 4-6 为寻址间接寻址方式示意图。

变址间接寻址以符号@A＋DPTR 或@A+PC 表示。

7．相对寻址方式

相对寻址用于程序控制的转移指令（跳转指令）。

在这种寻址方式下，是以执行相对寻址方式的跳转指令（指令为 2 B）时的 PC 值为基值，加上指令给出相对偏移量（记作 rel）形成实际的转移目标地址。与典型的微型计算机的相对寻址相似，相对偏移量是一个带符号的 8 位二进制数（以补码形式表示）。其转移范围为：以 PC 当前值为基点，相对转移在+127~–128 B 单元之间。图 4-7 为相对寻址方式示意图。

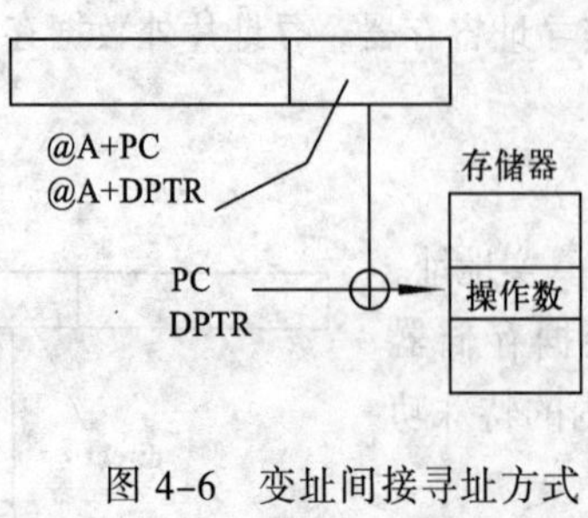

图 4-6　变址间接寻址方式

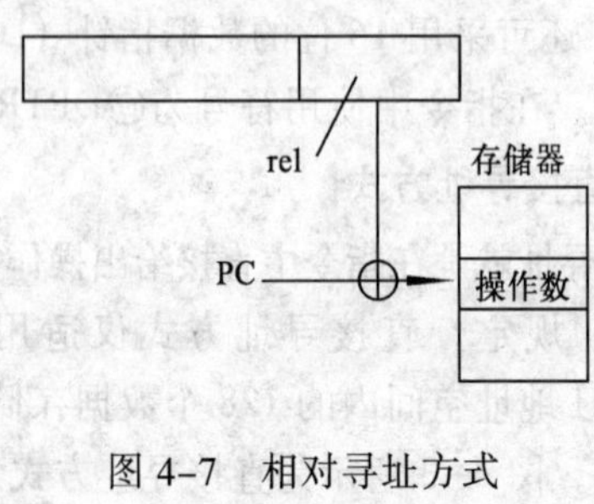

图 4-7　相对寻址方式

8．寻址方式小结

综上所述，51 系列单片机寻址不同存储空间时，允许使用的寻址方式规定如下；

(1) 片内数据存储空间

① 访问工作寄存器允许使用寄存器寻址、寄存器间接寻址和直接寻址。

② 访问 20H～2FH 地址范围内的数据存储单元，可使用寄存器间接寻址、直接寻址以及位寻址。

③ 访问 30H～7FH 范围内的数据单元用寄存器间接寻址和直接寻址，而特殊功能寄存器映像单元，只能用直接寻址访问。部分特殊功能寄存器还可用位寻址。直接寻址特殊功能寄存器或寻址特殊功能寄存器选定一个操作位时，在指令的操作数位置上标出寄存器或操作位的名字，也可标出寄存器的映像地址或位映像地址。

(2) 片外数据存储空间

可用寄存器间接寻址（@Ri）或数据指针间接寻址（@DPTR）。

(3) 访问程序存储空间

① 用变址间接寻址（@A＋DPTR，@A＋PC）读取程序存储器中存放的常数。

② 用立即数寻址访问随指令存储的立即数。

③ 用相对寻址建立程序转移的目标地址。

不同存储空间允许使用的寻址方式如表 4-1 所示。

表 4-1　不同存储空间允许使用的寻址方式

存储空间 \ 寻址方式		寄存器寻址	寄存器间址	直接寻址	立即寻址	位寻址	变址间址	相对寻址
内 RAM	R0~R7	√	√	√				
	20H~2FH		√	√		√		
	30H~7FH		√	√				
	80H~FFH		√					
	特殊功能寄存器	A、B、DPTR、Cy		√		部分√		
外 RAM			√					
ROM					√		√	√

4.4　指令系统

51 系列单片机共有 111 条指令，按其操作功能可分为 5 类指令：

① 数据传送类指令；

② 算术运算类指令；

③ 逻辑运算类指令

④ 控制程序转移类指令；

⑤ 位（布尔）处理类指令。

用机器码表示的指令格式以 8 位二进制数（字节）为基础。111 条指令中单字节指令 49 条，双字节指令 45 条，3 字节指令仅 17 条，有利于提高程序存储器的使用效率。

1. 数据传送类指令

格式：操作码 <目的字节的寻址方式>,<源字节的寻址方式>

功能：将源字节寻址方式寻址的源字节内容传送到目的字节寻址方式寻址的目的字节中，源字节内容不变。

为进行数据传送，不同存储器地址空间应选用不同的数据传送指令。这些指令的差别在操作码助记符上：

MOV　　片内数据存储器数据传送

MOVX　　片外数据存储器数据传送

MOVC　　程序存储器数据传送

(1) MOV 型指令

8051 的这类指令最为灵活，主要表现在目的字节和源字节寻址方式的多种组合上。它允许的寻址方式组合形式如图 4-8 所示。图中箭头连接的寻址方式允许组合，箭头指向的寻址方式为目的字节寻址方式，另一端即为源字节寻址方式。

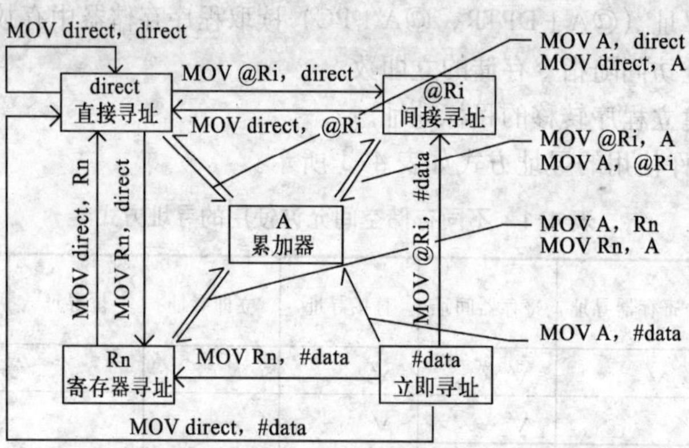

图 4-8　MOV 型传送指令寻址方式组合形式

与图 4-8 所示的组合关系对应，有 16 条 MOV 型指令：

汇编格式	机器码格式	说明
MOV A，Rn	11101rrr	A←(Rn)
MOV A，@Ri	1110011i	A←((Ri))
MOV A，direct	11100101，direct	A←(direct)
MOV A，#data	01110100，data	A←#data
MOV direct，#data	01110101，direct，data	direct←#data
MOV direct，A	11110101，direct	direct←(A)
MOV direct，Rn	10001rrr，direct	direct←(Rn)
MOV direct，@Ri	1000011i，direct	direct←((Ri))
MOV direct，direct	10000101，源 direct，目的 direct	direct←(direct)
MOV Rn，A	11111rrr	Rn←(A)
MOV Rn，direct	10101rrr，direct	Rn←(direct)
MOV Rn，#data	01111rrr，data	Rn←#data
MOV @Ri，A	1111D11i	(Ri)←(A)
MOV @Ri，direct	0101011i，direct	(Ri)←(direct)
MOV @Ri，#data	0111111i，data	(Ri)←#data
MOV DPTR，#data16	10010000，data(H)，data(L)	(DPTR)←#data16

指令机器码格式中的符号说明：

① rrr 代表工作寄存器代码。代码 000~111 分别表示 R0~R7，如 MOV　A，R3 的机器码为 11101011B（EBH）。

② i 代表间接寻址寄存器代码。若为@R0，则 i 填 0；若为@R1，则 i 填 1。例如，MOV A，@R0 的机器码为 11100110（E6H）。

③ data 代表 8 位（1B）的立即数。

④ direct 代表直接寻址片内数据单元的实际地址，或特殊功能寄存器的映像地址。显然，这里所说的地址均为 8 位二进制数。如用指令 MOV　direct，#data 实现操作：（50H）←50H，即对地址为 50H 的片内数据单元置入立即数 50H。指令写作 MOV 50H，#50H。机器码为 755050H。

这里须注意，直接寻址和立即寻址在指令汇编格式中，可能都以数据形式出现，差别仅在于立即数前加有#号，否则为地址。

顺序执行下述两条指令，可根据寻址方式的含义，写出每条指令的执行功能：

```
MOV  R0，#50H               ; R0←50H
MOV  @R0，#50H              ;（50H）←50H
```

由于第一条指令执行后 R0 的内容为 50H，故第二条指令实现的操作是将立即数 50H 传送到以 R0 的内容（50H）为地址的字节单元中。可见，间接寻址的单元要在程序运行中才确定。换句话说，欲正确实现寄存器间接寻址，须预先给选定的间接寻址寄存器载入确定的数才行。通常，将间接寻址寄存器称为“地址指针”。

需再次强调，对于 51 系列单片机可用（也只能用）直接寻址方式访问片内的特殊功能寄存器。片内的并行 I/O 接口属特殊功能寄存器。例如，MOV 型数据传送指令的源字节，是直接寻址片内并行 I/O 接口，实现输出操作；目的字节是直接寻址片内并行 I/O 接口，实现输入操作。

所以，8051 指令系统中没有专门的输入、输出指令。

以累加器 A 为目的操作数的 MOV 型指令影响标志位 P。

(2) MOVX 型指令

这类指令实现累加器 A 与片外数据存储器间的数据传送，片外数据存储器用寄存器间接寻址，间接寻址寄存器可以是 Ri 或数据指针（DPTR）。MOVX 型指令寻址方式组合形式如图 4-9 所示。

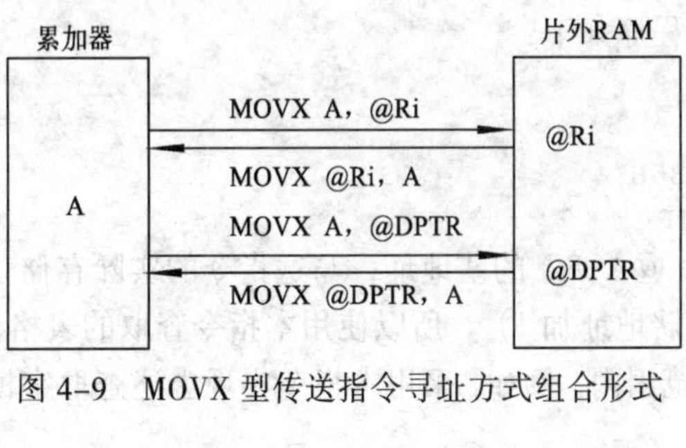

图 4-9　MOVX 型传送指令寻址方式组合形式

这类指令只有 4 条：

汇编格式	机器码格式	说明
MOVX　A，@Ri	1110001i	A←((Ri))
MOVX　@Ri，A	1111001i	(Ri)　←(A)
MOVX　A，@DPTR	11100000	A←((DPTR))
MOVX　@DPTR，A	11110000	(DPTR)←(A)

通常，应采用 MOVX 型指令来操作 8051 片外扩展的 I/O 接口，以实现相应的输入、输出

功能。以累加器 A 为目的操作数的 MOVX 型指令影响标志位 P。

(3) MOVC 型指令

这类指令的功能是，将变址间接寻址方式寻址的程序存储器数据，读入累加器 A 中。MOVC 型指令影响标志位 P，其寻址方式组合形式如图 4–10 所示。

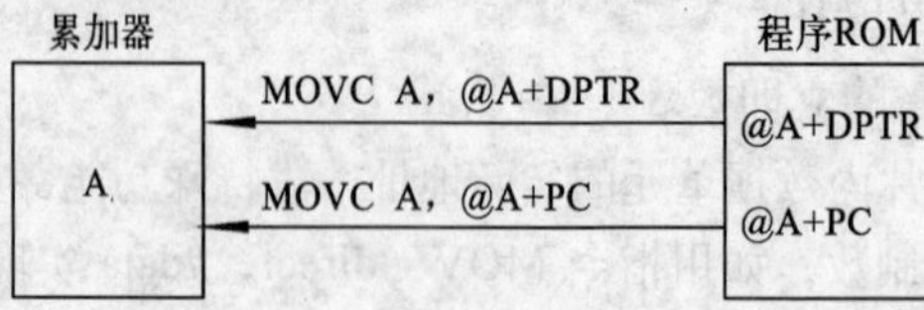

图 4–10　MOVC 型传送指令寻址方式组合形式

与图 4–10 对应有 2 条 MOVC 指令：

汇编格式	机器码格式	说明
MOVC　A，@A+DPTR	10010011	A←((A)+(DPTR))
MOVC　A，@A+PC	10000011	A←((A)+(PC))

指令的源字节一定在程序存储器中。源字节地址是在指令执行时形成的，即基地址寄存器（DPTR 或 PC）的内容与累加器 A 的内容之和，为所寻址的源字节地址。

使用时应注意以下几点：

① 在这里作为变址寄存器使用的累加器 A，其内容应看做 8 位二进制无符号数。

② 这两条指令典型的应用是“查表”

③ MOVC　A，@A+DPTR 指令的基地址，同这条指令的实际存储位置无关，仅取决于 DPTR 置入的 16 位二进制数。故这条指令所查的表格，可设置在 64K 程序存储器地址空间的任何位置。通常，查表前只须对数据指针（DPTR）置“表头地址”，即可使用这条指令查表。51 指令系统专门设置了一条预置 DPTR 的指令：

```
MOV   DPTR，#data16
```

例如：7 段 LED 显示器的显示控制例程中，根据显示缓冲区中指定单元内容，在“字模表”中读取对应显示字模，就是一个查表过程（计算查表法）。

设片内数据存储器 20H 单元为显示缓冲单元，字模表设置在程序存储器中，1 个字模占 1B，表头地址为 1035H。查表程序如下：

```
MOV      R0，#20H
MOV      A，@R0
MOV      DPTR，#1035H
MOVC     A，@A+DPTR
```

④ 指令 MOVC　A，@A+PC 的基地址，与这指令的实际存储位置有关，由于 PC 的值已随指令存储地址而定（存储地址加 1），所以使用本指令查取的表格，只能存放在以 PC 当前值为起始地址的 256B 单元范围内。例如，采用本指令实现上述查取字模的程序段及字模表存储位置时。其安排如下：

```
        MOV      R0，#20H
        MOV      A，@R0
        ADD      A，#2               ；AJMP 指令是双字节指令
        MOVC     A，@A+PC
        AJMP     addr11              ；无条件跳过字模表
DSTAB:  字模表首字节
        …
```

（4）栈操作指令

栈操作指令只有两条：

汇编格式	机器码格式	说明
PUSH direct	11000000，direct	入栈指令 (SP)←(SP)+1　　((SP))←(direct)
POP direct	11010000，direct	出栈指令 (direct)←((SP))　　(SP)←(SP)-1

这两条指令也用于实现片内数据存储器（包括特殊功能寄存器）字节单元间的数据传送。指令的汇编格式中，只标出唯一的“直接寻址”，但隐含着与之组合的另一寻址方式——栈指针（SP）间接寻址。

PUSH 指令的源字节是直接寻址的字节单元内容，目的字节是 SP 现行值加 1 后间接寻址的单元，且 SP 的内容在 PUSH 指令执行后自动增 1。

POP 指令的源字节是 SP 现行值间接寻址的字节单元内容，目的字节是直接寻址的单元，且 SP 的内容在 POP 指令执行后自动减 1。

SP 为 8 位的特殊功能寄存器。上电复位后，其初值为 07H。可用目的字节为直接寻址 SP 的 MOV 型指令，如 MOV　SP，＃data 可为 SP 置入选定的数值。

栈操作指令通常用以暂存及恢复数据，如中断服务程序入口处的保护现场及出口处恢复现场的程序段。

（5）交换型指令

交换型指令用于实现累加器中的数据和按指令所给出的寻址方式寻址的字节单元中的数据的互换。XCH 型和 XCHD 型指令影响标志位 P。

① 字节交换指令：

汇编格式	机器码格式	说明
XCH A，Rn	11001rrr	(A)<=>(Rn)
XCH A，direct	11000101，direct	(A)<=>(direct)
XCH A，@Ri	1100011i	(A)<=>((Ri))

例如：设（A）=3FH 此片内数据存储器地址为 30H 的单元其内容为 74H，执行指令：

```
XCH A，30H
```

结果：（A）=74H　　　（30H）＝3FH。

实现了两个单元内容的字节互换。

② 低半字节交换指令：

汇编格式	机器码格式	说明
XCHD　A，@Ri	1101011i	(A)与((Ri))的低半字节互换

实现累加器 A 与 Ri 间接寻址的单元内容的低半字节互换。

例如：设累加器内容为 3FH（记作（A）=3FH）；R0 的内容为 30H（记作（R0）=30H），则 R0 间接寻址的单元为地址是 30H 的片内数据单元，设此单元内容为 74H，即（R0）=74H。执行指令：

```
XCHD　　　A，@R0
```

结果：（A）=34H，（30H）=7FH。

实现了低半字节互换，而高半字节不变。

③ 累加器 A 的高、低半字节互换指令：

汇编格式	机器码格式	说明
SWAP　A	11000100	A 的高、低半字节互换

例如：设（A）＝74H，执行指令 SWAP　A 后，累加器 A 的内容变为 47H。

2．算术运算类指令

这类指令只能实现片内数据存储器地址空间内字节单元的算术运算处理。

算术运算处理包括：

① 字节内容加 1（指令操作码助记符 INC）；

② 字节内容减 1（指令操作码助记符 DEC）；

③ 四则算术运算：

加法运算	操作码助记符 ADD
带进位加法运算	操作码助记符 ADDC
带借位减法运算	操作码助记符 SUBB
乘法运算	操作码助记符 MUL
除法运算	操作码助记符 DIV

④ 十进制调整（DA）。

(1) 加 1（INC）、减 1（DEC）指令

加 1、减 1 指令只能对累加器 A、工作寄存器、直接寻址或 Ri 间接寻址的字节单元内容；实现加 1 或减 1 操作。

汇编格式	机器码格式	说明
INC A	00000100	A←(A)+1
INC Rn	00001rrr	Rn←(Rn)+1
INC @Ri	0000011i	(Ri)←((Ri))+1
INC direct	00000101，direct	direct←(direct)+1
INC DPTR	10100011	DPTR←(DPTR)+1
DEC A	00010100	A←(A)-1
DEC Rn	00011rrr	Rn←(Rn)-1
DEC @Ri	0001011i	(Ri)←((Ri))-1
DEC direct	00010101，direct	direct←(direct)-1

其中，INC　A 和 DEC　A 指令影响标志位 P。

(2) 四则算术运算指令

与一般微型计算机的算术运算处理一样，是将累加器 A 中存放的第一操作数（被加数，被减数，被乘数或被除数），同以某种寻址方式寻址的字节单元内容（第二操作数，即加数，减数，乘数或除数）进行指令操作码指定的算术运算，结果存放在累加器 A 中。加、减法指令只能用寄存器寻址、Ri 间接寻址。直接寻址和立即寻址 4 种方式寻址第二操作数，而乘、除法指令的第二操作数则固定在 B 寄存器中。

四则算术运算指令均是把第一、二操作数看成 8 位无符号数来处理。因此，对于有符号数，不能由乘、除法指令直接实现乘、除运算。但加、减法指令则对无符、或带符号的 8 位二进制数均有效。这是因为带符号数以补码形式表示，其符号位可参加加、减法运算。

① 加法指令：

汇编格式	机器码格式	说明
ADD A,Rn	00101rrr	A←(A)+(Rn)
ADD A,@Ri	0010011i	A←(A)+((Ri))
ADD A,#data	00100100，data	A←(A)+data
ADD A,direct	00100101，direct	A←(A)+(direct)

② 带进位加法指令：

汇编格式	机器码格式	说明
ADDC　A,Rn	00111rrr	A←(A)+(Rn)+(CY)
ADDC　A,@Ri	0011011i	A←(A)+((Ri))+(CY)
ADDC　A,#data	00110100,data	A←(A)+data+(CY)
ADDC　A,direct	00110101,direct	A←(A)+(direct)+(CY)

③ 带借位减法指令：

汇编格式	机器码格式	说明
SUBB　A,Rn	10011rrr	A←(A)-(Rn)-(CY)
SUBB　A,@Ri	1001011i	A←(A)-((Ri))-(CY)
SUBB　A,#data	10010100,data	A←(A)-data-(CY)
SUBB　A,direct	10010101,direct	A←(A)-(direct)-(CY)

带进位的加法指令与加法指令的差别在于，前者要在最低数位上加进位标志 Cy 的当前状态。带借位的减法的操作类似。

带进位的加法指令和带借位的减法指令，常用于多字节的加、减法运算。

加法和减法指令的执行将影响程序状态字寄存器 PSW 中的标志位 AC、Cy、OV 和 P。

- 加法运算时若第 3、7 位有进位，或减法运算时第 3、7 位有借位，分别将半进位标志 AC、进位标志 Cy 置 1，否则置 0。
- 加、减运算时，若第 6、7 两位中有一位产生进位而另一位不产生进位，则溢出标志 OV 置 1，否则置 0。
- 加、减运算结果（在 A 中）的 8 位二进制数中，有偶数个 1，则奇偶校验标志 P 置 0；有奇数个 1，则 P 置 1。

对于带符号的 8 位二进制数的加、减法运算，由于指令执行结果也看做带符号的 8 位二进制数，所以只有当两个数的和（或差）在−128～＋127 范围内时，A 中的运算结果才是正确的。否则，将因运算“溢出”，使 A 中的结果出错。对于应用者，仅须在加法、减法指令执行后测试 OV 标志位的状态即可判明是否产生溢出。

对于无符号的 8 位二进制数的加、减法运算，只有加、减法指令执行后，Cy=0，A 中才是正确的结果。

④ 十进制加法调整指令：

汇编格式	机器码格式
DA　A	11010100

若需实现数据为 BCD 码形式的十进制加法运算，可用前述的加法指令并后跟十进制加法调整指令来完成。

加法指令总是将两个 2 位的 BCD 数当做 8 位二进制数相加，并将结果存于累加器 A 中。

显然 A 中不一定是正确的十进制数的和。但经过 DA　A 指令操作后，就把 A 中的内容调整为正确的 BCD 和数。

本指令是按十进制加法规则进行调整的：若累加器 A 的低 4 位数值大于 9（1001B），或半进位标志 AC=1，则将 A 的低 4 位内容加 6（0110B）调整；同时，若累加器 A 的高 4 位数值大于 9，或进位标志 Cy=1，则将 A 的高 4 位加 6 调整。且当 A 的最高位因调整而产生进位时 Cy 置 1，反之则保留 Cy 在调整前的状态。经过上述处理后，若 Cy=1，则表示十进制加法产生了十进制进位。据此可实现多字节的十进制加法运算。

例如：设累加器 A 中置有两位 BCD 数 01010110（即十进制数 56），R2 中为 01110101（即十进制数 75）可用下列两条指令实现十进制加法运算：

```
ADD     A, R2
DA      A
```

执行第一条指令，把 A 和 R2 的内容按 8 位二进制数相加，结果 A=01010110+01110101=11001011，且标志 AC＝0，Cy＝0。第二条指令将按上述原则执行操作，因 A 的高、低 4 位的数值均大于 9，故 A 须加 66（即 01100110）调整。结果 A=11001011＋01100110=00110001，且 Cy=1，即和为 BCD 码的 131。

由于指令 DA　A 只能实现十进制加法调整，所以十进制减法需将减数化为十进制的补码，把减法变为加法运算。即：

被减数-减数 → 被减数 +（99 - 减数+1）→ 被减数+（9AH - 减数）

例如：设 BCD 码的被减数、减数分别存放在 30H 单元和 35H 单元，则十进制减法程序如下：

```
CLR   C                    ; Cy 标志清 0
MOV   A, #9AH
SUBB  A, 35H               ; 减数变十进制补码
ADD   A, 30H
DA    A                    ; 十进制调整
```

上述程序段执行后，Cy=1，标志有借位，Cy=0，标志无借位。

必须注意：本指令不能简单地把累加器中的二进制数变为 BCD 数，一般也不能在 INC 或 DEC 指令后通过 DA A 指令来实现十进制的加 1 或减 1 运算。应以下述两条指令来实现十进制加 1 操作：

```
ADD     A, #1
DA      A
```

十进制减 1 操作则化为加 99（1 的十进制补码）来完成，即：

```
ADD     A, #99H
DA      A
```

例如：设 30H 单元存有两位 BCD 数，欲实现其高位或低位的十进制加 1 操作，且加 1 操作仅在本位进行。程序如下：

```
MOV R0, #30H               ; 低位十进制加 1
XCHD    A, @R0
ADD     A,  #01H
DA      A
XCHD    A, @R0
XCH     A,  30H            ; 高位十进制加 1
ADD     A,  #10H
DA      A
XCH     A, 30H
```

⑤ 乘法指令：

汇编格式	机器码格式
MUL AB	10100100

这条指令的功能，是将累加器 A 和寄存器 B 中两个 8 位无符号数相乘。乘积（16 位）的低 8 位存入 A 中，高 8 位存于 B 中。若乘积大于 255（即 B 的内容不为 0）时，溢出标志 OV 置 1，否则置 0。Cy 标志总是清 0 的。

乘法指令用于两个 8 位无符号数相乘最为方便，而且执行时间短（仅 4 个机器周期）。

⑥ 除法指令：

汇编格式	机器码格式
DIV AB	10000100

除法指令系把累加器 A 中的 8 位无符号数，除以 B 寄存器中的 8 位无符号数，所得的商（整数）存于 A 中，余数存在寄存器 B 中。指令执行前 B 中的除数为 0，则在执行后使 OV 标志位置 1，标明 A、B 中的结果无效。否则，OV 标志位清 0。Cy 在除法指令执行后总是为 0 的。

乘除运算指令影响标志位 P、OV 和 Cy。

3. 逻辑运算类指令

（1）累加器处理类指令

	汇编格式	机器码格式
累加器清 0 指令	CLR A	11100100
累加器求反指令	CPL A	11101000
累加器左环移指令	RL　A	00100011
累加器右环移指令	RR　A	00000011
累加器带进位左环移指令	RLC A	00110011
累加器带进位右环移指令	RRC A	00010011

执行 CLR　A 指令将使累加器 A 各位清 0，执行 CPL　A 指令使累加器 A 各位取反。

例如：执行 CPL　A 指令前　（A）=01010101B

　　　执行 CPL　A 指令后　（A）=10101010B

执行 RL　A 指令使累加器 A 的内容左环移一位，且最高位 a7 移入最低位 a0。

例如：执行 RL　A 指令前　（A）=01001011B

　　　执行 RL　A 指令后　（A）=10010110B

执行 RR　A 指令使累加器 A 的内容右环移一位，且最低位 a0 移入最高位 a7。

例如：执行 RR　A 指令前　（A）= 01001011B

　　　执行 RR　A 指令后　（A）= 10100101B

执行 RLC　A 指令，将把进位标志位 Cy 当做最高位连同 A 的内容一起，实现 9 位二进制数左环移一位。

例如：执行 RLC　A 指令前　（A）= 01001011B，Cy =1

　　　执行 RLC　A 指令后　（A）= 10010111B，Cy =0

执行 RRC　A 指令，也是把 Cy 标志位与累加器 A 的内容连在一起，实现 9 位二进制数右环移一位。

例如：执行 RRC　A 指令前　（A）=01001010B，Cy=1

　　　执行 RRC　A 指令后　（A）=10100101B，Cy=0

51 单片机的移位指令只能对累加器 A 的内容进行操作，没有其他的移位操作指令，但基于已有的 4 条移位指令也可形成其他功能。

例如：一个 16 位数据，高 8 位在 30H 单元中，低 8 位在 31H 单元内。下列程序段可实现 16 位数据逻辑右移一位的操作。即：

```
CLR C                    ; Cy 标志位清 0
XCH A，30H
RRC A
XCH A，30H
XCH A，31H
```

```
RRC A
XCH A，31H
```

这个程序段中，数据传送是采用交换指令来实现的，所以该程序段运行前后，累加器 A 的内容不变。若采用 MOV 型指令则无此特征。

例如：下列程序段可实现 16 位数据算术左移的功能。即：

```
CLR C
XCH A，31H
RLC A
XCH A，31H
XCH A，30H
RLC A
XCH A，30H
```

（2）双操作数类逻辑运算类指令

这类指令包括 3 种逻辑运算指令：

运算种类	操作码助记符
逻辑与运算	ANL
逻辑或运算	ORL
逻辑异或运算	XRL

逻辑运算的第一操作数为累加器 A 的内容，第二操作数在用某种寻址方式寻址的单元中，运算结果存于累加器 A，第二操作数不变。

逻辑运算指令只允许 4 种寻址方式，即寄存器寻址、Ri 间接寻址、直接寻址和立即寻址。这类指令分为 3 种共 12 条，它们与一般 8 位微机的同类指令相似，指令运行结果影响标志位 P。

汇编格式	机器码格式	说明
ANL A，Rn	01011rrr	A←(A)∩(Rn)
ANL A，@Ri	0101011i	A←(A)∩((Ri))
ANL A，direct	01010101，direct	A←(A)∩(direct)
ANL A，#data	01010100，data	A←(A)∩ data
ORL A，Rn	01001rrr	A←(A)∪(Rn)
ORL A，@Ri	0100011i	A←(A)∪((Ri))
ORL A，direct	01000101，direct	A←(A)∪(direct)
ORL A，#data	01000100，data	A←(A)∪ data
XRL A，Rn	01101rrr	A←(A)⊕(Rn)
XRL A，@Ri	0110011i	A←(A)⊕((Ri))
XRL A，direct	01100101，direct	A←(A)⊕(direct)
XRL A，#data	01100100，data	A←(A)⊕ data

此外，这 3 种逻辑运算指令的操作数还有一类特殊的组合形式，即以直接寻址的片内数据单元（注意，包括特殊功能寄存器在内）内容为第一操作数，第二操作数为立即数或累加器中的数据。逻辑结果仍存放在直接寻址的单元或指定的特殊功能寄存器中，第二操作数不变。相应的 6 条指令如下，指令运行结果不影响标志位。

汇编格式	机器码格式	说明
ANL direct，A	01010010，direct	direct←(direct)∩(A)
ANL direct，#data	01010011，direct，data	direct←(direct)∩ data
ORL direct，A	01000010，direct	direct←(direct)∪(A)
ORL direct，#data	01000011，direct，data	direct←(direct)∪ data
XRL dirrect，A	01100010，direct	direct←(direct)⊕(A)
XRL direct，#data	01100011，direct，data	direct←(direct)⊕ data

51 片内的并行 I/O 接口均是可直接寻址的特殊功能寄存器，故可采用上述 6 条指令对并行 I/O 接口的输出执行逻辑操作，这对于输出控制提供了方便。

上述 3 种逻辑运算指令，分别将第一、二操作数相同数位的二进制数码看做逻辑值的 0 或 1，按指令操作码指定的逻辑运算进行运算操作。这 3 种逻辑运算的运算规则是：

- 与运算：只有当参加运算的两个逻辑值均为 1 时，运算结果为 1，否则为 0。
- 或运算：只有当参加运算的两个逻辑值均为 0 时，运算结果为 0，否则为 1。
- 异或运算：只有当参加运算的两个逻辑值不同时，运算结果为 1，否则为 0。

4．控制程序转移类指令

转移指令就是按照预定的寻址方式，形成转移的目标地址，并置入 PC，以控制指令的流向。

控制程序转移类指令是程序中必不可少的一类指令。程序设计中凡有“分支”、“循环”等结构形式时，在程序中都是靠控制程序转移指令来实现的。51 单片机设有丰富的转移指令，为程序设计提供了方便，如功能较强的比较转移指令、循环转移指令，以及位处理类指令中的位条件转移指令。

(1) 8051 转移指令的寻址方式

① 直接寻址：在指令的机器码格式中，直接给出转移目标的 16 位地址，执行时，将此地址装入 PC。

记为：(PC)←addr16

跳转范围：64K(2^{16})

② 绝对寻址：在指令的机器码格式中，直接给出转移目标的低 11 位地址，执行时，将此地址装入 PC 的低 11 位。PC 的高 5 位不变。

记为：(PC)10-0←addr11

跳转范围：2K(2^{11})

③ 相对寻址：在指令的机器码格式中，给出的是“相对转移量 rel”，执行时，将它与 PC 的现行值相加。其结果装入 PC。

记为：(PC)←(PC)+rel

跳转范围：256(2^{8})

④ 变址间接寻址：执行时，将数据指针（DPTR）与累加器 A 的 8 位无符号数相加。其结果装入 PC。

记为：(PC)←(DPTR)+A

跳转范围：64K(2^{16})

不同寻址方式的差别如下：

① 跳转范围不同：

直接寻址和间接寻址 64K；绝对寻址 2K 相对寻址 256。

② 指令机器码的长度不同：直接寻址 3 字节；

绝对寻址和相对寻址 2 字节；

间接寻址 1 字节。

③ 间接寻址需预先对数据指针和累加器赋值，才能实现有效的跳转。

相对寻址的转移指令的机器码与程序存储的位置无关。

直接寻址和绝对寻址的机器码与程序存储的位置有关。

(2) 无条件转移指令

8051 的转移指令分为无条件转移指令和条件转移指令。无条件转移指令的汇编格式及机器码格式如下：

① 无条件转移指令：

汇编格式	机器码格式	说明
LJMP addr	00000010，addr(H)，addr(L)	直接寻址
AJMP addr	11a10a9a800001，a7a6a5a4a3a2a1a0	绝对寻址
SJMP rel	10000000，rel	相对寻址
JMP @A＋DPTR	01110011	间接寻址（散转）

散转指令 JMP @A＋DPTR 所形成的转移目标地址并不是固定不变的，而是在程序运行时，由数据指针和累加器的现行值所确定的。

通常，用来实现多分支的选择转移。

例如：A 中存放处理命令的编号，JMP-T 为散转表的起始地址，要求按 A 中的命令转到相应的处理程序。

```
        MOV   R0, A
        RL    A
        ADD   A, R0
        MOV   DPTR, #JMP-T
        JMP   @A+DPTR
JMP-T:  LJMP  ORDER0
        LJMP  ORDER1
        …
```

② 无条件调用指令：

汇编格式	机器码格式	说明
LCALL addr	00010010，addr(H)，addr(L)	直接寻址
ACALL addr	11a10a9a810001，a7a6a5a4a3a2a1a0	绝对寻址

③ 子程序返回指令：

汇编格式	机器码格式	说明
RET	00100010	子程序返回

(3) 条件转移指令

① 判（累加器）零转移指令：

汇编格式	机器码格式	转移条件	转移时
JZ rel	01100000，rel	(A)＝0	PC←(PC)+rel
JNZ rel	01110000，rel	(A)≠0	PC←(PC)+rel

8051 机中没有零状态标记，这两条指令是直接测试累加器的内容是否为零，以判断转移的条件是否满足。

② 比较转移指令：

汇编格式	机器码格式	转移条件	转移时
CJNE A，direct，rel	10110101，direct，rel	(direct)≠(A)	PC←(PC)+rel
CJNE A，#data，rel	10110100，data，rel	data≠(A)	PC←(PC)+rel
CJNE Rn，#data，rel	10111rrr，data，rel	data≠0 (Rn)	PC←(PC)+rel
CJNE @Ri，#data，rel	1011011i，data，rel	data≠0 ((Rn))	PC←(PC)+rel

这组指令的功能是比较前面两个操作数的大小，若它们的值不相等则转移。此时，若第一操作数小于第二操作数，则置 Cy=1；否则置 Cy=0，不影响任一操作数的内容。

例如：要求根据 A 中的内容大于 60H、等于 60H、小于 60H 这 3 种情况分别作不同的处理。

```
      CJNE  A，#60H，NEQ                       ；若(A)≠60H，则转移
EQ:   …                                        ；(A)=60H 的处理程序
NEQ:  JCLOW
      …                                        ；(A)>60H 的处理程序
LOW:  …                                        ；(A)<60H 的处理程序
```

③ 循环控制指令：

汇编格式	机器码格式	转移条件	转移时
DJNZ　Rn，rel	11011rrr，rel	首先(Rn)←(Rn)-1 然后判断(Rn)-1≠0	PC←(PC)+rel
DJNZ　direct，rel	11010101，direct，rel	首先(direct)←(direct)-1 然后判断(direct)-1≠0	PC←(PC)+rel

这组指令首先将源操作数减 1，如果结果不为 0 则转移。

例如：延时程序。

```
START: SETB  P1.1                ；P1.1←1
DL:    MOV   30H，#03H           ；置初值 30H←03H
DL0:   MOV   31H，#0F0H          ；置初值 31H←0F0H
DL1:   DJNZ  31H，DL1            ；31H 单元的内容-1，保存在 31H 单元中
                                 ；若 31H 单元的内容≠0，则重复执行
       DJNZ  30H，DL0            ；30H 单元的内容-1，保存在 30H 单元中，
                                 ；若 30H 单元的内容≠0，则转 DL0
       CPL   P1.1
       SJMP  DL
```

5. 位（布尔）处理类指令

51 机内部有一个布尔处理器，对位地址空间具有丰富的位操作指令。

(1) 位传送指令

汇编格式	机器码格式	说明
MOV　C，bit	10100010，bit	C←(bit)
MOV　bit，C	10010010，bit	(bit)←C

这组指令的功能是将由源操作数指出的布尔变量传送到目的操作数指定的位中。其中，一个操作数必须是位累加器 C，另一个可以是任何可寻址位，不影响其他寄存器和标志。

(2) 位变量修改指令（位状态控制指令）

汇编格式	机器码格式	说明
CLR　C	11000011	C←"0"
CLR　bit	11000010，bit	(bit)←"0"
CPL　C	10110011	C←/C
CPL　bit	10110010，bit	(bit)←/(bit)
SETB C	11010011	C←"1"
SETB bit	11010010，bit	(bit)←"1"

这组指令将操作数指明的位进行清 0、取反、置 1 等操作，不影响其他标志。

(3) 位逻辑运算指令

汇编格式	机器码格式	说明
ANL　C，bit	10000010，bit	C←C∧(bit)
ANL　C，/bit	10110000，bit	C←C∧(bit)
ORL　C，bit	01110010，bit	C←C∨(bit)
ORL　C，/bit	10100000，bit	C←C∨(bit)

(4) 位条件转移指令

汇编格式	机器码格式	转移条件	说明
JC rel	01000000，bit	CY=1	PC←(PC)+rel
JNC rel	01010000，bit	CY=0	PC←(PC)+rel
JB bit，rel	00100000，bit，rel	(bit)=1	PC←(PC)+rel
JNB bit，rel	00110000，bit，rel	(bit)=0	PC←(PC)+rel
JBC bit，rel	00010000，bit，rel	(bit)=1	PC←(PC)+rel (bit) ←"0"

因为 51 机中有 12 个特殊功能寄存器均可位寻址，所以以位状态为条件的转移指令，实际包含了很多种转移条件。

由于 51 单片机丰富的位处理指令，使得它具有强大的面向控制的能力。

例如：要求 3 个开关控制一盏灯，任一开关状态的改变，均能改变灯的状态。

设 K1、K2、K3 为 3 个开关，分别接 P1.1、P1.2、P1.3，D 为灯，接 P1.0。

则灯亮的条件为：

D =/P1.1*/P1.2*P1.3+/P1.1*P1.2*/P1.3+P1.1*/P1.2*/P1.3+P1.1*P1.2*P1.3

程序如下：

```
CNTR: MOV  C，P1.3      ANL  C，/P1.2
      ANL  C，/P1.1     ANL  C，/P1.3
      ANL  C，/P1.2     ORL  C，F0
      MOV  F0，C        MOV  F0，C
      MOV  C，P1.2      MOV  C，P1.1
      ANL  C，/P1.1     ANL  C，P1.2
      ANL  C，/P1.3     ANL  C，P1.3
      ORL  C，F0        ORL  C，F0
      MOV  F0，C        MOV  P1.0，C
      MOV  C，P1.1      SJMP CNTR
```

6. 空操作指令

汇编格式	机器码格式	说明
NOP	00000000	空操作

4.5 伪 指 令

上一节介绍的 51 指令系统中的每一条指令都是用意义明确的助记符来表示的。每一条语句就是一条指令，命令 CPU 执行一定的操作，完成规定的功能。但是，用汇编语言编写的源程序，计算机不能直接执行，因为计算机只认识机器指令（二进制编码）。因此，必须把汇编语言源程序通过汇编程序翻译成机器语言程序（称为目标程序），计算机才能执行，这个翻译过程称为汇编。

汇编程序对用汇编语言写的源程序进行汇编时，还要提供一些汇编用的指令，例如要指定程序或数据存放的起始地址；要给一些连续存放的数据确定单元等。但是，这些指令在汇编时并不产生目标代码，不影响程序的执行，所以称为伪指令。

常用的伪指令有下列几种：

1．ORG（Origin——起点）

ORG 伪指令总是出现在每段源程序或数据块的开始。它指明此语句后面的程序或数据块的起始地址。

一般格式：

```
ORG  nn（绝对地址或标号）
```

在汇编时由 nn 确定此语句后面第一条指令（或第一个数据）的地址，该段源程序（或数据块）就连续存放在以后的地址内，直到遇到另一个 ORG　nn 语句为止。

例如：

```
ORG  8000H
MOV  R0，#50H
MOV  A，R4
ADD  A，@R0
MOV  R3，A
```

ORG 伪指令说明其后面源程序的目标代码在存储器中存放的起始地址是 8000H。

2．DB（DefineByte——定义字节）

一般格式：

```
标号：DB  字节常数或字符或表达式
```

其中，标号区段可有可无，字节常数或字符是指一个字节数据，或用逗号分开的字节串，或用引导括起来的 ASCII 码字符串（一个 ASCII 字将相当于一个字节）。此伪指令的功能是把字节常数或字节串存入程序存储器的连续单元中。

例如：

```
ORG          9000H
DATA1: DB    73H，01H，90H
DATA2: DB    02H
```

伪指令 ORG　9000H 指定了标号 DATA1 的地址为 9000H，伪指令 DB 指定了数 73H，01H，90H 顺序地存放在从 9000H 开始的单元中；DATA2 也是一个标号，它的地址与前一条伪指令 DB 连续，为 9003H；数 02H，存放在 9003H 单元中。

3．DW（DefineWord——定义一个字）

一般格式：

```
标号：DW  字或字串
```

DW 伪指令的功能与 DB 相似，其区别在于 DB 是定义一个字节，而 DW 是定义一个字（规定为两个字节，即 16 位二进制数），故 DW 主要用来定义地址。存放时一个字需两个单元，数据的高 8 位存入低地址单元，数据的低 8 位存入高地址单元。

4．EQU（Equate——等值）

一般格式：

```
字符名称  EQU 操作数
```

EQU 伪指令的功能是将操作数赋值给字符名称，使两边的两个量等值。

例如：

```
AREA  EQU  1000H
```

即给标号 AREA 赋值为 1000H。

例如：

```
STK  EQU  AREA
```

即相当于 STK = AREA。

若 AREA 已赋值为 1000H，则 STK 也为 1000H。

EQU 伪指令常用来定义标号，使用 EQU 伪指令给一个标号赋值后，这个标号在整个源程序中的值是固定的。也就是说，在一个源程序中，任何一个标号只能赋值一次。

5. DATA（数据地址赋值）

一般格式：

```
字符名称  DATA 表达式
```

DATA 伪指令的功能是将数据地址赋值给字符名称，使两边的两个量等值。该伪指令的功能与 EQU 伪指令相似，使用时应该注意它们的区别：EQU 定义的符号必须先定义后使用，DATA 伪指令无此限制；用 EQU 伪指令可以将一个汇编符号赋给字符名称，而 DATA 伪指令不可以；DATA 伪指令可以将一个表达式的值赋给一个字符变量，并且所定义的字符变量也可以在表达式中，而 EQU 伪指令不可以。

DATA 伪指令常用来定义数据。

6. BIT（位地址赋值）

一般格式：

```
字符名称  BIT 位地址
```

BIT 伪指令的功能是将位地址赋给字符名称，使两边的两个量等值。

例如

```
A1  BIT  P1.0
```

即将位地址 P1.0 赋给变量 A1，在程序设计中可以使用变量 A1 代替位地址 P1.0。

7. END（汇编结束）

一般格式：

```
标号: END 地址或标号
```

其中标号以及操作数字段的地址或标号不是必要的。

END 伪指令是一个结束标志。用来指示汇编语言源程序段已结束。因此，在一个源程序中只允许出现一个 END 语句，并且它必须放在整个程序（包括伪指令）的最后面，是源程序模块的最后一个语句。如果 END 语句出现在中间，则汇编程序将不汇编 END 后面的语句。

4.6 51 汇编语言源程序

汇编语言是一种面向硬件的程序设计语言，其实时性能非常好。当设计一个小的应用系统（特别是实时时钟系统），对时钟要求很严格时，一般都采用汇编语言编程。

1. 汇编语言源程序的基本结构

51 单片机的汇编语言源程序没有分段结构，整个源程序作为一个整体。

2. 汇编语言源程序的语句类型

汇编语言源程序的语句可分为 2 种类型：

(1) 指令语句（指令性语句）

汇编语言程序中一条完整的指令语句由以下 4 项内容组成：

[标号:] 指令助记符 操作数 [; 注释]

标号：表示的是符号地址，其后必须跟冒号(：)，但标号不是必需的。

标号可以由字母 A～Z(a～z)、数字(0～9)及专用字符(?, ., @, -, $)组成。标号的第一个字符不能为数字。

标号也可以用 EQU 伪操作来定义。相同的标号的定义在同一程序中只能允许出现一次。

指令助记符（操作码）：指令系统所明确的助记符，表明了指令的功能。

操作数：操作数项根据操作码项的功能而确定，操作数项有各种寻址方式。

注释：一段完整的程序注释是很重要的，它可使程序思路显得更清楚，特别是在模块化程序设计中可通过注释将各模块的功能描述出来，大大增强了程序的可读性。

(2) 伪指令语句（指示性语句）

伪指令又称伪操作，在汇编程序对源程序汇编期间由汇编程序处理的操作。伪指令可用来进行数据定义、分配存储区及指定程序结束等操作，汇编时不生成机器码。

汇编语言程序中一条完整的伪指令语句由以下 4 项内容组成：

[名字] 伪指令助记符 操作数 [; 注释]

名字：作为变量表示的是一个数据，其后不要跟冒号(:)，但名字不是必需的。

名字可以由字母 A～Z(a～z)、数字(0～9)及专用字符(?, ., @, -, $)组成，名字的第一个字符不能为数字。

变量也可以用 EQU 伪操作来定义。相同的变量的定义在同一程序中只能允许出现一次。

伪指令助记符：表明了伪指令的功能。

3. 程序设计的基本步骤

在汇编程序设计过程中，首先对要解决的问题的过程进行具体的描述，这也是编程的准备阶段。基本步骤如下：

① 分析问题，建立数学模型；

② 根据数学模型，确定算法；

③ 根据算法，绘制流程图；

④ 根据流程图，编写源程序；

⑤ 编译、调试程序。

由于，汇编语言程序中的简单程序、分支程序、循环程序和子程序的设计方法大部分读者都已熟悉，也可查阅《IBM 汇编程序设计》进行学习，所以不再赘述。

小结

本章详细介绍了 51 单片机的指令系统，详细介绍了 51 单片机有哪些类型的操作指令，分别用什么缩写字；有哪些寻址方式，各种寻址方式的含义，以及各种寻址方式所采用的助记符；各种类型的指令分别使用哪些寻址方式，以及允许的寻址方式的组合形式。

通过本章的学习，读者可以较全面地掌握 51 单片机的指令系统，为采用汇编语言编写应用程序奠定基础。

习题

1. 51 指令系统按功能可分为哪几类？具有哪几种寻址方式？

2. 请指明下列指令画线部分的寻址方式。

(1) ADD　A，<u>#40H</u>

(2) ADD　A，<u>40H</u>

(3) MOVX　A，<u>@DPTR</u>

(4) MOVC　A，<u>@A+PC</u>

(5) ORL　A，<u>@R0</u>

(6) SUBB　A，<u>R6</u>

3. 若 SP=07H，指出下列指令执行时堆栈的操作情况。

```
PUSH    ACC
PUSH    30H
PUSH    PSW
POP     ACC
POP     PSW
POP     30H
```

4. 设内部 RAM 中 59H 单元的内容为 50H，写出执行下列程序段后寄存器 A，R0 和内部 RAM 中 50H，51H 单元的内容为何值？

```
MOV  A,    59H
MOV  R0,   A
MOV  A,    #00H
MOV  @R0,  A
MOV  A,    #25H
MOV  51H,  A
MOV  52H,  #70H
```

5. 指令 MOVC　A，@A+DPTR 和 MOVX　A，@DPTR 有何不同？

6. 指令 AJMP、LJMP 和 SJMP 功能上有何不同？

7. 设堆栈指针 SP 中的内容为 60H，内部 RAM 中 30H 和 31H 单元的内容分别为 24H 和 10H，写出执行下列程序段后，61H、62H、30H、31H、DPTR 及 SP 中的内容为何值？

```
PUSH  30H
PUSH  31H
POP   DPL
POP   DPH
MOV   30H,  #00H
MOV   31H,  #0FFH
```

8. 要完成下列数据传送，应采用什么指令？

(1) R1 的内容传送给 R0。

(2) 片外 RAM　0020H 单元的内容传送给 R0。

（3）片外 RAM　0020H 单元的内容传送给片内 RAM　20H 单元。

（4）程序存储器 ROM　2000H 单元的内容传送给 R0。

（5）程序存储器 ROM　2000H 单元的内容传送给片内 RAM　20H 单元。

（6）程序存储器 ROM　2000H 单元的内容传送给片外 RAM　0020H 单元。

9．设累加器 A 中的内容为 40H，寄存器 R1 中的内容为 23H，片内 RAM40H 单元的内容为 05H，执行下列两条指令后，累加器 A、寄存器 R1 和 40H 单元的内容为何值？

```
XCH   A,  R1
XCH   A,  @R1
```

10．设时钟晶振为 6 MHz，请计算下列程序的执行时间，并指明程序的功能是什么。

```
      MOV   R0,  #20H
      MOV   R3,  #05H
      MOV   A,   @R0
      CPL   A
      ADD   A,   #01H
      MOV   @R0,  A
NEXT: INC   R0
      MOV   A,   @R0
      CPL   A
      ADDC  A,   #00H
      MOV   @R0,  A
      DJNZ  R3,  NEXT
      SJMP  $
```

11．请采用逻辑运算指令，求解逻辑方程。

（1）PSW.5 = P1.3*Acc.2 + B.5*P1.1

（2）PSW.5 = P1.5*B.4 + Acc.7*P1.0

12．请编写一个子程序，将两位十进制数转变成一个字节的二进制数。

入口条件：待转换的数在 72H 和 71H 单元中。

出口状态：转换的结果存在累加器 A 中。

13．设时钟晶振为 6 MHz，请编写三段延时子程序，分别延时 1s、1min 和 1h。

14．如图 4-11 所示，8 个开关控制 1 个灯，任何一个开关都能控制这个灯，请设计相应的控制程序。

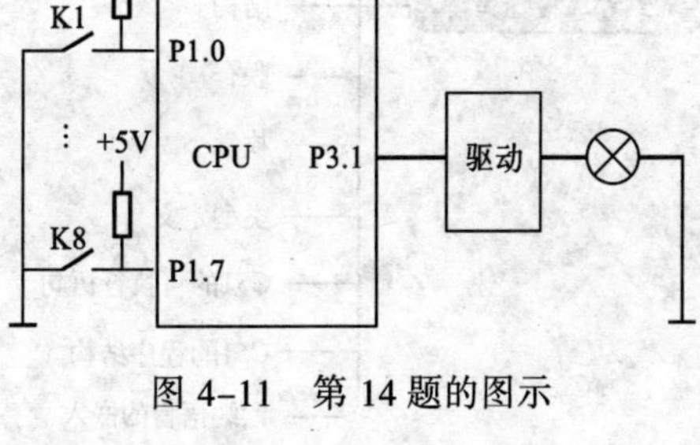

图 4-11　第 14 题的图示

第5章 C51程序设计语言

本章导读

汇编语言的机器代码生成效率很高,但可读性却并不强，复杂一点的程序就更是难读懂。用C语言编写的程序有很好的结构性和模块化，其可读性和可移植性远远超过汇编语言，功能化的代码能够很方便地从一个工程移植到另一个工程；用C语言编写程序比汇编语言更符合人们的思考习惯，开发者可以更专心地考虑算法而不是考虑一些细节问题，这样就减少了开发和调试的时间；使用C语言程序员不必知道处理器的具体内部结构，不必十分熟悉处理器的运算过程，这意味着对新的处理器也能很快上手，而使得用C语言编写的程序比汇编程序有更好的可移植性。而且，C语言还可以嵌入汇编语言来解决高时效性的代码编写问题。

本章内容要点：

- C51的标识符、关键字、运算符、数据的基本类型
- 函数、数组、指针、结构、联合、枚举以及C语言程序设计的基本格式。

对于已开设C语言程序设计课程的专业，本章内容可以安排学生自行复习。如果没有开设C语言程序设计课程，但是本课程课时较少，也可以安排学生自己学习。

内容结构

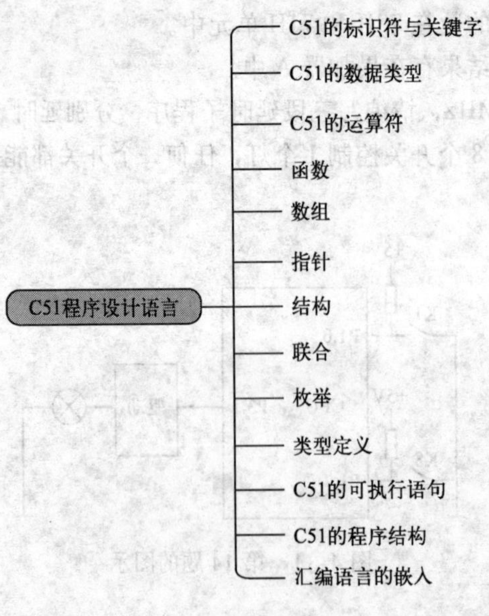

学习目标

通过学习本章内容，学生应该能够：

- 较全面地掌握 C51 程序设计语言；
- 为采用 C 语言编写 51 系列单片机的应用程序奠定基础。

5.1　C51 的标识符与关键字

1. 字符集

C 语言是由字符构成的。合法的字符如下：

(1) 26 个大写英文字母

A B C D E F G H I J K L M N O P Q R S T U V W X Y Z

(2) 26 个小写英文字母

a b c d e f g h i j k l m n o p q r s t u v w x y z

(3) 数字

0 1 2 3 4 5 6 7 8 9

(4) 其他

! " # % & ' ( ) * + , - . / : ; < = > ? [\ ] ^ _ { | } ~

C 语言中将字母的大小写视为不同的符号。

2. 标识符

(1) 标识符的作用

C 语言中的标识符可以作为变量名、符号常量名、函数名、数组名、类型名、文件名等。

(2) 标识符的组成

标识符的第一个字符必须是字母或下画线，其余的字符可以是字母、数字或下画线。

(3) 标识符的长度

各种不同的编译器对标识符的长度都会有自己的规定，最长可有 31 个字符，都不会少于 8 个字符。为了将来程序移植的方便，使用标识符最好不要超过 8 个字符。

3. 关键字

关键字是系统已经定义过了的保留字，不能用作标识符。标准 C 语言的关键字有：

(1) 数据类型关键字

auto	char	const	double	enum	extern	float	int
long	register	sizeof	short	static	struct	typedef	union
unsigned	void	volatile					

(2) 程序控制关键字

break	case	continue	default	do	else	for	goto
if	return	switch	while				

(3) 预处理功能关键字

define	endif	elif	ifdef	ifndef	include	line	undef

5.2 C51 的数据类型

C 语言有 3 种基本数据类型：整型、实型和字符型。

1．整型数据

(1) 整型常量

C 语言有 3 种整型常量：

① 十进制数：如 123、-12、0 等。

② 八进制数：以 0 开头，如 0123、-012 等。

③ 十六进制数：以 0x 开头，如 0x123、-0x12 等。

(2) 整型变量

C 语言的整型变量可分为基本型、短整型、长整型和无符号型。

① 基本型：以 int 表示。

② 短整型：以 short int 或 short 表示。

③ 长整型：以 long int 或 long 表示。

④ 无符号型：以 unsigned int、unsigned short 和 unsigned long 表示。

整型变量可如下定义：

```
int a, b;                   /*定义整型变量 a 和 b*/
unsigned  short  a, b;      /*定义短整型变量 a 和 b*/
```

2．实型数据

(1) 实型常量

实型常量也称为浮点数，有 2 种表示方法：

① 十进制数形式：如 12.34、-1.23、0。

② 指数形式：如 1.23e4、-1.34e-5。

(2) 实型变量

C 语言的实型变量可分为单精度、双精度和长双精度型。

① 单精度型：以 float 表示。

② 双精度型：以 double 表示。

③ 长双精度型：以 long double 表示。

实型变量可如下定义：

```
float  a1, b1;              /*定义单精度型实型变量 a1 和 b1*/
double  c;                  /*定义双精度型实型变量 c*/
```

3．字符型数据

(1) 字符常量

字符常量是用单引号括起来的一个字符如'A'、'G'。

(2) 字符串常量

字符串常量是用双引号括起来的一串字符，如"A12"、"15G"。

(3) 字符变量

字符串变量是用来存放字符常量的，一个字符串变量只能存放一个字符。

字符串变量可如下定义：

```
char c;
```

(4) 转义字符

转义字符是 C 语言中表示字符的一种特殊形式，通常用来表示 ASCII 码中不可打印的控制字符和特殊功能字符，如表 5-1 所示。

表 5-1　一些常用的转义字符

转 义 字 符	说　明
\n	换行，把光标定位到下一行的开始位置
\r	回车，把光标定位到当前行的开始位置
\f	换页，把光标定位到下一页的开始位置
\t	水平制表符，把光标定位到 Tab 键的下一个输出区
\v	垂直制表符
\a	振铃
\\	反斜杠，打印一个反斜杠
\’	单引号，打印一个单引号
\”	双引号，打印一个双引号
\xhh	1 ~ 2 位十六进制数所代表的字符（如\x41 代表 A）
\ddd	1 ~ 3 位八进制数所代表的字符

4. 各种类型变量的数值范围

各种类型的变量在内存中的长度和数值范围如表 5-2 所示。

表 5-2　各种类型的变量在内存中的长度和数值范围

变 量 类 型	位　数	数 值 范 围
char	8	–128~+127
unsigned char	8	0~255
short int	16	–32 768~+32 767
unsigned short int	16	0~65 535
int	16	–32 768~+32 767
unsigned int	16	0~65 535
long int	32	$-2^{31}\sim(2^{31}-1)$
unsigned long	32	$0\sim(2^{32}-1)$
float	32	1.17549435E–38~3.40282347E+38
double	32	1.17549435E–38~3.40282347E+38
long double	32	1.17549435E–38~3.40282347E+38

5. 各种数据转换关系

整型、实型和字符型数据可以混合运算。在进行运算时，不同类型的数据要先转换成同一类型，然后再进行运算。转换的规则是：向着占用字节多的方向转化。

6. C51 扩展的数据类型

C51 扩展的数据类型在内存中的长度和数值范围如表 5−3 所示。

表 5-3　C51 扩展的数据类型在内存中的长度和数值范围

变 量 类 型	位　　数	数 值 范 围
bit	1	0~1
sbit	1	0~1
sfr	8	0~255
sfr16	16	0~65 535

bit 和 sbit 数据类型专门用于访问 51 单片机中可寻址的位单元。其中，bit 定义的位变量，是片内 RAM 20H~2FH 单元的可寻址位，位地址是可以变化的；sbit 定义的位变量，是 SFR 的可寻址位，位地址是不可以变化的。

sfr 和 sfr16 数据类型用于访问 51 单片机中的特殊功能寄存器。其中，sfr 为字节型，定义 8 位地址的特殊功能寄存器；sfr16 为双字节型，定义 16 位地址的特殊功能寄存器，例如数据指针 DPTR。

bit、sbit、sfr 和 sfr16 数据类型并不是 ANSIC 的一部分，不能通过指针进行访问。

7. C51 支持的存储器类型与模式

存储器类型用于指明变量所处的存储器区域情况。C51 编译器能够识别的存储器类型如表 5−4 所示。

表 5-4　C51 编译器能够识别的存储器类型

存储器类型	描　述
code	程序存储器（64 KB），通过指令 MOVC @A+DPTR 进行访问
data	直接寻址内部数据存储器，对变量的最快访问（128 B）
idata	间接寻址内部数据存储器，访问整个内部地址空间（256 B）
bdata	位寻址内部数据存储器，允许位和字节混合寻址（16 B）
xdata	外部数据存储器（64 KB），通过 MOVX　@DPTR 型指令访问
pdata	页外部数据存储器（256 B），通过 MOVX @Rn 型指令访问

存储器模式决定用于函数自变量、自动变量和没有明确存储类型的变量的默认存储器类型。C51 编译器支持 3 种存储模式：SMALL、COMPACT 和 LARGE。

（1）SMALL 模式

SMALL 模式称为小编译模式。在该模式中，所有变量都默认位于 8051 内部数据存储器。这和使用 data 指定存储器类型的方式一样。此模型对于变量访问的效率很高，但所有的数据对象和堆栈必须适合内部 RAM。堆栈的大小很关键，因为使用的堆栈空间是由不同函数嵌套的深度决定的。通常，如果 BL51 连接器/定位器将变量都配置在内部数据存储器内，SMALL 模型是最佳选择。

（2）COMPACT 模式

COMPACT 模式称为紧凑编译模式。使用 COMPACT 模式，所有变量都默认在外部数据存储器的一页内。这和使用 pdata 指定存储器类型一样。该存储器类型适用于变量不超过 256 个字节。此限制是由寻址方式所决定的，该存储器模型的效率低于 SMALL 模型，对变量访问的速度要慢一些，但比 LARGE 模式快，地址的高字节通常通过 P2 口设置，编译器没有设置该口。

（3）LARGE 模式

LARGE 模式称为大编译模式。在 LARGE 模式中，所有变量都默认位于外部数据存储器。这和使用 xdata 指定存储器类型一样。使用数据指针 DPTR 进行寻址，通过数据指针访问外部数据存储器的效率较低，特别是当变量为 2 个字节或更多字节时，该模型的数据访问比 SMALL 和 COMPACT 产生更多的代码。

8. 存储器绝对地址的定义

在文件开始处使用#include< absacc.h >，就可以在程序中访问存储器的绝对地址。例如：

```
#define data8279 XBYTE[0xff80]        // data8279 表示的是片外 RAM 的地址 0xff80
#define ABCD CBYTE[0x0030]            // ABCD 表示的是程序 ROM 的地址 0x0030
#define ABCD DBYTE[0x30]              // ABCD 表示的是数据 RAM 的地址 0x30
```

5.3　C51 的运算符

1. 算术运算符

C 语言有 5 种算术运算符，如表 5–5 所示。

表 5-5　算术运算符

运　算　符	意　　义	说　　明
+	加法运算或表示正数	
–	减法运算或表示负数	
*	乘法运算	
/	除法运算	2 个整数相除时，结果为整数，小数部分舍弃
%	模运算（取余运算）	参加运算的数均应为整数

C 语言中表示加 1 和减 1 可以采用自增运算符和自减运算符，如表 5–6 所示。

表 5-6　自增运算符与自减运算符

运　算　符	意　　义	例（设 x 的初值为 3）
x++	先用 x 的值，再将 x 加 1	y=x++,　y 为 3,　x 为 4
++x	先将 x 加 1，再用 x 的值	y=++x,　y 为 4,　x 为 4
x--	先用 x 的值，再将 x 减 1	y=x--,　y 为 3,　x 为 2
--x	先将 x 减 1，再用 x 的值	y=--x,　y 为 2,　x 为 2

2. 关系运算符

关系运算符用于比较运算关系。C 语言有 6 种关系运算符，如表 5–7 所示。

表 5-7　关系运算符

运　算　符	意　　义	例（设 a=2，b=3）
<	小于	a<b 返回值 1
>	大于	a>b 返回值 0
<=	小于等于	a<=b 返回值 1

续表

运 算 符	意 义	例（设 a=2，b=3）
>=	大于等于	a>=b 返回值 0
!=	不等于	a!=b 返回值 1
==	等于	a==b 返回值 0

3. 逻辑运算符

逻辑运算符用于进行逻辑运算。C 语言有 3 种逻辑运算符，如表 5–8 所示。

表 5-8 逻辑运算符

<table>
<tr><th>运 算 符</th><th>意 义</th><th>例（设 a=2，b=3）</th></tr>
<tr><td>&&</td><td>逻辑与</td><td>a&&b 返回值 1</td></tr>
<tr><td>||</td><td>逻辑或</td><td>a||b 返回值 1</td></tr>
<tr><td>!</td><td>逻辑非</td><td>!a 返回值 0</td></tr>
</table>

4. 赋值运算符

赋值运算符用于赋值。C 语言有 11 种赋值运算符，如表 5–9 所示。

表 5-9 赋值运算符

运 算 符	意 义	说 明
=	将右边表达式的值赋给左边的变量或数组元素	
+=	左边的变量或数组元素加上右边表达式的值	x+=a 等价于 x=x+a
-=	左边的变量或数组元素减去右边表达式的值	x-=a 等价于 x=x-a
*=	左边的变量或数组元素乘以右边表达式的值	x*=a 等价于 x=x*a
/=	左边的变量或数组元素除以右边表达式的值	x/=a 等价于 x=x/a
%=	左边的变量或数组元素模右边表达式的值	x%=a 等价于 x=x%a
<<=	左移操作，再赋值	
>>=	右移操作，再赋值	
&=	按位与操作，再赋值	
^=	按位异或操作，再赋值	
!=	按位或操作，再赋值	

5. C51 的位运算符

C51 可以实现按位进行的操作，使之像汇编语言的操作一样方便。注意，位运算只是按位对变量进行运算，并不修改变量的值。C51 语言有 6 种位运算符，如表 5–10 所示。

表 5-10 位 运 算 符

<table>
<tr><th>运 算 符</th><th>意 义</th><th>例（设 a=0x54，b=0x3b）</th></tr>
<tr><td>&</td><td>按位与</td><td>a&b=0x10</td></tr>
<tr><td>|</td><td>按位或</td><td>a|b=0x7f</td></tr>
<tr><td>^</td><td>按位异或</td><td>a^b=0x6f</td></tr>
<tr><td>~</td><td>按位取反</td><td>~a=0xab</td></tr>
<tr><td><<</td><td>左移操作</td><td>a<<2=0x50</td></tr>
<tr><td>>></td><td>右移操作</td><td>b>>2=0x0e</td></tr>
</table>

6. 逗号运算符

逗号运算符用于将几个表达式串在一起。格式为：

表达式 1，表达式 2，…，表达式 n

运算顺序为从左到右，整个逗号表达式的值是最右边表达式的值。

例如：x = (y=3，z=5，y+2)

结果为：z=5，y=3，x=y+2=5

7. ？与：运算符

C 语言提供了一个可以代替某些 if…then…else 结构的简便易用的运算符"："与"？"。其一般格式为：

```
表达式 1 ? 表达式 2 : 表达式 3
```

如果表达式 1 为真，则计算表达式 2，并将结果作为整个表达式的值；如果表达式 1 为假，则计算表达式 3，并将结果作为整个表达式的值。

8. 强制转换运算符

强制转换运算符的作用是将一个表达式转化为所需的类型，符号为（）。格式如下：

```
(类型名)(表达式)
```

例如：
```
(int) a;            //将 a 转化为整型
(int)(7.4/3)        //将 7.4/3 转化为整型，结果为 2
```

9. 各种运算符的优先级

C 语言中各种运算符的优先级如表 5-11 所示。

表 5-11　运算符的优先级

优先级	运算符	意义	运算对象个数	结合方向
1	() [] -> .	圆括号 下标运算符 指向结构成员运算符 结构成员运算符		自左向右
2	! ~ ++ -- - (类型) * & sizeof	逻辑非 按位取反 自增运算符 自减运算符 负号 类型转换 指针运算符 取地址运算符 长度运算符	单操作数	自右向左
3	* / %	乘法 除法 取余	双操作数	自左向右
4	+ -	加法 减法	双操作数	自左向右
5	<< >>	左移 右移	双操作数	自左向右

续表

<table>
<tr><th>优先级</th><th>运算符</th><th>意义</th><th>运算对象个数</th><th>结合方向</th></tr>
<tr><td>6</td><td><
<=
>
>=</td><td>小于
小于等于
大于
大于等于</td><td>双操作数</td><td>自左向右</td></tr>
<tr><td>7</td><td>==
!=</td><td>等于
不等于</td><td>双操作数</td><td>自左向右</td></tr>
<tr><td>8</td><td>&</td><td>按位与</td><td>双操作数</td><td>自左向右</td></tr>
<tr><td>9</td><td>^</td><td>按位异或</td><td>双操作数</td><td>自左向右</td></tr>
<tr><td>10</td><td>|</td><td>按位或</td><td>双操作数</td><td>自左向右</td></tr>
<tr><td>11</td><td>&&</td><td>逻辑与</td><td>双操作数</td><td>自左向右</td></tr>
<tr><td>12</td><td>||</td><td>逻辑或</td><td>双操作数</td><td>自左向右</td></tr>
<tr><td>13</td><td>?:</td><td>条件运算符</td><td>三操作数</td><td>自右向左</td></tr>
<tr><td>14</td><td>=
+=
-=
*=
/=
%=
<<=
>>=
&=
!=
^=</td><td>赋值运算符</td><td>双操作数</td><td>自右向左</td></tr>
<tr><td>15</td><td>,</td><td>逗号运算符</td><td></td><td>自左向右</td></tr>
</table>

5.4 函　　数

在 C 语言中，函数是程序的基本组成单位。函数不仅可以实现程序的模块化，使程序设计得简单和直观，提高了程序的易读性和可维护性，而且还可以把程序中经常用到的一些计算或操作编成通用的函数，以供随时调用。

函数是 C 语言的基本构件，一个 C 程序可以由一个主函数和若干个函数组成。由主函数调用其他函数，其他函数也可以互相调用，同一个函数可以调用多次。

1. 函数的定义

(1) 函数定义的一般形式

函数定义的一般形式如下：

```
类型说明符    函数名（形式参数列表）
{
   说明部分
   语句（有返回值的要有 return 语句）
}
```

类型说明符定义了函数中返回语句（return）返回值的类型，而返回值可以是任何一种有效的类型。如果没有类型说明符出现，函数返回值默认为是整型值。

参数表是一个用逗号分隔的变量表，当函数被调用时这些变量接收调用参数的值。一个函数可以没有参数，这时函数参数表是空的。但是，即使没有参数，括号仍然是必须有的。

说明部分定义了函数中其他参数的类型。

返回语句 return 用来回送一个数值给定义的函数，完成从函数中跳出。如果函数没有返回值也可以不用 return 语句。

例如：求 2 个整数之和。

```
int add(int  x,  int  y)
{
    int sum;
    sum=x+y;
    return(sum);
}
```

add（）函数的返回值是 sum。

（2）函数的参数

函数定义时填入的参数称为形式参数，简称形参。它们同函数内部的局部变量作用相同。形参的定义是在函数名后的括号中。调用时替换的参数，是实际参数，简称实参。定义的形参与调用函数的实参类型应该一致，书写顺序应该相同。

（3）函数的返回值

关于返回值要注意：

① 返回值是通过 return 语句获得的；

② 返回值的类型如果与函数定义的类型不一致，那么结果要转化为函数定义的类型；

③ 如果没有 return 语句，函数会返回一个不确定的值，如果明确函数无返回值，可以用 void 指明不返回值。

2．局部变量与全局变量

（1）局部变量

在函数内部定义的变量称为局部变量。局部变量仅由被定义的模块内部的语句所访问。模块以“{”开始，以“}”结束，也就是说局部定义的变量只在{}内有效。

（2）全局变量

全局变量与局部变量不同，能贯穿整个程序，并且可被任何一个模块使用。它们在整个程序执行期间保持有效。全局变量定义在所有函数之外，它可以被函数内的任何表达式访问。

① 全局变量的定义。定义全局变量最好是在程序的顶部，也可以特别指定某变量是全局变量。当全局变量和某一函数的局部变量同名时，函数对该名的引用是针对局部变量。也就是说，局部变量能够屏蔽全局变量。

② 全局变量的存储。全局变量由 C 编译器在动态区之外的固定存储区域中存储。当程序中多个函数都使用同一数据时，全局变量将是很有效的。

③ 全局变量的缺点：

- 在整个程序执行期间均占有存储空间。
- 由于全局变量必须依靠外部定义，将降低函数的模块化，不利于函数的移植。

• 大量使用全局变量时，不可预见的副作用可能导致程序产生错误，且难以调试。

结构化语言要求代码和数据的分离，C 语言通过局部变量和函数实现了这一分离。如果大量使用全局变量就破坏了结构化程序设计的要求。因此，应避免使用不必要的全局变量。

3．函数的调用

(1) 函数调用的条件

在一个函数中调用的另一函数需要具备的条件：

① 被调用的函数是已经存在的函数（库函数或自行定义的函数）。

② 如果是库函数，应该在程序开头用＃include 命令将调用有关库函数所需用到的信息包含到本程序中。例如，＃include＜stdio.h＞、＃include＜math.h＞。

③ 如果是用户定义的函数，而且该函数与调用它的函数在同一个程序文件中，一般还应该在主函数中对被调用的函数进行声明，声明的方法是在调用的函数中写上所调用函数定义的第一行。

(2) 调用函数的方式

调用函数的方式有以下几种：

① 函数作为语句

把函数调用作为一个语句，函数无返回值，只是完成操作。格式如下：

函数名（参数）

例如：add(a, b)

② 函数作为表达式。函数出现在一个表达式中。

例如：sum=c+add(a, b); /*add是求两数之和*/

③ 函数作为参数。函数调用作为一个函数的实参。

例如：sum=add(c, add(a, b)); /*将add的返回值作为实参*/

④ 函数递归调用。函数可以自我调用。如果函数内部一个语句调用了函数自己，则称为递归。

4．函数的嵌套调用

C 语言的函数定义是相互平等的，即在定义函数时，一个函数内不能包含另一个函数。C 语言不能嵌套定义函数，但是可以嵌套调用函数。C 语言的一个重要特点是允许函数的嵌套调用与递归调用。嵌套调用就是一个函数调用另外一个函数，而另一个函数又可以调用第三个函数，调用过程可以进行多次。

例如：求 3 个数中最大者。

```
#include <stdio.h>
int max(int x, int y)
{
    return(x>y? x:y);
}
int max3(int x, int y, int z)
{
    int  c;
    c=max(x, y);    /*在max3()函数中调用max()函数*/
    return(max(c, z));
}
main()
{
    int  a, b, c, d;
```

```
    scanf("%d%d%d", &a, &b, &c);
    d=max3(a, b, c);
    printf("d=%d", d);
}
```

5. 变量的存储类别

C 语言规定变量的存储类别分为以下 4 种，表 5-12 是各存储类的说明。

- auto：自动存储类变量；
- register：寄存器存储类变量；
- extern：外部类变量；
- static：静态类变量。

表 5-12　变量的存储类

类　别	作用范围和寿命		说　明
auto	在定义它的函数体内有效。进入定义它的函数体时动态分配内存，退出函数体时释放内存		变量的默认存储类是 auto 型
register	作用域和寿命与 auto 相同。与 auto 的区别是可以存放在寄存器中，因此存取速度快		因寄存器有限，定义个数不能太多。通常将使用频度高的变量定义为 register 型
extern	可以在一个程序的多个文件中有效，存放在内存的静态存储区。直到程序结束，才释放内存		可以在函数之间传递信息，方便，但不安全
局部变量	作用域同 auto，寿命同 extern	值在 2 次调用之间一直有效，直到程序结束，才释放内存	
全局变量	在定义它的程序文件中有效，寿命同内部静态类	作用范围受限制的外部变量，只能在定义它的文件中引用	

6. 内部函数与外部函数

一个 C 语言程序可以由多个函数组成，这些函数既可以在一个程序文件中，也可以在多个不同的程序文件中。根据这些函数的使用范围，又可以把它们分为内部函数和外部函数。

(1) 内部函数

内部函数又称为静态函数，只能在定义它的文件中被调用，而不能被其他文件中的函数所调用。为了定义静态函数，需要在函数定义的前面使用 static 关键字。此时，函数的作用范围仅局限于定义它的文件，而在其他文件中不能调用此函数。定义格式为：

```
static　类型标识符　函数名〔参数表)
```

(2) 外部函数

函数在本质上都具有外部性质。除了静态函数之外，其余的函数都可以被其他文件中的函数所调用。为了明确这种性质，可以在函数定义和调用时使用 extern 说明是外部函数。关键字 extern 也可以省略。定义格式为：

```
extern 类型标识符　函数名(参数表)
```

7. 中断服务函数

当中断发生时，C51 编译器提供一个调用 C 函数的方法。这使用户可以用 C 创建中断服务程序。用户只需要关心中断号和选择的寄存器组。编译器自动产生中断向量和进入及退出代码。

C51 的中断服务函数声明方法如下：

```
void 函数名 (void) interrupt  xx  [using y]
{
  //中断服务内容
}
```

跟在 interrupt 后面的 xx 值是中断号，表明这个函数对应哪一个中断源，在传统的 51 单片机中，中断号与中断源的对应关系如下：

中断源	中断号
外部中断 0	0
定时器 0 溢出	1
外部中断 1	2
定时器 1 溢出	3
串行口中断	4

using 后面的 y 表明这个中断函数使用哪一个寄存器组，y 值为 0、1、2、3、4。using y 可以省略，表明使用的是当前的寄存器组。

5.5 数　组

数组是同类型的一组变量，引用这些变量时可用同一个标识符，借助于下标来区分各个变量。数组中的每一个变量称为数组元素。

数组可以是一维的，也可以是多维的。

1．一维数组

（1）定义

一维数组的一般声明形式如下：

类型说明符　数组名 [常量];

例如：int　a[10]；数组类型为整型，体积为 10 个元素。

（2）总字节数

一维数组的总字节数可按下式计算：

每个元素所占字节数 × 数组体积=总字节数

（3）初始化

一维数组的初始化可以在定义时进行，例如：

```
int  a[10] = {0, 1, 2, 3, 4, 5, 6, 7, 8, 9};
```

数组元素的下标从 0 开始，赋值后，a[0] = 0，a[1] = 1，依次类推，直至 a[9]=9。

如果对全部元素赋值，那么数组长度下标可以不写，如上面初始化也可以写成：

```
int  a[] = {0, 1, 2, 3, 4, 5, 6, 7, 8, 9};
```

也可以部分赋值，例如：

```
int  b[10]={0, 1, 2, 3, 4, 5};
```

这里只对前 6 个元素赋值。对于没有赋值的 b[6] ~ b[9]，默认的初始值为 0。

数组元素的赋值与普通变量相同，可以把数组元素像普通变量一样使用。

2．多维数组

C 语言允许使用多维数组，最简单的多维数组是二维数组。

(1) 二维数组的定义

要将 a 说明成 3 行 4 列的二维整型数组，可以定义为：

```
int  a[3][4];
```

数组的二维下标均从 0 开始。

二维数组定义格式为：

```
类型说明符  数组名[行数][列数];
```

(2) 二维数组的总字节数

二维数组可用下列公式计算所需的内存字节数：

行数×列数×类型每个元素所占字节数=总字节数

(3) 二维数组的存储顺序

二维数组以行列矩阵的形式存储。第一个下标代表行，第二个下标代表列。

以 a[3][4]数组来说明，顺序如下：

a[0][0]　a[0][1]　a[0][2]　a[0][3]

a[1][0]　a[1][1]　a[1][2]　a[1][3]

a[2][0]　a[2][1]　a[2][2]　a[2][3]

(4) 二维数组的初始化

二维数组的初始化可以是以下几种形式：

① 按存储顺序整体赋值。按存储顺序赋值较为直观，例如：

```
int  a[3][4]={0, 1, 2, 3, 4, 5, 6, 7, 8, 9, 10, 11};
```

如果是全部元素赋值，可以不指定行数，写成如下形式：

```
int  a[][4]={0, 1, 2, 3, 4, 5, 6, 7, 8, 9, 10, 11};
```

也可以对前一部分赋值，不足部分的初始值默认为 0。例如：

```
int  a[3][4]={0, 1, 2, 3, 4};
```

② 按每行分别赋值。按每行分别赋值要用 {} 标明，部分默认为 0。例如：

```
int  a[3][4]= {{0, 1}, {4, 5, 6, 7}, {8}};
```

(5) 多维数组

C 语言允许使用二维以上的数组。多维数组的定义形式为：

```
类型说明符  数组名[下标1][下标2]...[下标n];
```

多维数组在内存中的存储顺序与二维数组相似，下标 1 变化最慢，下标 n 变化最快。

3. 字符数组

(1) 字符数组定义

用来存放字符数据的数组称字符数组。其中，一维字符数组可存放一个字符串。实际上字符串就是以字符数组形式存放的。二维字符型数组可存放多个字符串。定义格式为：

```
一维: char 字符数组名[字符长度];
二维: char 字符数组名[字符数组行数][每行列数];
```

(2) 字符数组初始化

字行数组的初始化有以下形式：

① 分别赋值，例如：

```
char  array[20]={'0', 'g', 'f'};
```

余下未赋值的部分默认为空字符。

② 以字符串形式赋值，例如：

```
char  array[20]={"how do"};
```

或写成：

```
char  array[20]="how do";
```

采用字符串赋值，字符串后面有一个“\0”结束字符，所以用字符串赋值实际是有 7 个字符。分别赋值是对数组的 6 个字符赋值，所以两种赋值方法并不等价。

二维字符数组赋值与一维类似。

5.6 指　　针

1. 指针的概念

指针是一种特殊类型的变量。它具有一般变量的三要素：名字、类型和值。与一般变量的区别在类型和值上。

(1) 指针的值

所谓指针，是指某个对象（简单变量、数组、函数或文件）所占用存储单元的首地址。这个首地址就是指针的值。

(2) 指针的类型

指针的类型不是它所存放的某个对象的地址值的类型，而是那个对象的类型。

2. 指针变量的定义

指针变量的定义格式为：

```
类型说明符  *指针变量名
```

说明：“*”表示定义的是指针变量，“类型说明符”表示该指针变量所指向的变量类型。例如：

```
int  *pointer1;
```

3. 指针的引用

在利用指针变量进行间接访问之前，必须使它指向一个确定的变量。指针变量只能存放地址，不能将一个非地址量赋给指针变量。

C 语言中有两个与指针有关的运算符：

*：指针运算符，通过指针变量间接访问它所指向的变量，来存取数据。

&：取地址运算符，取得变量所占用的存储单元的首地址。

例如，&x 代表变量 x 的地址，*p 是指针变量 p 所指向的存储单元。

4. 数组的指针

一个数组包含若干元素，每个数组元素都在内存中占用存储单元，它们都有相应的地址。指针变量可以指向数组和数组中任一元素。

所谓数组的指针是指数组的起始地址，数组元素的指针是指数组元素的地址。引用数组元素可以用下标法，也可以用指针法，即通过指向数组元素的指针找到所需的元素。

(1) 指向数组元素的指针

定义一个指向数组元素的指针变量的方法，与指向变量的指针变量相同。例如：

```
float  a[5];          /*定义 a 为包含 5 个 float 型数据的数组*/
float  *pointer;      /*定义 pointer 为指向 float 型变量的指针变量*/
```

对该指针元素赋值为：

```
pointer=&a[0];
```

或写成：

```
pointer=a;            /*C语言规定数组名代表首地址*/
```

指针 pointer 获得数组 a 的首地址，即数组 a 的第 0 号元素的地址。

(2) 通过指针引用数组元素

C 语言规定，如果指针变量 pointer 已指向数组中的一个元素，则 pointer 指向同一数组中的下一个元素，不是将 pointer 值简单地加 1，实际移动的地址取决于指向元素的类型。如果定义的数组是 float 型，那么 pointer+1 意味着使 pointer 的值增加 4 个字节，以使它指向下一元素。

(3) 字符串的指针

在 C 语言中，为字符串提供存储空间有两种方法。一是把字符串中的字符存放在一个字符数组中。例如：

```
char  ch[] = "How do you do";
```

数组 ch[]共有 14 个元素，其中 ch[13]为"\0"。对于这种情况，编译器根据字符串的长度为字符数组分配存储空间，并把字符串存放到数组中。ch 是数组名，代表字符数组的首地址。

另一种方法是可以使用指针，定义一个字符指针指向字符串中的字符。例如：

```
char  *ch = "How do you do";
```

使 ch 指向字符串的第一个字符'H'。以后就可通过 ch 访问字符串中的各个字符。例如：*ch 或 ch[0]就是'H'，*（ch+i）或 ch[i]就是访问字符串中的第 i 个字符。

5. 函数的指针

在 C 语言中，指针变量除能指向数据对象外，也可以指向函数。

一个函数在编译时，分配了一个入口地址，这个入口地址就称为函数的指针。函数的指针能赋给一个指向函数的指针变量，并能通过指向函数的指针变量调用它所指向的函数。

定义指向函数的指针变量的一般形式为：

```
类型标识符  (*指针变量名)();
```

例如：用指向函数的指针调用函数。

```
main()
```

6. 指针数组

指针可以指向某类变量，并替代这个变量在程序中使用。也可以指向一维、二维数组或字符数组，来替代这些数组在程序中使用，增加了程序的灵活性。同样，也可以定义一种特殊的数组，这类数组存放的全部是指针，分别用于指向某类变量，以替代这些变量在程序中的使用，进一步增加灵活性。

指针数组定义形式：

```
类型标识 *数组名[数组长度]
```

例如：

```
char  *ch[3];
```

7. 存储器特殊指针

在指针的说明中，存储器特殊指针总是包含存储器类型的指定，并总是指向一个特定的存储器区域。例如：

```
char  data  *str;         /* 在片内 RAM 中定义 */
int  xdata  *numtab;      /*在片外 RAM 中定义*/
long  code  *powtab;      /*在程序 ROM 中定义*/
```

由于存储器类型在编译时指定，因此，无类型指针需要存储器类型字节，而已定义类型指针则不需要。已定义类型指针可用一个字节（idata，data，bdata 和 pdata 指针）或两个字节（code 和 xdata 指针）存储。

5.7 结　构

结构是可以由不同类型的元素组成的一组变量。

1. 结构的定义

结构的定义格式为：

```
struct  结构名
{成员列表};
```

例如：建立学生基本档案（学号、姓名、身份证号码、性别、年龄、家庭住址）

```
struct  student
{
   long  int  id;            /*学号，长整型*/
   char  name[20];           /*姓名，字符串型*/
   char  sex;                /*性别，字符型*/
   char  address[40];        /*家庭住址，字符串型*/
   int   age;                /*年龄，整型*/
   long  number;             /*身份证号码，长整型*/
};
```

2. 结构类型变量的定义

结构类型变量的定义与其他类型变量的定义是一样的。但是，结构类型需要针对具体的问题事先自行定义，所以结构类型变量的定义形式就增加了灵活性，具体有 3 种形式：

① 先定义结构类型，再定义结构类型变量。例如：

```
struct  stu
{
   long  int  id;
   char  name[20];
   char  sex;
   char  address[40];
   int   age;
};
```

② 定义结构类型的同时，定义结构类型变量。例如：

```
struct   stu
{
   …
}stu_1,  stu_2;
```

也可以再定义更多的 struct 类型结构变量：

```
struct  stu  stu_3;
```

③ 直接定义结构类型变量，结构名可以不写。但是，这种定义方法由于没有结构名，不能再在其他地方定义同一结构类型的变量。例如：

```
struct
{
}stu_1, stu_2;
```

3. 结构类型变量的初始化

结构变量可以在定义时初始化，例如：

```
struct  stu
{
   long  int  id;
   char  name[20];
   char  sex;
   int   age;
};
struct  stu  stu_1 = {12345, "Lee" "M", 21};
```

4. 结构类型变量的引用

C 语言规定结构变量的引用格式为：

<结构类型变量名>.<成员名>

对于结构内含有结构的变量的引用，要写成下面形式：

<结构类型变量名>.<内部结构名>.<内部结构成员名>

对结构的存取数据不能直接采用结构名，而必须写到具体的成员，即如下形式：

<结构类型变量名>.<成员名>

不能将结构类型变量以整体的形式输入/输出。下面写法是错误的：

```
printf ("NO:%d\nname:%s\nsex:%c\nage:%d", stu_1);
```

结构内部每个成员都可以单独进行操作，实际上就是变量类型。

5.8 联　　合

所谓联合类型是指将不同的数据项组织成一个整体，它们在内存中占用同一个内存区域。

1. 联合的定义

定义形式为：

```
union  联合名
{成员列表};
```

例如：

```
union  data1  /*联合*/
{
   int  x;
   float y;
   char z;
} a;
```

上例中，定义了一个联合数据类型 data1，定义了这一联合数据类型的变量 a。

2. 联合与结构的区别

联合数据类型与结构在形式上非常相似，但是数据表示的含义和存储方式是完全不同的，结构类型所占用的内存空间是它的各成员所占空间之和。而联合类型所占用的内存空间是它的需用字节数最多的成员所占的空间。

例如：比较联合与结构所占空间的区别。

```
#include <stdio.h>
union  data1    /*联合*/
{
   int  x;
   float y;
   char z;
}a;
struct  message
{                 /*结构*/
   int  x;
   float y;
   char z;
}stu;
main()
{
   printf("%d, %d", sizeof(union data1), sizeof(struct message));
}
```

运行程序后输出：4，7。

这里，联合类型的空间是字节数最多的 float 型的空间，而结构的空间是 int 型、float 型和 char 型空间之和。

3. 联合的引用

对联合的成员的引用与对结构成员的引用方法相同，采用如下形式：

<联合类型变量名>.<成员名>

由于联合各成员共用同一段内存空间，使用时可以根据需要引用其中的某一成员，但是不能同时引用多个成员，因为它们在空间上是重叠的。后来的引用可能会覆盖以前引用的数值。

5.9 枚　　举

枚举是一个已命名的整数常量集，用枚举型变量表示常数。枚举型变量通过列举这种变量所有可能的取值来建立变量与取值之间的联系，变量的取值只限于列举出来的值的范围之内。

1. 枚举的定义

枚举类型的定义形式为：

```
enum  枚举类型名{枚举元素表};
```

然后定义变量，格式为：

```
enum  枚举类型名  枚举变量名;
```

或直接定义：

```
enum  枚举类型名{枚举元素表}枚举变量名;
```

其中，enum 是关键字。括号中的枚举元素表是用户定义的标识符名，枚举变量名可以是多个，中间用逗号隔开。例如：

```
enum week day{sun, mon, tue, wed, thu, fri, sat}week1, week2;
```

2. 枚举元素的值

每个枚举元素表示一个整数值，可以在任意整型表达式中引用。枚举类型一经定义，每个枚举元素就自动有了一个整数值。如未初始化，按枚举元素在括号中的排列次序，第一个枚举元素的值为 0，第二个枚举元素为 1，依次类推。

枚举元素只是一个整数的名字，不是变量，也不是字符串，它的值只能在定义或初始化时得到。对枚举元素赋值是错误的。

3. 枚举变量的使用

(1) 枚举变量赋值

只能给枚举变量赋枚举元素值，而不能直接赋整数值。例如：

```
enum week day{sun, mon, tue, wed, thu, fri, sat} week1, week2;
```

只可以用如下方式给枚举变量 week1 赋值：

```
week1 = tue;
```

这时，week1 的值为 2。

如果要把一个整数值或整数表达式的值赋给枚举变量，就必须进行强制类型转换。例如：

```
week1=(enum week day) 3;
```

这里，将数值 3 强制转换成 week day 枚举类型后再赋值，这相当于将 week1 赋值为 wed。

(2) 枚举变量运算

枚举变量除了不能用输入语句赋值外，可以参加整型变量所能参加的任何运算。例如，增 1 或减 1 运算，与枚举元素值比较，参与表达式运算，以及作为整型变量输出等。例如：

```
if (week1>mon)
weekl ++;
```

5.10 类 型 定 义

为了适应用户的习惯和便于程序移植，C 语言允许用户用 typedef 将已有的类型标识符定义成新的类型标识符。经类型定义后，新的类型标识符即可当做原标识符使用。这并不是定义了新的数据类型，只是将数据类型改了一个名字而已。

1. 类型定义的形式

类型定义的一般形式为：

```
typedef  原类型名 新定义名;
```

其中，typedef 是类型定义关键字，定义后可以用新定义名表示原来的类型。

有些用户比较习惯 integer、real 等类型标识符，那么就可以进行如下定义：

```
typedef     int integer;
typedef     float  real;
```

并用新定义的类型标识符去说明变量：

```
integer I, j;
real    a;
```

等价于：

```
int i, j;
flaot   a;
```

在此，只是改变书写形式，以适应设计者的习惯。

2. 类型定义的使用

用 typedef 除了可以定义简单的数据类型如整型、实型、字符型外，也可以定义其他类型的变量。

(1) 定义数组类型

```
typedef  char  str[20];
str   s1, s2;
```

等价于：

```
char  sl[20], s2[20];
```

(2) 定义指针类型

```
typedef  char  *str;
str  point, p[3];
```

等价于：

```
char  *point, *p[3];
```

(3) 定义函数类型

```
typedef  int(*point)();
point     pl;
```

等价于：

```
int  (*p1)();
```

(4) 定义结构类型

```
typedef  struct
{
   char name[20];
   char sex;
   int  age;
   long number;
}stu;
stu  stu_1;
```

等价于：

```
struct
{
   char name[20];
   char sex;
   int  age;
   long number;
} stu_l;
```

5.11 C51 的可执行语句

计算机的程序是由若干条语句按顺序组成的。C 语言的语句以分号作为标记。

C 语言的基本语句有以下几种：

1．简单语句

(1) 表达式语句

在某些表达式后面加上一个分号“;”，就构成表达式语句。例如：

```
x=7;      /*赋值语句*/
i++;      /*加 1 语句*/
y=x*z;    /*算术运算语句*/
```

(2) 空语句

只有一个分号的语句，什么也不做。

2. 复合语句

将多个简单语句用括号{}括起来，就构成复合语句。

3. 控制语句

用于控制程序流的语句。

（1）if 条件语句

if 语句有 3 种基本形式：

① if（表达式）语句。例如：

```
if(a==b)
printf("a=b");
```

如果相等，那么打印 a=b，否则跳过这条语句。

② if（表达式）语句 1
　else 语句 2

例如：

```
if(a>b) c=a;
else c=b;
```

对于这种简单的结构，也可以用？表达式(c=a>b?a:b)来实现。

③ if（表达式 1）语句 1
　elseif（表达式 2）语句 2
　elseif（表达式 3）语句 3
　else 语句 *n*

例如：输入 3 个数，找出其中最小的数。

```
#include <stdio.h>
main()
{
   int  x, y, z, min;
   printf("input  x, y, z:");
   scanf("%d%d%d", &x, &y, &z);
   if(x<y)
   min=x;
   else min=y;
   if(z<min)
   min=z;
   printf("min=%d\n", min);
}
```

在选择结构中，else 与最靠近它的 if 配对，但是用{}可以改变配对。

if 语句中，如果需要执行的语句不止一条，要用{}组成复合语句，形式如下：

```
{
   语句 1:
   语句 2;
   语句 n:
}
```

（2）switch...case 多分支选择语句

if 语句比较适合于从两者之间选择。当要实现从几种可能中选一时，可采用 switch...case 多分支选择语句，使程序变得更为简洁。格式为：

```
switch<表达式>
```

```
case 常量表达式 1:
   语句 1;
   break;
case 常量表达式 2:
   语句 2;
   break;
case 常量表达式 n:
   语句 n;
   break;
default;
   语句 n+1;
```

对于 switch 语句，要注意：

① 常量表达式的值必须是整型、字符型或者枚举类型；

② break 语句用于跳出 switch 结构。

例如：指定月份打印该月天数。

```
#include <stdio.h>
main()
{
   int  i;
   scanf("inputmonth%d", &i);
   switch(i)
{
        case 1:
        case 3:
        case 5:
        case 7:
        case 8:
        case 10:
        case 12:printf("%dmonthis31days", i); break;
        case 4:
        case 6:
        case 9:
        case 11:printf("%dmonthis30days", i); break;
        case 2:printf("%dmonthis28or29days", i); break;
        default:printf("inputerror");
   }
}
```

(3) for 循环语句

for 循环语句的一般格式为：

```
for (表达式 1; 表达式 2; 表达式 3)
```

程序的执行过程为：

① 求解表达式 1。

② 求解表达式 2，若其值为真，则执行 for 后面的语句。

③ 如果为假，则跳过 for 循环语句。

④ 求解表达式 3。

⑤ 转到第②步，继续执行，直至条件为假时结束循环。

例如：求 1 到 100 的和。

```
#include <stdio.h>
```

```
main()
 {
   int i, j, sum;
   sum=0;
   for(i=1; j<101; i++)
   sum++;
   printf("sum=%d", sum);
 }
```

在 for 语句的一般形式中，表达式 1、3 均可以省略。但是表达式 2 不能省略，而且应该有能够使表达式为假值，从而使循环结束的语句。

(4) while 循环语句

while 语句先判定其循环条件为真或为假。如果为真，则执行循环体；否则跳出循环体，执行后续操作。

while 语句的格式为：

```
while(表达式)语句
```

while 语句的执行规则：

① 表达式是循环能否进行的条件，为真时继续执行循环，为假时退出循环；

② 在循环体中应该有使循环最终能结束的语句；

③ 循环体如果包含一个以上的语句，应该用括号{}括起来，以复合语句形式出现。如果不加括号，则 while 语句的范围只到 while 后面第一个分号处。

例如：求 1 到 100 的和。

```
#include <stdio.h>
main()
{
   int  i, sum;
   i=1, sum=0;
   while(i<101)
   {
      sum++;          /*注意{}不能省，否则跳不出循环体*/
      i++;
   }
  printf("sum=%d", sum);
}
```

(5) do...while 循环语句

do...while 循环是先执行循环体一次，再判断表达式的值，若为真值则继续执行循环，否则退出循环。

do...while 语句的格式为：

```
do 循环体语句
while(表达式);
```

其执行规则如下：

① 先执行一次指定的循环体语句，然后判断表达式；

② 当表达式的值为非零时，返回到第一步重新执行循环体语句；

③ 如此反复，直到表达式的值等于 0 时，循环结束。

例如：求 1 到 100 的和。

```
#include <stdio.h>
main()
```

```
{
   int  i, sum;
   i=1; sum=0;
   do
{
      sum++;      /*注意 { } 不能省，否则跳不出循环体*/
      i++;
}
   while(i<101);
   printf("sum=%d", sum);
}
```

(6) goto 语句

goto 语句是无条件转移语句，它将程序运行的流向转到它所指定的标号处。

goto 语句格式为：

goto 标号；

例如：求 1 到 100 的和。

```
#include <stdio.h>
main()
{
   int  i=1, sum=0;
   table:sum++;
   i++;
   if(i<101)
   goto table;
   printf("sum=%d", sum);
}
```

goto 语句使程序的转移控制变得非常灵活。

(7) break 语句

在循环语句中，break 语句的作用是在循环体中测试到应立即结束循环条件时，控制程序立即跳出循环结构，转而执行循环语句后的语句。

例如：求 1 到 100 的和，如果和超过 4000，则跳出循环，输出此时的和。

```
#include <stdio.h>
main()
{
   int  i, sum;
   sum=0;
   for(i=1; i<101; i++)
   {
      sum++;
      if(sum>4000)
      break;
   }
   printf("i=%dsum=%d",  i,  sum);
}
```

输出为：i = 89sum = 4005

这里，break 语句使程序跳出 for 循环。

(8) continue 结束循环语句

continue 语句只能用于循环结构中，作用是结束本次循环。一但执行了 continue 语句，程序就跳过循环体中位于该语句后的所有语句，提前结束本次循环周期并且开始新一轮循环。

例如：求数组 a[10]中正数的和。

```
#include <stdio.h>
main()
{
   int  i, sum=0, a[10]={0, 1, 2, 3, 4, 5, -6, -7, 8, -9};
   for(i=0; i<10; i++)
{
      if(a[i]<0)
      continue;
      sum=sum+a[i];
}
   printf("sum=%d", sum);
}
```

程序执行结果为：sum＝23。

5.12　C51 的程序结构

C51 的程序结构与标准的 C 语言程序结构相同，采用的是函数结构，一个应用程序由一个或多个函数构成。其中，有且只有一个为 main()函数，程序从 main()函数开始执行，至 main()函数结束时结束。在 main()函数中可以调用库函数或用户定义的函数。

C 语言程序的组织结构如下：

```
全局变量说明                    /*可以被程序中的各个函数引用*/
函数 1 说明
…
函数 n 说明
主函数 main()
{
   局部变量说明                 /*只能在本函数中引用*/
   执行语句（包括函数调用）
}
函数 1（形式参数说明）
{
   局部变量说明                 /*只能在本函数中引用*/
   执行语句（包括函数调用）
}
…
函数 n（形式参数说明）
{
   局部变量说明                 /*只能在本函数中引用*/
   执行语句（包括函数调用）
}
```

5.13　汇编语言的嵌入

在 C 语言中嵌入汇编语言需要 3 个步骤：

① 通过使用预处理指令#pragma asm 和#pragma endasm 可以在 C51 中嵌入汇编语言。用户编写的汇编语言可以紧跟在＃pragma asm 之后，而在＃pragma endasm 之前结束。如下所示：

```
# pragma asm
/*汇编源程序*/
# pragma endasm
```

在#pragma asm 和#pragma endasm 之间的语句将作为汇编语言的语句输出到由编译器产生的汇编语言文件中。

② 在 Project 窗口中包含汇编代码的 C 文件上右击选择 Options for 命令，选中 Generate Assembler SRC File 和 Assemble SRC File，使检查框由灰色变成黑色（有效）状态。

③ 根据选择的编译模式，把相应的库文件（如 Small 模式时，是 Keil\C51\Lib\C51S.Lib）加入工程中，该文件必须作为工程的最后文件。

小结

本章详细介绍了 C51 程序设计语言，详细介绍了 C51 的标识符、关键字、运算符、数据的基本类型；详细介绍了函数、数组、指针、结构、联合、枚举以及 C 语言程序设计的基本格式。

通过本章的学习，读者可以较全面地掌握 C51 程序设计语言，为采用 C 语言编写 51 单片机的应用程序奠定基础。

习题

1．C 语言中的标识符是怎样构成的？

2．下列标识符哪些是正确的？哪些是错误的？

a5b　pe1.1　gl()　case　float

s-i-1　$200　e-10　e-0.1　next

3．C 语言中的数据类型有哪些？

4．下列常数中哪些是合法的？哪些是非法的？

-78　+39.5　16000　-0.1　e13　01344　0x2a2

3.e-8　'\0'　"x"　'101'　'\55'　"36"　30　e-0.5

5．请写出各种类型的变量在内存中的长度和数值范围。

6．请指出下列变量的区别。

'0'　"0"　"\0"　"\000"

7．将下列数学式写成 C 语言的表达式。

（1）$ax^2 + bx + c$

（2）$b^2 - abc$

（3）$(x-y) + (x^2 + y^2 + 1)$

8．写两个函数，分别求两个整数的最大公约数和最小公倍数，用主函数来调用这两个函数。

9．求解方程 $ax^2 + bx + c = 0$，用 3 个函数分别求 b^2-4ac 大于 0、等于 0、小于 0 时方程的根，从主函数输入 a、b、c 的值。

10．将一个数组中的值按顺序重新存放。例如，原顺序为 3、8、1、5 的数字，重新存放为 1、3、5、8。

11．用指针方式求一个字符串的长度。

12．定义一个结构变量，其成员包括：年、月、日。

13．编写一个程序，求：s=1!+2!+3!+…+20!。

14．编写一个程序：输入三角形的三条边长，求三角形的面积。

15．在 C 语言中怎样嵌入汇编语言？

第6章 51内核单片机的基本应用接口设计

本章导读

单一的单片机芯片是无法独立工作的，必须为其配置相应的电源、时钟、复位等电路，然后才能正常工作。它们合在一起构成了最小系统。

在实际应用中，对于不同的应用需求，还需要扩展一些必要的硬件接口。针对不同的应用需求，由于选择的芯片不同，接口的设计与使用方法可能不同。

本章将详细描述最小系统的设计过程及基本的应用接口电路的设计方法。

本章内容要点：

- 最小系统的设计过程；
- 典型外围接口电路的扩展方法；

如果课时较少，教学过程中可以有选择地忽略部分内容。

内容结构

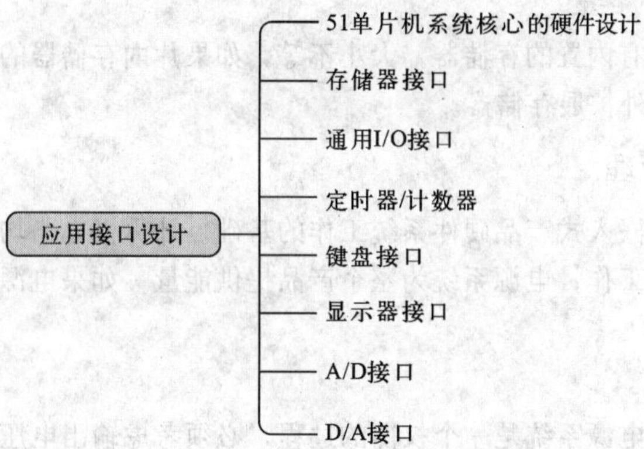

学习目标

通过学习本章内容，学生应该能够：

- 了解最小系统的设计过程；
- 掌握典型外围接口电路的扩展方法；
- 掌握接口应用程序的设计。

6.1 51 单片机系统核心的硬件设计

这里主要考虑芯片的选择、时钟与电源的管理以及中断系统的应用。

6.1.1 处理器芯片的选择

在选用处理器芯片时，应该从所设计的产品的应用角度，综合考虑性能、成本、技术支持等因素，选取满足系统要求的芯片。通常从以下几个方面的指标来选择。

1. 在片资源

在选用处理器芯片时，首先应该考虑芯片的在片资源，如果芯片的在片资源能够满足应用系统的需要，将会大大减少外围电路的设计，降低成本，减小体积。

2. 系统时钟

系统时钟决定了芯片的处理速度，系统时钟频率越高，处理速度越快。

3. 电源管理

处理器的功耗是选择处理器的一个重要性能指标。

如果应用系统需要使用电池供电，并且需要在无人值守的环境下进行长时间工作，那就需要选择低功耗的处理器。一般来讲，芯片的耗电量与工作频率成正比，系统的功耗还可以通过电源模式的变化来获得最好的控制，因此处理器能提供多种电源管理模式也是非常重要的。

4. 芯片的封装方式

处理器芯片的封装形式有 QFP、TQFP、PQFP、LQFP、BGA、LBGA 等形式，BGA 封装具有芯片面积小的特点，可以减少 PCB 板的面积，但是需要专用的焊接设备，无法手工焊接。另外，一般 BGA 封装的芯片无法用双面板完成 PCB 布线，需要多层 PCB 板布线。

5. 芯片内存储器的容量

很多单片机芯片都有内置的存储器，大小不等，如果片内存储器的容量能够满足应用系统的需求，就不需要在片外扩展存储器。

6.1.2 时钟与电源管理

时钟与电源是整个嵌入式产品硬件系统工作的基础。计算机电路均为时序电路，都必须有一个时钟信号才能正常工作；电源系统为整个产品提供能量，如果电源系统处理得好，整个系统的故障会减少很多。

1. 电源电路

为嵌入式产品设计电源系统是一个权衡的过程，必须考虑输出电压、电流、功率，输入电压、电流，安全因素，输出波纹，电磁兼容和电磁干扰，功耗及成本等多种因素。

在设计系统的前级电源时需要综合考虑多种因素，过高的输入电压会使芯片发热量增大，波动的电压对输出电压的波动也有一定的影响，低功耗设计对于嵌入式系统有着非常重要的意义，在电源模块的设计中，应该考虑到低功耗设计。

2. 振荡器与时钟电路

51 单片机片内设有一个由反向放大器所构成的振荡电路，XTAL1 和 XTAL2 分别为振荡电路的输入端和输出端。时钟可以由内部方式产生或外部方式产生。

内部方式时钟电路如图 6–1（a）所示。在 XTAL1 和 XTAL2 引脚上外接定时元件，内部振荡电路就产生自激振荡。定时元件通常采用石英晶体和电容组成的并联谐振回路。晶体可以在 1.2～12 MHz 之间选择，电容值在 5～30 pF 之间选择，电容的大小可起频率微调作用。外部方式的时钟电路如图 6–1（b）所示，XTALl 接地，XTAL2 接外部振荡器。对外部振荡信号无特殊要求，只要保证脉冲宽度，一般采用频率低于 12 MHz 的方波信号。

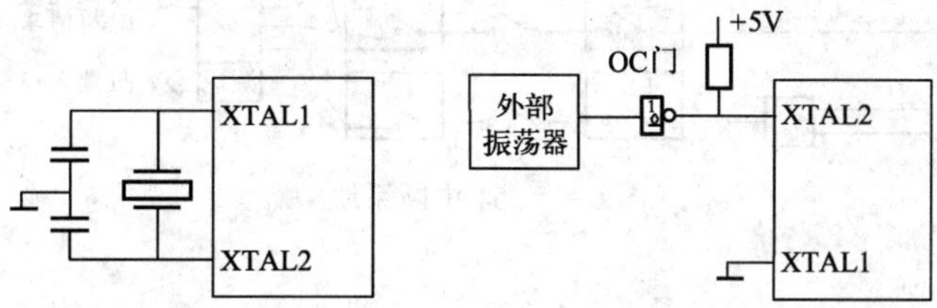

（a）内部方式的时钟电路　　（b）外部方式的时钟电路

图 6–1　时钟电路

传统的 51 单片机的指令周期（执行一条指令的时间称为指令周期）为一个机器周期，一个机器周期由 6 个状态（12 个振荡周期）组成。每个状态又被分成两个时相 P1 和 P2。所以，一个机器周期可以依次表示为 S1P1，S1P2 ，…，S6P1，S6P2。

3．复位电路

51 单片机的复位电路如图 6–2 所示。在 RESET（图中表示为 RST）输入端出现高电平时实现复位和初始化。在振荡器运行的情况下，要实现复位操作，必须使 RST 引脚至少保持两个机器周期（24 个振荡器周期）高电平。CPU 在第二个机器周期内执行内部复位操作、以后每一个机器周期重复一次，直至 RST 端电平变低。复位期间不产生 ALE 及 nPSEN 信号。

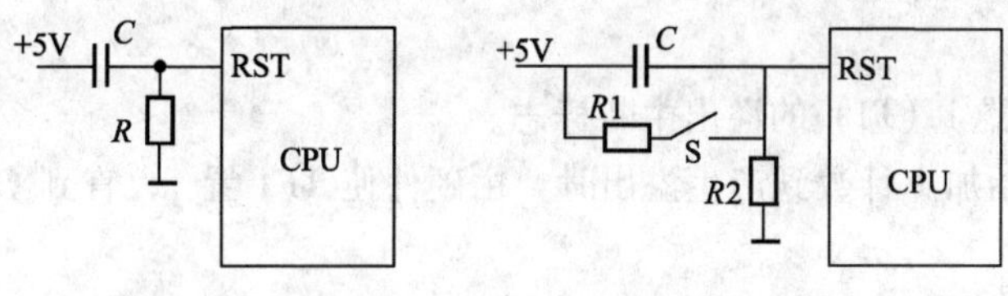

（a）加电自动复位　　（b）开关复位电路

图 6–2　复位电路

6.1.3　中断系统

1．51 单片机的中断系统

（1）中断请求源

51 单片机的中断系统可用图 6–3 来表示，基本的中断源有 5 个：

- nINT0 来自 P3.2 引脚上的外部中断请求（外中断 0）。
- nINT1 来自 P3.3 引脚上的外部中断请求（外中断 1）。
- T0 片内定时计数器 0 溢出（TF0）中断请求。
- T1 片内定时计数器 1 溢出（TF1）中断请求。
- RI+TI 片内串行口完成一帧发送或接收中断请求源 TI 或 RI。

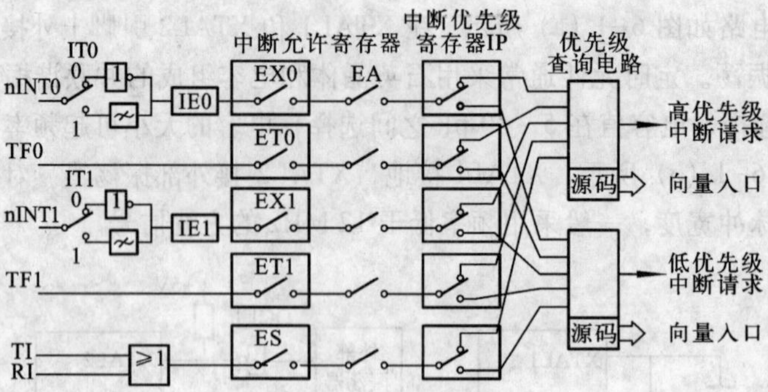

图 6-3　51 中断系统

（2）中断请求标志

每一个中断源都对应有一个中断请求标志位，它们设置在特殊功能寄存器 TCON 和 SCON 中。当这些中断源请求中断时，分别由 TCON 和 SCON 中的相应位来锁存。

① 定时计数器的中断请求标志。

TCON 是定时计数器 0 和 1（T0、T1）的控制寄存器，它同时也用来锁存 T0、T1 的溢出中断请求源和外部中断请求源，TCON 寄存器中与中断有关的位如图 6-4 所示。

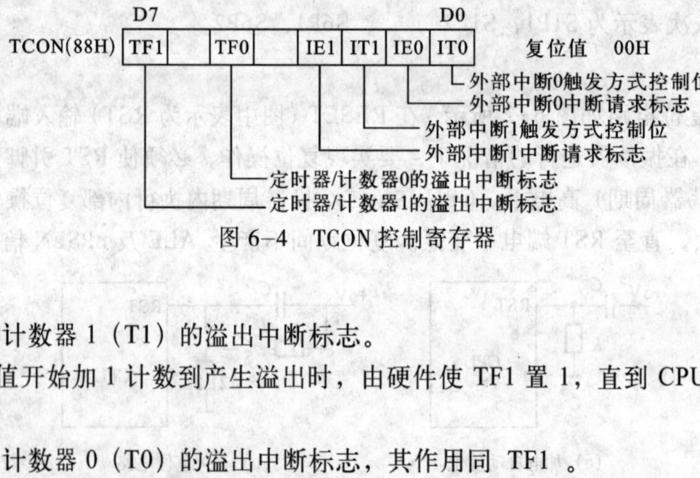

图 6-4　TCON 控制寄存器

其中：

• TF1 定时计数器 1（T1）的溢出中断标志。

当 T1 从初值开始加 1 计数到产生溢出时，由硬件使 TF1 置 1，直到 CPU 响应中断时由硬件复位。

• TF0 定时计数器 0（T0）的溢出中断标志，其作用同 TF1 。

• IE1 外中断 1 中断请求标志。

如果 IT1= 1，则当外中断 1 引脚 nINT1 上的电平由 1 变 0 时，IE1 由硬件置位，外中断 1 请求中断；在 CPU 响应该中断时由硬件清 0。

• ITl 外部中断 1（INTl）触发方式控制位。

如果 ITl 为 1，则外中断 1 为跳变触发方式（CPU 在每个机器周期的 S5P2 采样 nINT1(P3.3) 的输入电平，如果在一个周期中采样到高电平，在下个周期中采样到低电平，则硬件使 IEl 置 1，向 CPU 请求中断）。

如果 IT1 为 0，则外中断 1 为电平触发方式。此时，外部中断是通过检测 nINT1 端的输入电平（低电平）来触发的。采用电平触发时，输入到 nINT1 的外部中断源必须保持低电平有效，直到该中断被响应。同时在中断返回前必须使电平变高，否则将会再次产生中断。

• IE0 外中断 0 中断请求标志。

如果 IT0 置 1，则当 nINT0 上的电平由 1 变 0 时，IE0 由硬件置位。在 CPU 把控制转到中断服务程序时由硬件使 IE0 复位。

• IT0 外部中断源 0 触发方式控制位，其含义同 IT1。

② 串行口的中断请求标志。

串行口控制寄存器 SCON 中的低 2 位用作串行口中断标志，如图 6-5 所示。

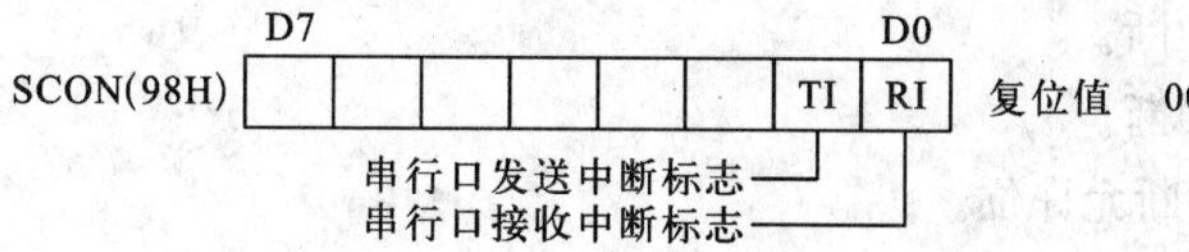

图 6-5　SCON 串行口控制寄存器

其中：

• RI 串行口接收中断标志。

在串行口方式 0 中，每当接收到第 8 位数据时，由硬件置位 RI。

在其他方式中，当接收到停止位的中间位置时置位 RI。

注意，当 CPU 转入串行口中断服务程序入口时不复位 RI，必须由用户用软件来使 RI 清 0。

• TI 串行口发送中断标志。

在方式 0 中，每当发送完 8 位数据时由硬件置位 TI。

在其他方式中，于停止位开始时置位，TI 也必须由软件来复位。

2. 中断控制寄存器

(1) 中断允许和禁止

在 51 单片机的中断系统中，中断允许或禁止是由片内的中断允许寄存器 IE （IE 为特殊功能寄存器）控制的，IE 中的各位功能如图 6-6 所示。

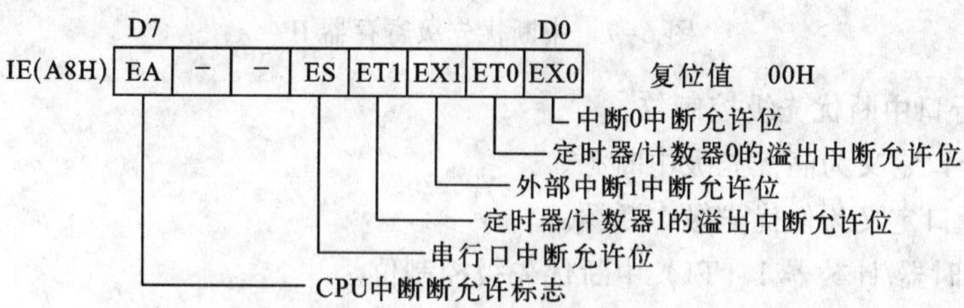

图 6-6　中断允许寄存器

其中：

• EA 为 CPU 中断允许标志。

EA=0，CPU 禁止所有中断，即 CPU 屏蔽所有的中断请求。

EA=1，CPU 开放中断，但每个中断源的中断请求是允许还是被禁止，还需由各自的允许位确定（见 D4～D0）位说明）。

• ES 为串行口中断允许位。

ES=1，允许串行口中断。

ES=0，禁止串行口中断。

• ET1 为定时计数器 1（T1）的溢出中断允许位。

ET1=1，允许 T1 中断。

ET1=0，禁止 T1 中断。

• EX1 为外部中断 1 中断允许位。

EXl= 1，允许外部中断 1 中断。

EX1=0，禁止外部中断 1 中断。

• ET0 为定时计数器 0（T0）的溢出中断允许位。

ET0=1，允许 T0 中断。

ET0=0，禁止 T0 中断。

• EX0 为中断 0 中断允许位。

EX0=1，允许外部中断 0 中断；

EX0=0，禁止外部中断 0 中断。

中断允许寄存器中各相应位的状态，可根据要求用指令置位或清 0，从而实现该中断源允许中断或禁止中断，复位时 IE 寄存器被清 0。

(2) 中断优先级控制

51 单片机的中断系统提供两个中断优先级，对于每一个中断请求源都可以编程为高优先级中断源或低优先级中断源，以便实现二级中断嵌套。中断优先级是由片内的中断优先级寄存器 IP（特殊功能寄存器）控制的。

IP 寄存器中各位的功能说明如图 6-7 所示。

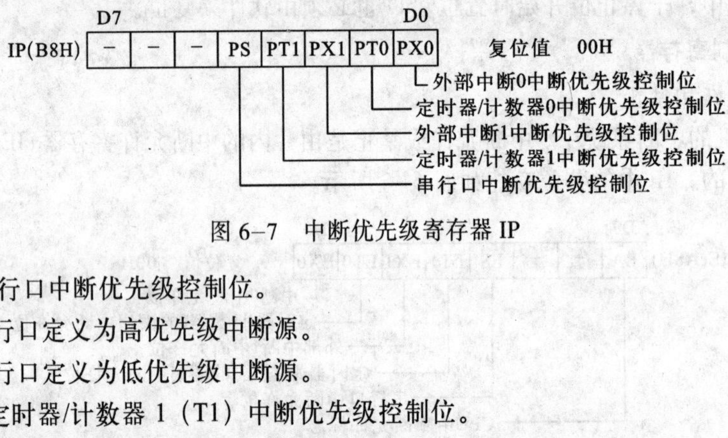

图 6-7　中断优先级寄存器 IP

• PS 为串行口中断优先级控制位。

PS=1，串行口定义为高优先级中断源。

PS=0，串行口定义为低优先级中断源。

• PT1 为定时器/计数器 1（T1）中断优先级控制位。

PT1=1，定时器/计数器 1 定义为高优先级中断源。

PT1=0，定时器/计数器 1 定义为低优先级中断源。

• PX1 为外部中断 1 中断优先级控制位。

PX1=1，外中断 1 定义为高优先级中断源。

PX1=0，外中断 1 定义为低优先级中断源。

• PT0 为定时器/计数器 0（T0）中断优先级控制位。

功能同 PT1 。

• PX0 为外部中断 0 中断优先级控制位。

功能同 PX1。

中断优先级控制寄存器 IP 中的各个控制位都可由编程来置位或复位（用位操作指令或字节操作指令）。单片机复位后 IP 中各位均为 0。各个中断源均为低优先级中断源。

3．中断优先级结构

（1）响应中断的基本规则

51 单片机的中断优先级遵循下列两条基本规则：

① 低优先级中断源可被高优先级中断源所中断，而高优先级中断源不能被任何中断源所中断；

② 一种中断源（不管是高优先级或低优先级）一旦得到响应，与它同级的中断源不能再中断它。

（2）中断优先级结构

为了实现上述两条规则，中断系统内部包含两个不可寻址的优先级状态触发器。其中一个用来指示某个高优先级的中断源正在得到服务，并阻止所有其他中断的响应；另一个触发器则指出某低优先级的中断源正得到服务；所有同级的中断都被阻止，但不阻止高优先级中断源。

（3）内部查询顺序

当同时收到几个同一优先级的中断时，响应哪一个中断源取决于内部查询顺序。其优先级排列如下：

中断源	同级内的中断优先级
外部中断 0	最高
定时器/计数器 0 溢出中断	|
外部中断 1	|
定时器/计数器 1 溢出中断	|
串行口中断	最低

4．中断响应过程

（1）采样

CPU 在每个机器周期的 S5P2 时刻采样中断标志，而在下一个机器周期对采样到的中断进行查询。

（2）CPU 不能响应中断的条件

下面的任何一个都能封锁 CPU 对中断的响应：

① CPU 正在处理同级的或高一级的中断。

② 现行的机器周期不是当前所执行指令的最后一个机器周期。

③ 当前正在执行的指令是返回（RETI）指令或是对 IE 或 IP 寄存器进行访问的指令。

上述 3 个条件中，第二条是保证把当前指令执行完，第三条是保证如果在当前执行的是 RETI 指令或是对 IE、IP 进行访问的指令时，必须至少再执行完一条指令之后才会响应中断。

（3）查询

如果在前一个机器周期的 S5P2 有中断标志，则在查询周期内便会查询到并按优先级高低进行中断处理，中断系统将控制程序转入相应的中断服务程序。

中断查询在每个机器周期中重复执行，所查询到的状态为前一个机器周期的 S5P2 时采样到的中断标志。这里要注意的是：如果中断标志被置位，但因上述条件之一的原因而未被响应，或上述封锁条件已撤销，但中断标志位已不再存在（已不再是置位状态）时，被拖延的中断就不再被响应，CPU 将丢弃中断查询的结果。也就是说，CPU 对中断标志置位后，如未能及时响应则转入中断服务程序的中断标志不作记忆。

(4) 中断处理

CPU 响应中断时，先置相应的优先级激活触发器，封锁同级和低级的中断。然后，根据中断源的类别，在硬件的控制下，程序转向相应的向量入口单元，执行中断服务程序。

硬件调用中断服务程序时，把程序计数器 PC 的内容压入堆栈（但不能自动保存程序状态字 PSW 的内容），同时把被响应的中断服务程序的入口地址装入 PC 中。

(5) 5 个中断源服务程序的入口地址

中断源	入口地址
外部中断 0	0003H
定时器 0 溢出	000BH
外部中断 1	0013H
定时器 1 溢出	001BH
串行口中断	0023H

通常，在中断入口地址处安排一条跳转指令，以跳转到用户的服务程序入口。中断服务程序的最后一条指令必须是中断返回指令 RETI。CPU 执行完这条指令后，把响应中断时所置位的优先级激活触发器清 0，然后从堆栈中弹出两个字节内容（断点地址）装入程序计数器 PC 中，CPU 就从原来被中断处重新执行被中断的程序。

5．外部中断触发方式

51 单片机的外部中断 INTx（INT0 和 INT1）可以用程序控制为电平触发或跳变触发（通过编程对定时计数器控制寄存器 TCON 中的 IT0 和 IT1 位进行清“0”或置“1”）。

若 ITx（x=0，1）为 0，则外部中断 INTx 程序控制为电平触发，由 nINTx 引脚上所检测到的低电平（必须保持到 CPU 响应该中断时为止，并且还应在中断返回前变为高电平）触发。

若 ITx=1，则外部中断 INTx 由负跳变触发，即在相继的两个机器周期中，前一个周期从 nINTx 引脚上检测到高电平，而在后一个周期检测到低电平，则置位 TCON 寄存器中的中断请求标志 IEx（IE0 或 IE1），由 IEx 发出中断请求。

由于外部中断引脚在每个机器周期内被采样一次，所以中断引脚上的电平应至少保持 12 个振荡周期，以保证电平信号能被采样到。对于跳变触发方式的外部中断，要求输入的负脉冲宽度至少保持 12 个振荡周期（若晶振频率为 6 MHz，则宽度为 2 μs），以确保检测到引脚上的电平跳变，而使中断请求标志 IEx 置位。

对于电平触发的外部中断源，要求在中断返回前撤销中断请求（使引脚上的电平变高）是为了避免在中断返回后又再次响应该中断而出错。电平触发方式适用于外部中断输入为低电平，而且能在中断服务程序中撤销外部中断请求源的情况。

6．中断响应时间

外部中断 INT0 和 INT1 的电平在每个机器周期的 S5P2 时被采样并锁存到 IE0 和 IE1 中，这个置入到 IE0 和 IEl 的状态在下一个机器周期才被查询电路查询。如果产生了一个中断请求，而且满足响应的条件，CPU 响应中断，由硬件生成一条长调用指令转到相应的服务程序入口。这条指令是双机器周期指令。因此，从中断请求有效到执行中断服务程序的第一条指令的时间间隔至少需要 3 个完整的机器周期。

如果中断请求被前面所述的 3 个条件之一所封锁，将需要更长的响应时间。

① 若一个同级的或高优先级的中断已经在进行，则延长的等待时间显然取决于正在处理的中断服务程序的长度。

② 如果正在执行的一条指令还没有进行到最后一个周期，则所延长的等待时间不会超过 2 个机器周期，这是因为 51 单片机指令系统中最长的指令（MUL 和 DIV）也只有 4 个机器周期。

③ 假若正在执行的是 RETI 指令或者是访问 IE 或 IP 指令，则延长的等待时间不会超过 5 个机器周期（为完成正在执行的指令还需要一个周期，加上为完成下一条指令所需要的最长时间 4 个周期，如 MUL 和 DIV 指令）。

因此，在系统中只有一个中断源的情况下，响应时间总是在 3 个机器周期到 8 个机器周期之间。

7．中断程序设计

（1）初始化程序

要使用中断系统，必须首先进行初始化，初始化主要完成以下工作：

① 设置中断优先级。设置中断优先级寄存器（IP），选择中断源为高优先级中断源或低优先级中断源。

② 允许中断。设置中断允许寄存器（IE），将中断允许标志（EA）和与中断源相应的位设置为 1，允许中断。

（2）中断服务程序

为了处理具体的中断事件需要编写相应的程序。

6.2　存储器接口

存储器是用来存放程序与数据的部件，本节主要介绍 51 单片机的存储器组织和扩展外部存储器的接口设计方法。

6.2.1　51 单片机的存储器组织

51 单片机的存储器结构与常见的微型计算机的配置方式不同，它把程序存储器和数据存储器分开，各有自己的寻址系统、控制信号和功能。程序存储器为只读存储器（ROM），用来存放程序和始终要保留的常数。数据存储器为随机存取存储器（RAM），通常用来存放程序运行中所需要的常数或变量。

从物理地址空间看，51 单片机有 4 个存储器地址空间，即片内程序存储器、片外程序存储器、片内数据存储器和片外数据存储器。51 单片机的存储器结构如图 6-8 所示。

1．程序存储器

程序存储器用来存放编制好的始终保留的固定程序和表格常数。

程序存储器以程序计数器 PC 作地址指针，通过 16 位地址总线，可寻址的地址空间为 64 KB。

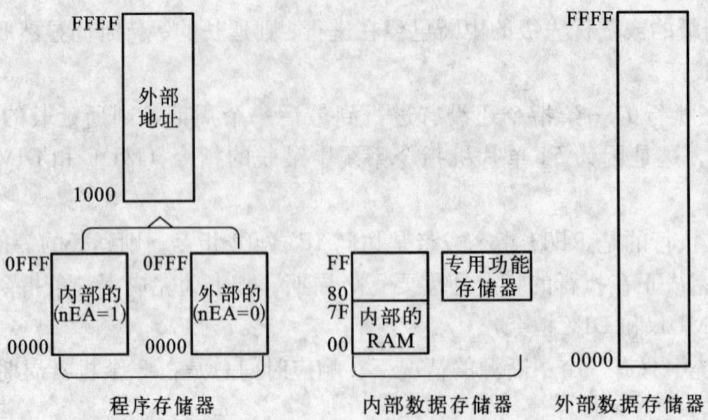

图 6-8　51 单片机的存储器结构

51 单片机中，64 KB 程序存储器的地址空间是统一的。

对于有内部 ROM 的单片机，在正常运行时，应把 nEA 引脚接高电平，使程序从内部 ROM 开始执行。当 PC 值超出内部 ROM 的容量时；会自动转向外部程序存储器空间。对这类单片机，若把 nEA 接低电平，可用于调试程序，即把要调试的程序放在与内部 ROM 空间重叠的外部程序存储器内，进行调试和修改。

对于无内部 ROM 的单片机，地址从 0000H～FFFFH 都是外部程序存储器空间。nEA 应始终接低电平，使系统只从外部程序存储器中取指。

51 单片机复位后，程序计数器 PC 的内容为 0000H，因此系统从 0000H 单元开始取指，并执行程序，它是系统执行程序的起始地址。通常在该单元中存放一条跳转指令，从而避开中断服务程序的入口地址，用户程序从跳转地址开始存放。

2．内部数据存储器

51 单片机的数据存储器无论在物理上或逻辑上都分为两个地址空间，一个为内部数据存储器，访问内部数据存储器用 MOV 指令；另一个为外部数据存储器，访问外部数据存储器用 MOVX 指令。

内部数据存储器是最灵活的地址空间，它分成物理上独立的且性质不同的几个区：

00H～7FH（0～127）单元组成的低 128B 地址空间的 RAM 区。

80H～FFH（128～255）单元组成的高 128B 地址空间的 RAM 区。

另外，有 128B 地址空间的专用寄存器（又称特殊功能寄存器）区，专用寄存器（SFR）地址空间为 80H～FFH。

注意：

(1)高 128 B 的 RAM 和专用寄存器(SFR)的地址空间都是 80H～FFH，区别是访问时的寻址方式不同。专用寄存器（SFR）只能用直接寻址方式访问，部分 SFR 还可用位寻址。高 128B 的 RAM 区，只能用间接寻址方式访问。

(2) 128 B 的 SFR 区中只有部分字节是有定义的，若访问的是这一区中没有定义的单元，则得到的是一个随机数。

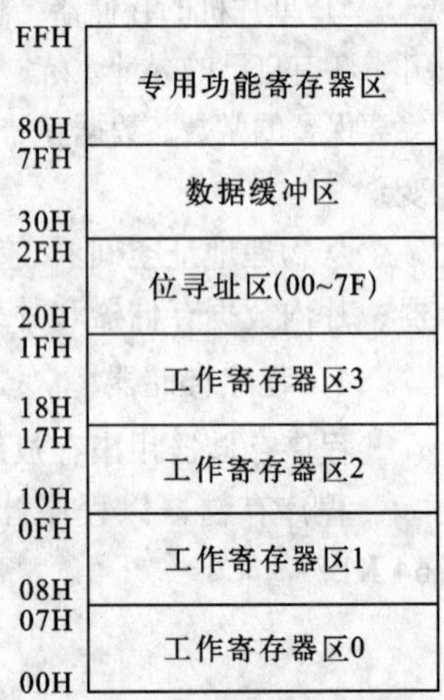

图 6-9　片内 RAM

内部 RAM 区中不同的地址区域功能结构如图 6-9 所示。

其中：

00H～1FH（0～31）共 32 个单元是 4 个通用工作寄存器区，每一个区有 8 个工作寄存器，编号为 R0～R7。每一区中 R0～R7 地址如表 6-1 所示。

表 6-1　通用工作寄存器区

0 区		1 区		2 区		3 区	
地址	寄存器	地址	寄存器	地址	寄存器	地址	寄存器
00H	R0	08H	R0	10H	R0	18H	R0
01H	R1	09H	R1	11H	R1	19H	R1
02H	R2	0AH	R2	12H	R2	1AH	R2
03H	R3	0BH	R3	13H	R3	1BH	R3
04H	R4	0CH	R4	14H	R4	1CH	R4
05H	R5	0DH	R5	15H	R5	1DH	R5
06H	R6	0EH	R6	16H	R6	1EH	R6
07H	R7	0FH	R7	17H	R7	1FH	R7

当前程序使用的工作寄存器区是由程序状态字 PSW（特殊功能寄存器，字节地址为 D0H）中的 D4、D3 位（RS1 和 RS0）来指示的，PSW 的状态和工作寄存器区对应关系如表 6-2 所示。CPU 通过对 PSW 中的 D4、D3 位内容的修改，就能任选一个工作寄存器区。这个特点使 51 单片机具有快速现场保护功能。如果用户程序不需要 4 个工作寄存器区，则不用的工作寄存器区单元可以作一般的 RAM 使用。

表 6-2　工作寄存器区选择

PSW.4（RS1）	PSW.3（RS0）	R0～R7 当前工作寄存器区
0	0	0
0	1	1
1	0	2
1	1	3

内部 RAM 的 20H～2FH 为位寻址区域（见表 6-3），这 16 个单元的每一位都有一个位地址，位地址范围为 00H～7FH。位寻址区的每一位都可以视作软件触发器，由程序直接进行位处理。通常，把各种程序状态标志、位控制变量设在位寻址区内。同样，位寻址区的 RAM 单元也可以作一般的数据缓冲器使用。

表 6-3　位寻址区位地址

字节地址	位地址							
	D7	D6	D5	D4	D3	D2	D1	D0
2FH	7FH	7EH	7DH	7CH	7BH	7AH	79H	78H
2EH	77H	76H	75H	74H	73H	72H	71H	70H
2DH	6FH	6EH	6DH	6CH	6BH	6AH	69H	68H
2CH	67H	66H	65H	64H	63H	62H	61H	60H
2BH	5FH	5EH	5DH	5CH	5BH	5AH	59H	58H

续表

字节地址	位地址							
	D7	D6	D5	D4	D3	D2	D1	D0
2AH	57H	56H	55H	54H	53H	52H	51H	50H
29H	4FH	4EH	4DH	4CH	4BH	4AH	49H	48H
28H	47H	46H	45H	44H	43H	42H	41H	40H
27H	3FH	3EH	3DH	3CH	3BH	3AH	39H	38H
26H	37H	36H	35H	34H	33H	32H	31H	30H
25H	2FH	2EH	2DH	2CH	2BH	2AH	29H	28H
24H	27H	26H	25H	24H	23H	22H	21H	20H
23H	1FH	1EH	1DH	1CH	1BH	1AH	19H	18H
22H	17H	16H	15H	14H	13H	12H	11H	10H
21H	0FH	0EH	0DH	0CH	0BH	0AH	09H	08H
20H	07H	06H	05H	04H	03H	02H	01H	00H

在一个实际的程序中，往往需要一个后进先出的 RAM 区，以保存 CPU 的现场，这种后进先出的缓冲器区称为堆栈。51 单片机的堆栈原则上可以设在内部 RAM 的任意区域内，但一般设在 30H～7FH 的范围内。栈顶的位置由栈顶指针 SP 指出。

3. 外部数据存储器

51 单片机具有扩展 64 KB 字节的外部数据存储器和 I/O 接口的能力，这对很多应用领域已足够使用。对外部数据存储器的访问采用 MOVX 指令，用间接寻址方式，R0、R1 和 DPTR 都可作为间址寄存器。

4. 专用功能寄存器

51 单片机内的锁存器、定时器、串行口数据缓冲器以及各种控制寄存器和状态寄存器都是以专用功能寄存器（或称特殊功能寄存器）的形式出现的，它们分散地分布在内部 RAM 地址空间范围（80H～FFH）内，表 6-4 列出了这些专用功能寄存器（SFR）的助记标识符、名称及地址。

其中，凡字节地址可以被 8 整除的专用功能寄存器都可以位寻址。其位地址如表 6-5 所示。

表 6-4 专用功能寄存器（SFR）

标识符	寄存器名称	地址	复位值
ACC	累加器	E0H	00H
B	B 寄存器	F0H	00H
PSW	程序状态寄存器	D0H	00H
SP	栈顶指针	81H	07H
DPTR	数据指针（包括 DPH 和 DPL）	83H、82H	0000H
P0	P0 口	80H	0FFH
P1	P1 口	90H	0FFH
P2	P2 口	A0H	0FFH
P3	P3 口	B0H	0FFH
IP	中断优先级控制寄存器	B8H	00H

续表

标 识 符	寄存器名称	地 址	复 位 值
IE	中断控制寄存器	A8H	00H
TMOD	定时计数器方式控制寄存器	89H	00H
TCON	定时计数器控制寄存器	88H	00H
TH0	定时计数器 0（高位字节）	8CH	00H
TL0	定时计数器 0（低位字节）	8AH	00H
TH1	定时计数器 1（高位字节）	8DH	00H
TL1	定时计数器 1（低位字节）	8BH	00H
SCON	串行控制寄存器	98H	00H
SBUF	串行数据缓冲寄存器	99H	不定
PCON	电源控制寄存器	97H	0xxxxxxxB

表 6-5　可位寻址的专用功能寄存器（SFR）的位地址

SFR	字节地址	位 地 址							
		D7	D6	D5	D4	D3	D2	D1	D0
P0	80H	P07	P06	P05	P04	P03	P02	P01	P00
		87H	86H	85H	84H	83H	82H	81H	80H
TCON	88H	TF1	TR1	TF0	TR0	IE1	IT1	IE0	IT0
		8FH	8EH	8DH	8CH	8BH	8AH	89H	88H
P1	90H	P17	P16	P15	P14	P13	P12	P11	P10
		97H	96H	95H	94H	93H	92H	91H	90H
CON	98H	SM0	SM1	SM2	REN	TB8	RB8	TI	RI
		9FH	9EH	9DH	9CH	9BH	9AH	99H	98H
P2	A0H	P27	P26	P25	P24	P23	P22	P21	P20
		A7H	A6H	A5H	A4H	A3H	A2H	A1H	A0H
IE	A8H	EA	–	–	ES	ET1	EX1	ET0	EX0
		AFH	AEH	ADH	ACH	ABH	AAH	A9H	A8H
P3	B0H	P37	P36	P35	P34	P33	P32	P31	P30
		B7H	B6H	B5H	B4H	B3H	B2H	B1H	B0H
IP	B8H	–	–	–	PS	PT1	PX1	PT0	PX0
		BFH	BEH	BDH	BCH	BBH	BAH	B9H	B8H
PSW	D0H	CY	AC	F0	RS1	RS0	OV	–	P
		D7H	D6H	D5H	D4H	D3H	D2H	D1H	D0H
A	E0H	E7H	E6H	E5H	E4H	E3H	E2H	E1H	E0H
B	F0H	F7H	F6H	F5H	F4H	F3H	F2H	F1H	F0H

(1) 累加器 ACC

累加器是一个最常用的专用寄存器，大部分单操作数指令的操作取自累加器。很多双操作数指令的一个操作数取自累加器。加、减、乘、除算术运算指令的运算结果都存放在累加器 A 或 AB 寄存器对中。指令系统中用 A 作为累加器的助记符。

(2) B 寄存器

在乘除指令中，用到了 B 寄存器。乘法指令的两个操作数分别取自 A 和 B，其结果存放在 AB 寄存器对中。除法指令中，被除数取自 A，除数取自 B，商数存放于 A，余数存放于 B。在其他指令中，B 寄存器可作为 RAM 中的一个单元来使用。

(3) 程序状态字 PSW

程序状态字是一个 8 位寄存器，它包含了程序状态信息。此寄存器各位的含义如图 6-10 所示。其中 PSW.1 未用。其他各位说明如下：

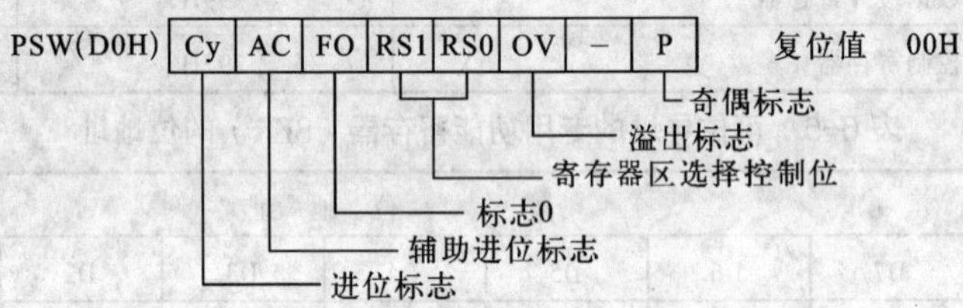

图 6-10 程序状态字 PSW

① Cy (PSW.7) 进位标志

在执行某些算术和逻辑指令时，可以被硬件或软件置位或清零。在布尔处理机中它被认为是位累加器，其重要性相当于一般中央处理器中的累加器 A。

② AC (PSW.6) 辅助进位标志

当进行加法或减法操作而产生由低 4 位数（十进制的一个数引向高 4 位数进位或借位时，AC 将被硬件置位，否则就被清零。AC 被用于十进制调整。

③ FO (PSW.5) 标志

FO 是用户定义的一个状态标记，可以用软件来使它置位或清零，也可以用软件测试 FO 以控制程序的流向。

④ RS1，RS0 (PSW.4， PSW.3) 寄存器区选择控制位 1 和 0

可以用软件来置位或清零以确定工作寄存器区。RS1、RS0 与寄存器区的对应关系如下：

RS1	RS0	
0	0	区 0 (00H～07H)
0	1	区 1 (08H～0FH)
1	0	区 2 (10H～17H)
1	1	区 3 (18H～1FH)

⑤ OV (PSW.2) 溢出标志

当执行算术指令时，由硬件置位或清零，以指示溢出状态。当执行加法指令 ADD 时，若用 C6'表示 D6 位向 D7 位有进位，用 C7'表示 D7 向进位位有进位，则有：

$OV = C6' \oplus C7'$

即当位 6 向位 7 有进位而位 7 不向 Cy 进位时，或位 6 不向位 7 进位而位 7 向 Cy 有进位时；溢出标志 OV 置位，否则清零。

同样，在执行减法指令 SUBB 时 C6 和 C7 表示有借位。因此，溢出标志在硬件上可以用一个异或门获得。

溢出标志常用于用 ADD 和 SUBB 指令对带符号数作加减运算时，OV= 1 表示加减运算的结果超出了目的寄存器 A 所能表示的带符号数（2 的补码）的范围（−128～+127），参见第 4 章中关于 ADD 和 SUBB 指令的说明。

在 51 单片机中，无符号数乘法指令 MUL 的执行结果也会影响溢出标志。若置于累加器 A 和寄存器 B 的两个数的乘积超过 255 时，OV=1，否则 OV=0。此积的高 8 位放在 B 内，低 8 位放在 A 内。因此，OV= 0 意味着只要从 A 中取得乘积即可，否则要从 BA 寄存器对中取得乘积。

除法指令 DIV 也会影响溢出标志。当除数为 0 时，OV= 1，否则 OV=0。

⑥ P（PSW.0）奇偶标志

每个指令周期都由硬件来置位或清 0，以表示累加器 A 中 1 的位数的奇偶数。若 1 的位数为奇数，则 P 置位，否则清 0。此标志位对串行通信中的数据传输有重要的意义。在串行通信中常用奇偶校验的方法来检验数据传输的可靠性。在发送端可根据 P 的值对数据的奇偶位置位或清零。若通信协议中规定采用奇校验的方法，则 P=0 时，应对数据（假定由 A 取得）的奇偶位置位，否则就清 0。

（4）栈指针 SP

栈指针 SP 是一个 8 位专用寄存器，它指示出堆栈顶部在内部 RAM 中的位置。系统复位后，SP 初始化为 07H，使得堆栈事实上由 08H 单元开始。考虑到 08H～lFH 单元分属于工作寄存器区 1～3，若程序设计中要用到这些区，则最好把 SP 值改置为 1FH 或更大的值。SP 的初始值越小，堆栈深度就可以越深。堆栈指针的值可由软件改变，因此堆栈在内部 RAM 中的位置比较灵活。

除用软件直接改变 SP 值外，在执行 PUSH、POP 指令，各种子程序调用，中断响应，子程序返回（RET）和中断返回（RETI）等指令时，SP 值将自动增量或减量。

（5）数据指针 DPTR

数据指针 DPTR 是一个 16 位专用寄存器，其高位字节寄存器用 DPH 表示，低位字节寄存器用 DPL 表示。它既可以作为一个 16 位寄存器 DPTR 来处理，也可以作为两个独立的 8 位寄存器 DPH 和 DPL 来处理。DPTR 主要用来存放 16 位地址，当对 64 KB 外部数据存储器空间寻址时，可作为间址寄存器用。

传送指令有下列两条：

```
MOVX        A，@DPTR
MOVX        @DPTR，A
```

在访问程序存储器时，DPTR 可用作基址寄存器，有一条采用基址变址寻址方式的指令 MOVC　A，@A＋DPTR，常用于读取存放在程序存储器内的表格常数。

（6）端口 P0～P3

专用寄存器 P0、P1、P2 和 P3 分别是 I/O 端口 P0～P3 的锁存器。P0～P3 作为专用寄存器还可用直接寻址方式参与其他操作指令。

（7）串行数据缓冲器 SBUF

串行数据缓冲器 SBUF 用于存放欲发送或已接收的数据，它实际上由两个独立的寄存器组成，一个是发送缓冲器，另一个是接收缓冲器。当要发送的数据传送到 SBUF 时，进的是发送缓冲器。当要从 SBUF 读数据时，则取自接收缓冲器，取走的是刚接收到的数据。

(8) 定时计数器

51 单片机中有两个 16 位定时计数器 T0 和 T1。它们各由两个独立的 8 位寄存器组成，共有 4 个独立的寄存器：TH0、TL0、TH1、TL1。可以对这 4 个寄存器寻址，但不能把 T0、T1 当做一个 16 位寄存器来寻址。

(9) 其他控制寄存器

IP、IE、TMOD、TCON、SCON 和 PCON 寄存器分别包含有中断系统、定时计数器、串行口和供电方式的控制和状态位。

其他扩展了更多功能的 51 内核的单片机，还会有更多的专用功能寄存器，参见相应型号单片机的数据手册。

6.2.2 程序存储器的扩展

当 51 单片机片内 ROM 不能满足使用时，就需要在片外扩展。

1. 程序存储器的常用扩展芯片

外部程序存储器可选用 EPROM、EEPROM 或 FlashROM。

2. 扩展连接方法

51 单片机片外程序存储器的一般连接方法如图 6-11 所示。

51 单片机的低 8 位地址必须经锁存器接到外部存储器，51 单片机的 nPSEN 引脚接外部程序存储器的片选信号 nOE。

注意 nEA 的连接：若 0 地址在片内，nEA 接 V_{cc}；若 0 地址在片外，nEA 接 GND。

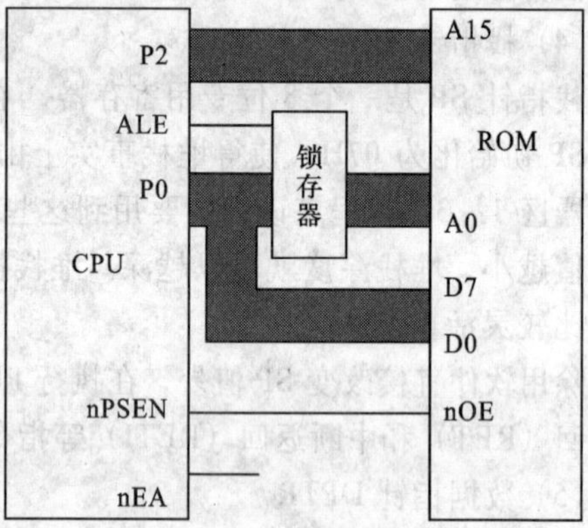

图 6-11 51 单片机片外程序存储器的一般连接方法

6.2.3 数据存储器的扩展

51 单片机芯片内部具有 128/256 个字节的 RAM 存储器，它们可以作为工作寄存器、堆栈、软件标志和数据缓冲器。CPU 对其内容 RAM 有丰富的操作指令，因此这个 RAM 是十分珍贵的资源，我们应合理、充分地使用片内 RAM 存储器，发挥它的作用。在诸如数据采集处理的应用系统中，仅片内的 RAM 存储器往往是不够的，在这种情况下，可利用 51 单片机的扩展功能，外接 RAM 电路，作为外部数据存储器以扩大存储器的容量。

1. 外部数据存储器的选配原则

在选择数据存储器芯片时，除了考虑容量和使存储器的读取时间与主机的时钟匹配之外，还必须考虑到存储器的写入时间要求。

2. 数据存储器的常用扩展芯片

外部数据存储器可选用 RAM、EEPROM 或 FlashROM。

RAM 分为动态 RAM 和静态 RAM 两类。由于静态 RAM 不需考虑刷新问题，接口简单，所以在单片机系统中常用静态 RAM。

3．扩展连接方法

51 单片机与外部数据存储器的一般连接方法如图 6–12 所示。

51 单片机的低 8 位地址必须经锁存器接到外部数据存储器。

51 单片机的 nRD（P3.7）引脚接外部数据存储器的读选通信号 nOE，nWR（P3.6）引脚接外部数据存储器的写允许信号 nWE。

(1) 外部数据存储器的扩展容量超过 64 KB 的扩展方法

当外部数据存储器的扩展容量超过 64 KB 时，可采用页面选择技术来进行扩展。

例如：采用一片 29C020 来扩展 256 KB 的数据存储器如图 6–13 所示。

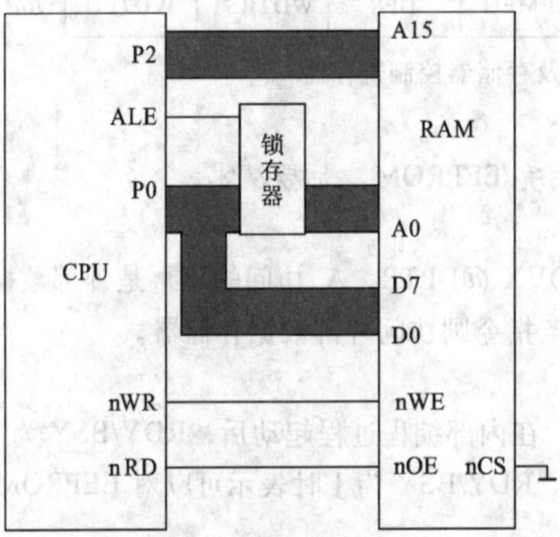

图 6–12　51 单片机与外部数据存储器的一般连接方法

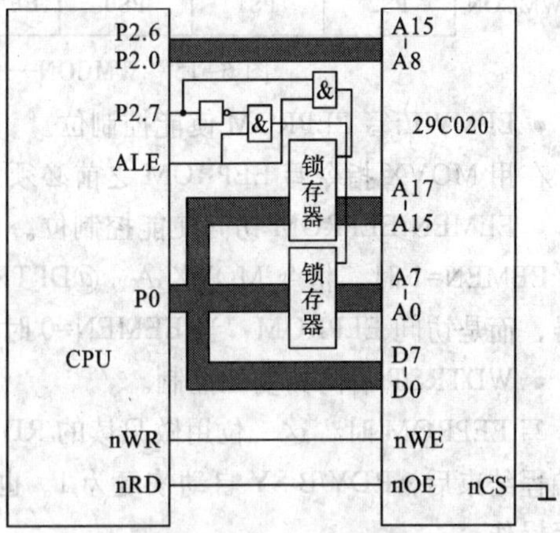

图 6–13　容量超过 64 KB 的扩展方法

我们可将这 256 KB 的空间划分成 8 个页面，每个页面为 32 KB，并外设一个锁存器作为页面存储器。

访问时，先输出页面号，然后按页内地址访问。

当 P2.7 输出 1 时，写页面地址；当 P2.7 输出 0 时，访问存储器。

(2) 将外部程序存储器和数据存储器空间合并的扩展方式

为了节约成本，可以选用一片 EEPROM 或 FlashROM 既作为外部程序存储器，也作为外部数据存储器使用。这时外部程序存储器和数据存储器的空间是合并的，如图 6–14 所示。

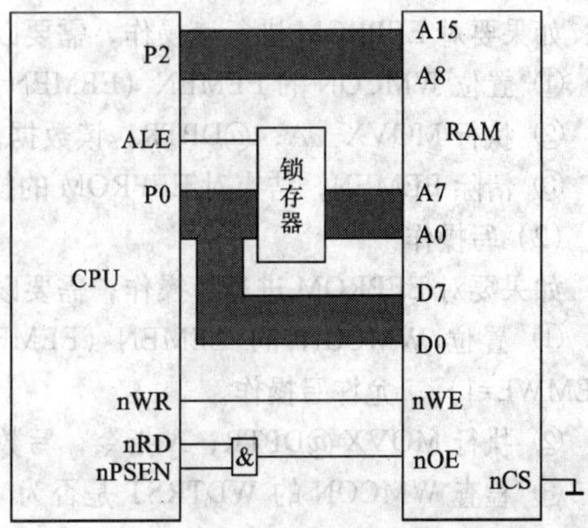

图 6–14　外部程序存储器和数据存储器空间合并的扩展方式

在读存储器时，既可用 MOVX 指令，也可用 MOVC 指令。

在写存储器时，只可以用 MOVX 指令。

6.2.4 非易失性数据存储器

一些新型的 51 内核单片机，片内除了 FlashROM 和 RAM 以外，还包含有数据 EEPROM 或 FlashRAM，可以用于存放断电以后不能丢失的数据。

例如：ATMEL 公司的 AT89S8252 单片机，片内包含有 2 KB 的 EEPROM。

1．AT89S8252 的 EEPROM 的编址方式

AT89S8252 的 EEPROM 独立编址，空间上与片外 RAM 重叠，借助于标志位（EEMEN）区分。

2．AT89S8252 的 EEPROM 相关的端口（寄存器）

AT89S8252 的 EEPROM 的访问需要用到 3 个标志位：EEMWE、EEMEN 和 WDTRST。这 3 个标志位在看门狗及存储器控制寄存器（WMCON）中，如图 6-15 所示。

WMCON	PS2	PS1	PS0	EEMWE	EEMEN	DPS	WDTRST	WDTFN	96H

图 6-15　WMCON——看门狗及存储器控制寄存器

- EEMWE:写 EEPROM 使能控制位。

在用 MOVX 指令写 EEPROM 之前必须置位，写完 EEPROM 之后要清零。

- EEMEN:EEPROM 访问使能控制位。

EEMEN=1 时，指令 MOVX A，@DPTR 和 MOVX @DPTR，A 访问的不再是外部数据存储器，而是访问 EEPROM；当 EEMEN=0 时，这两条指令则访问外部数据存储器。

- WDTRST:看门狗复位控制。

写 EEPROM 时，这一位用做只读的 RDY/BSY。在内部编程过程起动后，RDY/BSY 为 0。而编程结束后，RDY/B SY 自动恢复为 1。也就是说，RDY/BSY 为 1 时表示可以对 EEPROM 进行写操作。

3．AT89S8252 的 EEPROM 的访问方法

访问片内 EEPROM 的指令为 MOVX @DPTR，A 和 MOVX A，@DPTR。在访问（读/写）片内 EEPROM 之前，首先要置位 WMCON 的 EEMEN。否则，MOVX 指令访问的是片外的 RAM。

（1）读操作

如果要对 EEPROM 进行读操作，需要以下步骤：

① 置位 WMCON 的 EEMEN（EEMEN=1），选择访问片内 EEPROM。

② 执行 MOVX　A，@DPTR，读数据。

③ 清除 EEMEN，结束对 EEPROM 的操作。

（2）写操作

如果要对 EEPROM 进行写操作，需要以下步骤：

① 置位 WMCON 的 EEMEN（EEMEN=1），选择访问片内 EEPROM。置位 EEMWE（EEMWE=1），允许写操作。

② 执行 MOVX @DPTR，A 指令，写数据。

③ 检查 WMCON 的 WDTRST 是否为 1，等待写操作结束。如果为 0，则返回等待；如果为 1，表明编程结束。

④ 清除 EEMWE 和 EEMEN，结束对 EEPROM 的操作。

4．AT89S8252 的 EEPROM 的访问例程

读操作：

```
    MOV   DPTR, #7FFH          ;要访问的 EEPROM 地址
    MOV   A, #08H              ;置位 EEMEN
    ORL   96H, A
    MOVX  A, @DPTR             ;读数据
    MOV     xxH, A             ;保存数据
    MOV   A, #0F7H
    ANL   96H, A               ;清除 EEMEN
```

写操作

```
    MOV   DPTR, #7FFH          ;要访问的 EEPROM 地址
    MOV   A, #18H              ;置位 EEMEN 和 EEMWE
    ORL   96H, A
    MOV   A, #77H
    MOVX  @DPTR, A             ;写数据 77H
    HFRF: MOV  A, 96H
    JNB   ACC.1, HFRF          ;等待编程结束
    MOV   A, #0F7H
    ANL   96H, A               ;清除 EEMEN 和 EEMWE
```

6.3　通用 I/O 接口

本节介绍 51 单片机的通用 I/O 接口、I/O 接口的扩展方法和 I/O 接口电路的设计方法。

6.3.1　51 单片机的通用 I/O 接口

51 单片机设有 4 个 8 位双向 I/O 端口（P0、P1、P2、P3），每一条 I/O 线都能按位编程设置，独立地用作输入或输出。它们都被定义为特殊功能寄存器，可以进行位寻址，也可按字节寻址。

P0 口为三态双向口，能带 8 个 LSTTL 电路，作为一般的 I/O 接口使用时，P0 口也是一个准双向口。P1、P2、P3 口为准双向口（用作输入线时，端口锁存器必须先写入 1，故称为准双向口），负载能力为 4 个 LSTTL 电路。一些新型的 51 单片机，I/O 接口的负载能力大大提高。

端口名	字节地址	位地址	负载能力
P0	80H	80H～87H	8 个 LSTTL 电路
P1	90H	90H～97H	4 个 LSTTL 电路
P2	A0H	A0H～A7H	4 个 LSTTL 电路
P3	B0H	B0H～B7H	4 个 LSTTL 电路

P0~P3 口的复位状态为 FFH，即高电平输出。为了避免事故，一般采用负逻辑控制关系，即低电平有效。

6.3.2　通用 I/O 接口的基本应用电路

下面介绍几种通用 I/O 接口的基本应用电路：

1．简单的开关输入接口

这类应用的典型电路如图 6-16 所示，这里的开关 K 可以是普通的按钮开关、拨动开关、行程开关，也可以是继电器的常开触点。

P0 口作为输入接口时，内部无上拉电阻，需要外接上拉电阻，将其拉到高电平。这里的电阻 R 值一般取 10 ~100 kΩ。如果采用 P1、P2 或 P3 作为输入接口，由于内部有上拉电阻，就不需要外接上拉电阻了。

由于 51 单片机的 I/O 接口都是准双向接口，用作输入时，必须先写入 1，然后读入。

为了提高系统的抗干扰能力，可以在开关与单片机之间采用光耦合器进行隔离，典型电路如图 6–17 所示。

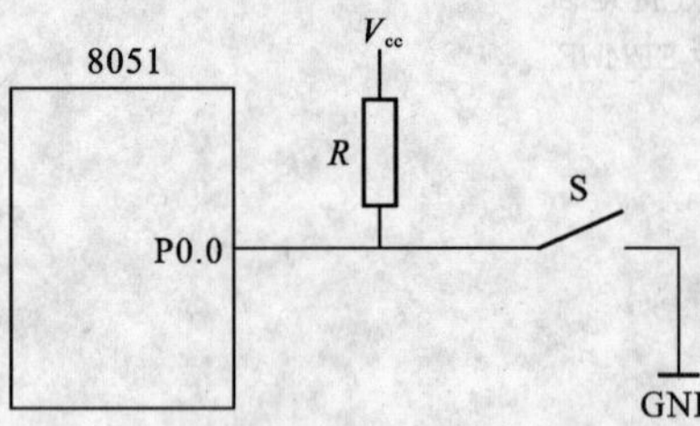

图 6–16　简单的开关输入接口

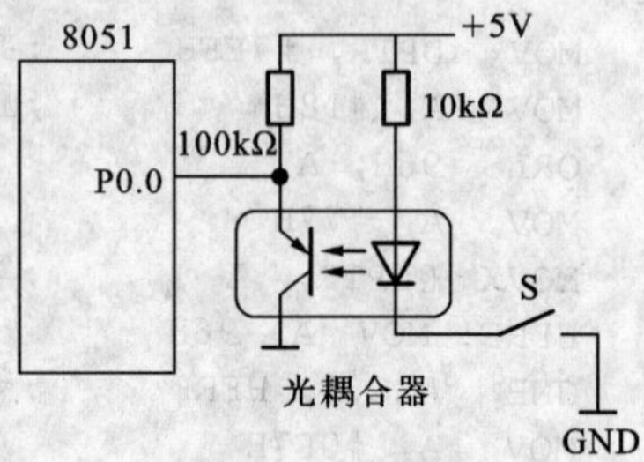

图 6–17　采用光耦合器隔离的开关输入接口

2. 简单的 LED 输出接口

传统的 51 单片机的 I/O 接口的驱动能力比较小，不能直接驱动 LED，所以必须外接驱动电路，这类应用的典型电路如图 6–18 所示。

目前，一些新型的 51 内核的单片机，I/O 接口的驱动能力大大加强，完全可以直接驱动 LED。例如，89C2051 单片机的 I/O 接口的灌电流可达 20 mA。

采用灌电流方式驱动 LED，只需加一个限流电阻 R 即可，如图 6–19 所示。这类应用，需要将相应的 I/O 接口设置为输出口，当输出 0 时，LED 点亮；当输出 1 时，LED 熄灭。

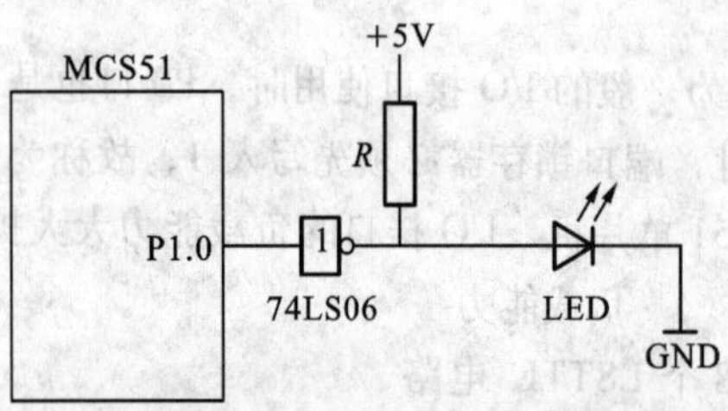

图 6–18 外接驱动的 LED 输出接口

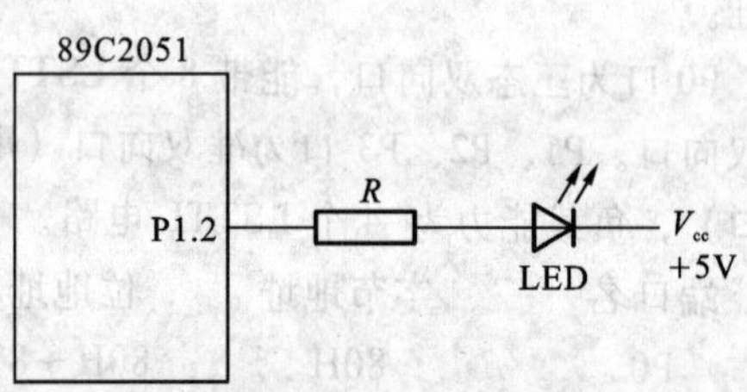

图 6–19　灌电流方式驱动 LED

电阻 R 值计算如下：

$$R = (U_{电源} - U_{LED压降}) / I$$

这里的 I 可以按照 LED 的工作电流取 4 mA，$U_{电源}$ 为 5 V，$U_{LED压降}$ 一般为 1.7 V，所以 R=660 Ω，为了保护 I/O 接口，限流电阻一般偏大一点取值，这里可以取 1 kΩ。

3. 微型继电器输出接口

这类应用的典型电路如图 6–20 所示，由于单片机的 I/O 接口不能够直接驱动继电器，所以需要通过晶体管 T 驱动。二极管 V1 的作用是防止当继电器线圈电压大于+5V 时，串入单片机。V2 的是续流二极管，为了保护晶体管。

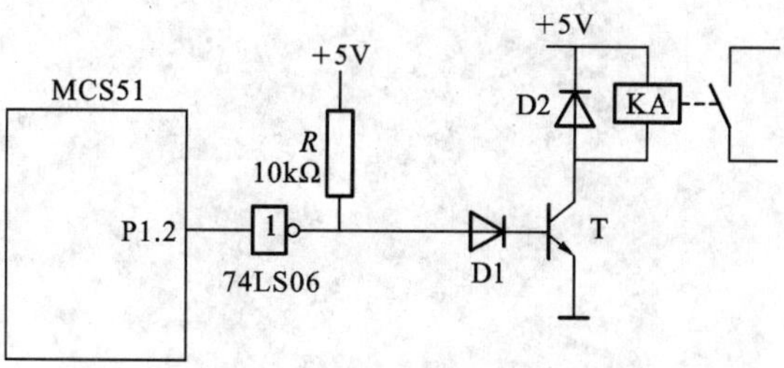

图 6-20　微型继电器输出接口

6.3.3　通用 I/O 接口的应用实例（组合逻辑控制）

利用单片机的运算、逻辑处理能力，能很容易地实现输入/输出的逻辑控制。例如，组合逻辑控制和时序逻辑控制，功能上完全可取代数字逻辑电路。

优点：柔性控制。只要改变输入/输出控制字表，就能实现不同的功能控制。

缺点：响应速度较数字电路慢。

组合逻辑控制就是对应不同的输入开关状态的组合，要求有相应的输出开关状态。

实现组合逻辑控制的基本思想有两种：应用逻辑运算实现逻辑控制和应用查表程序实现逻辑控制。

1. 应用逻辑运算实现逻辑控制

应用逻辑运算实现逻辑控制的基本思想类同逻辑电路的设计，首先根据输入/输出的关系列出真值表；然后根据真值表列出逻辑表达式，进行化简。应用程序主要由三部分组成：首先读取输入状态；再用逻辑运算实现逻辑表达式；最后输出结果。典型的 PLC 就是采用这个思想。

应用实例：

例如：要求 3 个开关控制一盏灯，任一开关状态的改变，均能改变灯的状态。

设 K1、K2、K3 为 3 个开关，分别从 P1.1、P1.2、P1.3 接入；D 为灯，从 P3.0 经驱动控制。真值表如表 6-6 所示。

表 6-6　真　值　表

输入 P1.1、P1.2、P1.3	输出 P3.0
0　0　0	0
0　0　1	1
0　1　0	1
0　1　1	0
1　0　0	1
1　0　1	0
1　1　0	0
1　1　1	1

则灯亮的条件为：

$$D=\overline{P1.1}\cdot\overline{P1.2}\cdot P1.3+\overline{P1.1}\cdot P1.2\cdot\overline{P1.3}+P1.1\cdot\overline{P1.2}\cdot\overline{P1.3}+P1.1\cdot P1.2\cdot P1.3$$

参考程序如下：

```
CNTR: MOV  C, P1.3
```

```
ANL  C,/P1.1
ANL  C,/P1.2
MOV  F0, C
MOV  C, P1.2
ANL  C,/P1.1
ANL  C,/P1.3
ORL  C, F0
MOV  F0, C
MOV  C, P1.1
ANL  C,/P1.2
ANL  C,/P1.3
ORL  C, F0
MOV  F0, C
MOV  C, P1.1
ANL  C, P1.2
ANL  C, P1.3
ORL  C, F0
MOV  P3.0, C
SJMP  CNTR
```

2. 应用查表程序实现逻辑控制

我们可以将输入/输出的关系列表，通过查表程序来查找某输入状态，查到后，将对应的输出字输出；若查不到，则表明不是规定的输入状态，作相应处理。

应用实例：

例如：一台 T6113 镗床，有 10 个互锁的运动——主轴左伸、主轴右缩、主轴箱上升、主轴箱下降、工作台前移、工作台后移、工作台左移、工作台右移、工作台左旋、工作台右旋，加上停止，共 11 种状态。在任何时刻，决不允许有 2 个或 2 个以上的工作状态同时出现。

原机的设计采用了 2 个十字开关和一个 2×3 转换开关作指令；用了 14 个中间继电器共约 60 个接点；数百条连接线，来完成互锁和译码的工作。系统复杂，故障点较多，维修困难。这里，完全可以采用单片机来设计一个专用模块。

表 6-7 列出了输入指令与输出执行元件之间的逻辑关系，“+”表示执行元件工作，“-”表示执行元件不工作。

表 6-7　输入指令与输出执行元件之间的逻辑关系

执行元件 / 工作状态	主轴运动电磁阀（P2.0）	工作台纵向电磁阀（P2.1）	工作台横向电磁阀（P2.2）	工作台旋转电磁阀（P2.3）	正向进给离合器（P2.4）	反向进给离合器（P2.5）	主轴制动器（P2.6）
主轴左伸　（P0.0）	–	–	–	–	+	–	–
主轴右缩　（P0.1）	–	–	–	–	–	+	–
主轴箱上升（P0.2）	+	–	–	–	+	–	+
主轴箱下降（P0.3）	+	–	–	–	–	+	+
工作台前移（P1.0）	–	+	–	–	+	–	+
工作台后移（P1.1）	–	+	–	–	–	+	+

续表

工作状态＼执行元件	主轴运动电磁阀（P2.0）	工作台纵向电磁阀（P2.1）	工作台横向电磁阀（P2.2）	工作台旋转电磁阀（P2.3）	正向进给离合器（P2.4）	反向进给离合器（P2.5）	主轴制动器（P2.6）
工作台左移（P1.2）	–	–	+	–	+	–	+
工作台右移（P1.3）	–	–	+	–	–	+	+
工作台左旋（P1.4）	–	–	–	+	+	–	+
工作台右旋（P1.5）	–	–	–	+	–	+	+
停止	–	–	–	–	–	–	+

设原机采用的 2 个十字开关和一个 2×3 转换开关分别为单片机的 P0 和 P1 口，低电平有效；P2 口输出经驱动控制执行元件，低电平有效，输入/输出关系参如表 6–8 所示。

表 6-8　输入/输出关系

工作状态＼输入/输出	输入		输出
	P0	P1	P2
主轴左伸	FEH	FFH	EFH
主轴右缩	FDH	FFH	DFH
主轴箱上升	FBH	FFH	AEH
主轴箱下降	F7H	FFH	9EH
工作台前移	FFH	FEH	ADH
工作台后移	FFH	FDH	9DH
工作台左移	FFH	FBH	ABH
工作台右移	FFH	F7H	9BH
工作台左旋	FFH	EFH	A7H
工作台右旋	FFH	DFH	97H
停止	其他		BFH

将上述 10 种有效工作状态的输入/输出关系顺序存放在一个表内，程序根据输入的（P0 和 P1）状态，查表取出输出状态经 P2 口输出。

参考程序如下：

```
STR:  MOV    A,  P0
      ORL    A,       #0F0H          ;将高 4 位设置为“F”
      MOV    70H,  A                 ;暂时保存在 70H 单元
      MOV    R2,      #10            ;设置循环指针（查表用）
      MOV    DPTR,  #TAB             ;设置表首地址
LOP:  CLR             A
      MOVC   A,       @A+DPTR        ;读取表中 P0 相关值
      INC    DPTR
      CJNE   A,  70H,  LNF1          ;P0 不符，转移
      CLR    A
```

```
        MOVC   A, @A+DPTR        ;读取表中 P1 相关值
        INC    DPTR
        CJNE   A, P1, LNF2       ;P1 不符，转移
        CLR    A
        MOVC   A, @A+DPTR        ;读取表中 P2 相关值
        MOV    P2, A
        SJMP   STR
LNF1:   INC    DPTR
LNF2:   INC    DPTR
        DJNZ   R2, LOP           ;循环控制
TZ:     MOV    P2, #0BFH         ;查不到，作为“停止”状态
        SJMP   STR
TAB:    DB  0FEH,0FFH,0EFH,0FDH,0FFH,0DFH
        DB  0FBH,0FFH,0AEH,0F7H,0FFH,9EH
        DB  0FFH,0FEH,0ADH,0FFH,0FDH,9DH
        DB  0FFH,0FBH,0ABH,0FFH,0F7H,9BH
        DB  0FFH,0EFH,0A7H,0FFH,0DFH,97H
        END
```

6.3.4 51 单片机 I/O 接口的扩展方法

51 单片机虽然设有 4 个 8 位双向 I/O 端口（P0、P1、P2、P3），但是 P3 口常常需要用作为第二功能，P0 口需要用作为地址数据总线，P2 口用来提供高 8 位地址，所以能够完全作为 I/O 接口使用的只有 P1 口。如果实际应用中，I/O 接口不够用，就需要进行扩展。这里常用的扩展方法有两类：总线扩展和利用串行口扩展。

1. 总线扩展方法

从 51 单片机的 P0 口提供并行数据线接到扩展芯片上。这种方法要分时占用 P0 口，但不影响 P0 口与其他扩展芯片的连接操作，不会增加单片机硬件上的额外开支，因此得到广泛应用。

在 51 单片机的应用系统中，I/O 扩展芯片主要有两大类：通用 I/O 芯片和 TTL/CMOS 锁存器、缓冲器。

(1) 应用 TTL/CMOS 锁存器、缓冲器的扩展设计

对扩展芯片的基本要求：

- 扩展为输入口时：要求芯片具有三态输出电路。
- 扩展为输出口时：要求芯片具有锁存功能。
- 常用的 TTL/CMOS 锁存器、缓冲器 74LS373、74LS374、74LS244、74LS273、74LS267 等。

① 应用 74LS244 扩展输入口。

如图 6–21 所示，扩展输入口既可与程序存储器统一编址，采用访问程序存储器的指令（MOVC 型指令）来读取，也可与数据存储器统一编址，采用访问数据存储器的指令（MOVX 型指令）来读取。

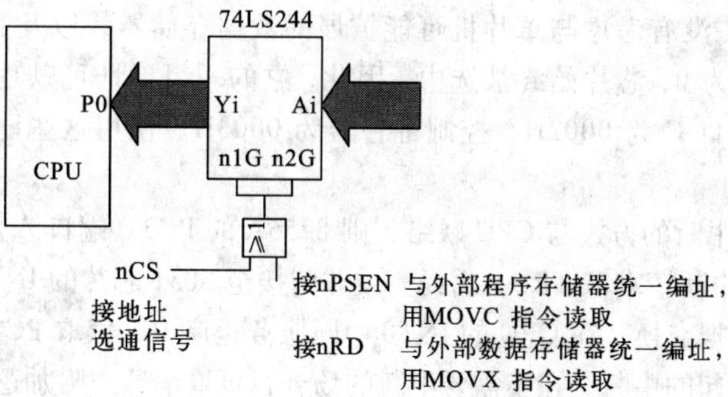

图 6-21　应用 74LS244 扩展输入口

② 应用 74LS373 扩展输出口。

如图 6-22 所示，扩展输出口只能与数据存储器统一编址，采用访问数据存储器的指令（MOVX 型指令）来读取。

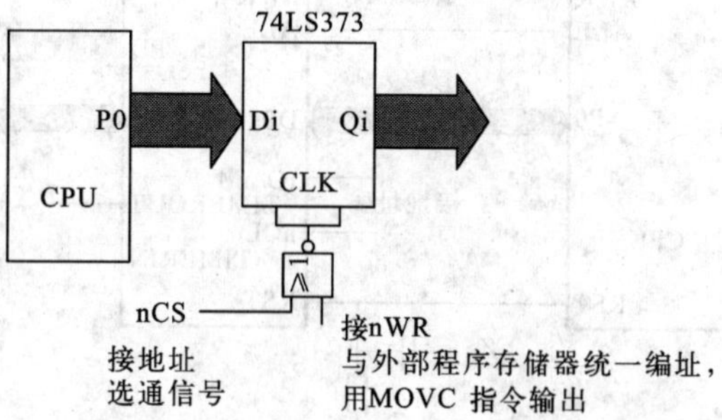

图 6-22　应用 74LS373 扩展输出口

（2）应用可编程 I/O 芯片扩展

常用的通用 I/O 芯片有 Intel 公司的 8255A 可编程并行 I/O 扩展接口、8155 可编程并行 I/O 扩展接口、Zilog 公司的 PIO 等。

① 应用 8255A 可编程接口芯片。

8255A 的相关资料参见相关数据手册，其扩展电路如图 6-23 所示。其中 8255A 的 nCS、A0、A1 分别接 CPU 的 GND、A0、A1。

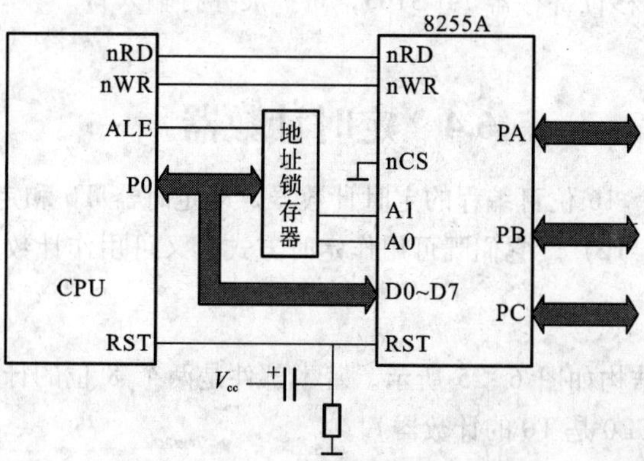

图 6-23　应用 8255A 的扩展电路

电路中的 8255A 没有考虑与单片机可能扩展的数据存储器，以及其他 I/O 接口的统一编址问题。因为 nCS 为 0，芯片始终被选中。因此，它的一组地址可以是：端口 A 为 0000H，端口 B 为 0001H，端口 C 为 0002H，控制寄存器为 0003H。使用这些地址的 MOVX 指令即可访问它们。

如果 8255A 采用中断的方式与 CPU 联络，则 8255A 的 PC3（端口 A 的中断请求 INTRA）以及 PC0（端口 B 的中断请求 INTRB）需经一或非门接至 8031 芯片的 INT0，使 8255A 能以中断方式与 CPU 进行数据交换。在 CPU 的 INT0 中断服务程序中，读取 PC 口的状态字，可区分是 PA 口还是 PB 口引起的中断。在不需要中断的场合，可取消这一附加逻辑。

② 应用 8155 可编程接口芯片。

8155 芯片的相关资料参见相关数据手册，其与单片机的连接比较简单，如图 6–24 所示，不需要外加逻辑，就可直接为系统增加 256 B RAM，22 条 I/O 接口线和 1 个 14 位定时器。

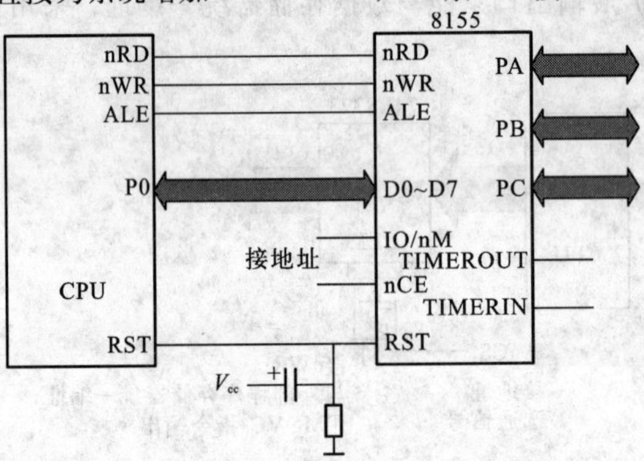

图 6–24　应用 8155 芯片的扩展电路

由于 8155 芯片内含有地址锁存器，能够在 ALE 的下降沿将 P0 送来的地址信号锁存起来，所以扩展电路中没有外设地址锁存器。

2．利用串行口扩展方法

这是 51 单片机串行口在方式 0 工作状态下所提供的 I/O 接口扩展功能。

串行口方式 0 为移位寄存器工作方式，外接串入并出的移位寄存器 74LS164，可扩展并行输出口；外接并入串出的移位寄存器 74LS163，可扩展并行输入口。

6.4　定时计数器

51 单片机内部有两个 16 位可编程的定时计数器，即定时器 T0 和定时器 T1（8052 提供 3 个，这第三个称为定时器 T2）。它们既可用作定时方式，又可用作计数方式。

6.4.1　基本结构

定时/计数器的基本结构如图 6–25 所示。基本部件是两个 8 位的计数器（其中 TH1、TL1 是 T1 的计数器，TH0、TL0 是 T0 的计数器）。

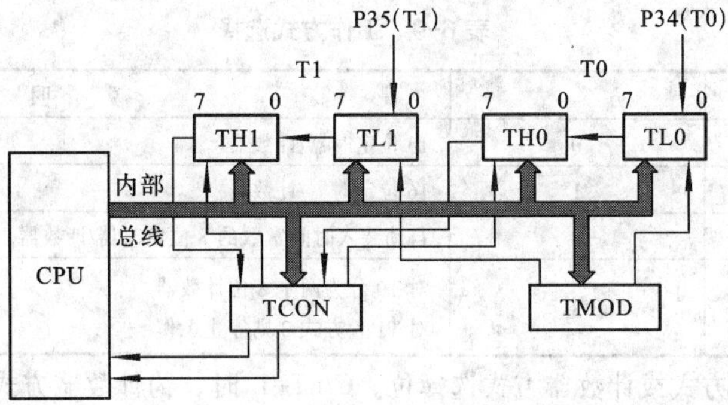

图 6-25　定时/计数器结构框图

在作定时器使用时，输入的时钟脉冲是由晶体振荡器的输出经 12 分频后得到的，所以定时器也可看做是对计算机机器周期的计数器（因为每个机器周期包含 12 个振荡周期，故每一个机器周期定时器加 1，可以把输入的时钟脉冲看成机器周期信号），故其频率为晶振频率的 1/12。如果晶振频率为 12 MHz，则定时器每接收一个输入脉冲的时间为 1us。

当它用作对外部事件计数时，接相应的外部输入引脚 T0（P3.4）或 T1（P3.5）。在这种情况下，当检测到输入引脚上的电平由高跳变到低时，计数器就加 1（它在每个机器周期的 S5P2 时采样外部输入，当采样值在这个机器周期为高，在下一个机器周期为低时，则计数器加 1）。加 1 操作发生在检测到这种跳变后的一个机器周期中的 S3P1，因此需要两个机器周期来识别一个从 1 到 0 的跳变，故最高计数频率为晶振频率的 1/24。这就要求输入信号的电平要在跳变后至少应在一个机器周期内保持不变，以保证在给定的电平再次变化前至少被采样一次。

定时计数器有 4 种工作方式，其工作方式的选择及控制都由两个特殊功能寄存器（TMOD 和 TCON）的内容来决定。用指令改变 TMOD 或 TCON 内容后，则在下一条指令的第一个机器周期的 S1P1 时起作用。

6.4.2　两个特殊功能寄存器

1．定时器的方式寄存器 TMOD

特殊功能寄存器 TMOD 为定时器的方式控制寄存器，寄存器中每位的定义如图 6-26 所示。高 4 位用于定时器 1，低 4 位用于定时器 0。

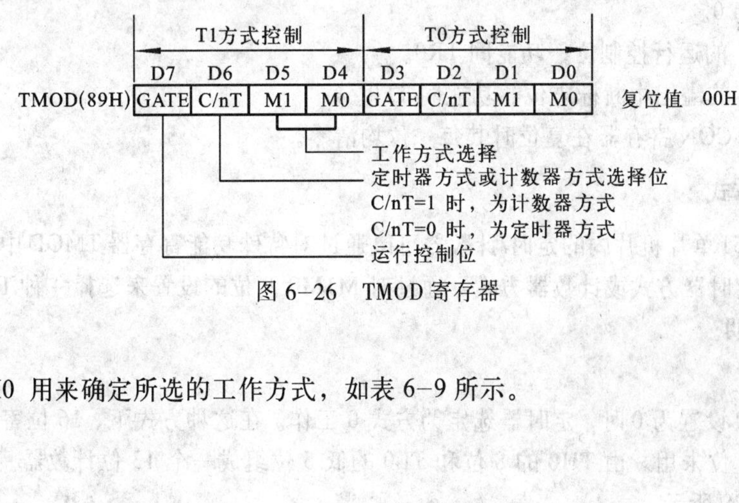

图 6-26　TMOD 寄存器

其中：

- M1、M0 用来确定所选的工作方式，如表 6-9 所示。

表 6-9 工作方式选择

MI	MO	方　式	说　明
0	0	0	13 位定时器/计数器
0	1	1	16 位定时器/计数器
1	0	2	自动装入时间常数的 8 位定时器/计数器
1	1	3	对 T0 分为两个 8 位计数器 对 T1 置方式 3 则停止工作

- C/nT 定时器方式或计数器方式选择位。C/nT=1 时，为计数器方式；C/nT=0 时，为定时器方式。
- GATE 定时计数器运行控制位，用来确定对应的外部中断请求引脚（INT0，INT1）是否参与 T0 或 T1 的操作控制。

当 GATE=0 时，只要定时器控制寄存器 TCON 中的 TR0（或 TR1）被置 1 时，T0（或 T1）被允许开始计数（TCON 各位含义见后面叙述）。

当 GATE=1 时，不仅要 TCON 中 TR0 或 TR1 置位，还需要 P3 口的 nINT0 或 nINTl 引脚为高电平，才允许计数。

2．定时器控制寄存器 TCON

特殊功能寄存器 TCON 用于控制定时器的操作及对定时器中断的控制，其各位定义如图 6-27 所示。其中，D0～D3 位与外部中断有关。

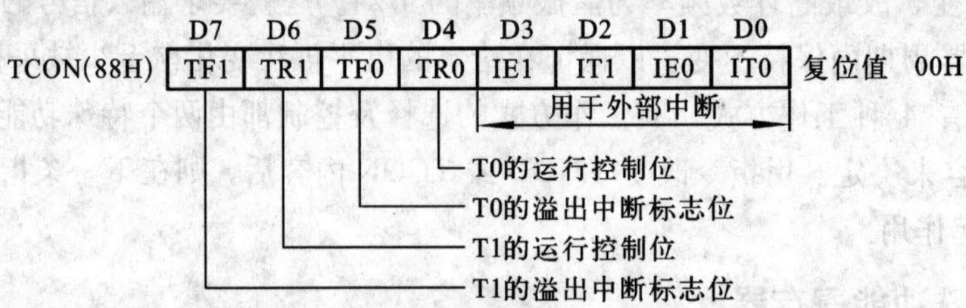

图 6-27 TCON 寄存器

- TR0：T0 的运行控制位。该位置 1 或清 0 用来实现启动计数或停止计数。
- TF0：T0 的溢出中断标志位。当 T0 计数溢出时由硬件自动置 1；在 CPU 中断处理时由硬件清为 0。
- TR1：T1 的运行控制位，功能同 TR0。
- TF1：T1 的溢出中断标志位，功能同 TF0。

TMOD 和 TCON 寄存器在复位时其每一位均清零。

6.4.3 工作方式

如前所述，51 单片机片内的定时/计数器可以通过对特殊功能寄存器 TMOD 中的控制位 C/nT 的设置来选择定时器方式或计数器方式；通过对 M1M0 两位的设置来选择 4 种工作方式，现以 T0 为例加以说明。

1．方式 0

当 M1、M0 设置为 0 时，定时器选定为方式 0 工作。在这种方式下，16 位寄存器只用了 13 位，TL0 的高 3 位未用。由 TH0 的 8 位和 TL0 的低 5 位组成一个 13 位计数器。工作方式 0 的逻辑图如图 6-28 所示。

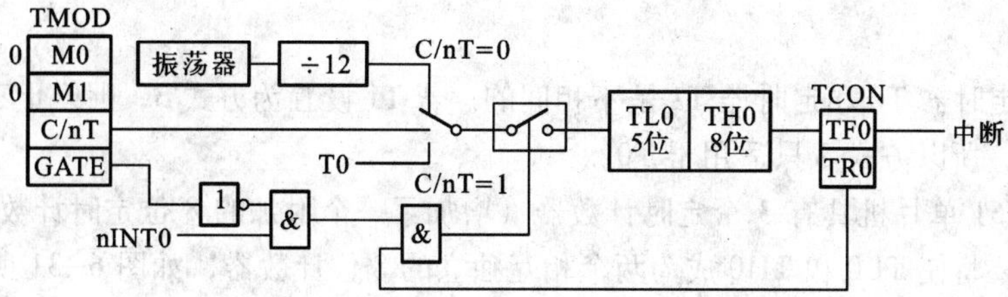

图 6-28　方式 0（13 位计数器）的逻辑图

当 GATE=0 时，只要 TCON 中的 TR0 为 1，TL0 及 TH0 组成的 13 位计数器就开始计数；当 GATE=1 时，此时仅 TR0=1 仍不能使计数器计数，还需要 nINT0 引脚为 1 才能使计数器工作。由此可知，当 GATE=1 和 TR0=1 时，TH0 和 TL0 是否计数取决于 nINT0 引脚的信号，当 nINT0 已由 0 变 1 时，开始计数；当 nINT0 由 1 变 0 时，停止计数，这样就可以用来测量在 nINT0 端出现的脉冲宽度。

当 13 位计数器加 1 到全 1 以后，再加 1 就产生溢出。这时，置 TCON 的 TF0 位为 1，同时把计数器变为全 0。

2．方式 1

方式 1 和方式 0 的工作相同，唯一的差别是 TH0 和 TL0 组成一个 16 位计数器，如图 6-29 所示。

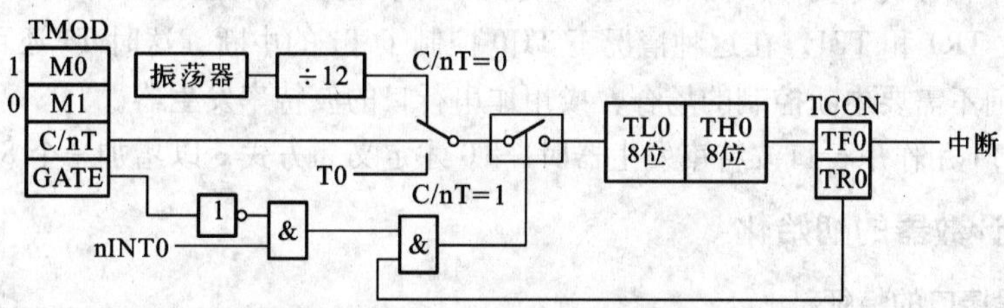

图 6-29　方式 1（16 位计数器）

3．方式 2

方式 2 把 TL0 配置成一个可以自动恢复初值（初始常数自动重新装入）的 8 位计数器，TH0 作为常数缓冲器，如图 6-30 所示。TH0 由软件预置值；当 TL0 产生溢出时，一方面使溢出标志 TF0 置 1，同时把 TH0 中的 8 位数据重新装入 TL0 中。工作方式的逻辑图如图 6-30 所示。

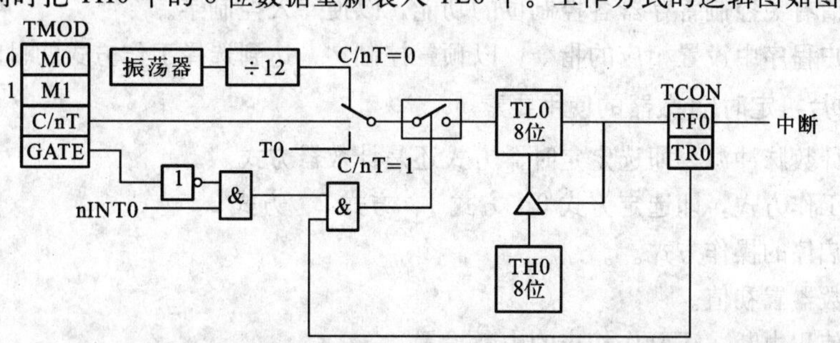

图 6-30　方式 2（8 位计数器）的逻辑图

方式 2 常用于定时控制。例如，希望每隔 250 μs 产生一个定时控制脉冲，则可以采用 12 MHz 的振荡器，把 TH0 预置为 6，并使 C/nT=0 就能实现。方式 2 还用作串行口波特率发生器。.

4. 方式3

方式 3 对定时器 T0 和定时器 T1 是不相同的。若 T1 设置为方式 3，则停止工作（其效果与 TR1=0 相同），所以方式 3 只适用于 T0。

方式 3 使 51 单片机具有 3 个定时计数器（增加了一个附加的 8 位定时计数器）。当 T0 设置为方式 3 时，将使 TL0 和 TH0 成为两个相互独立的 8 位计数器，如图 6-31 所示。

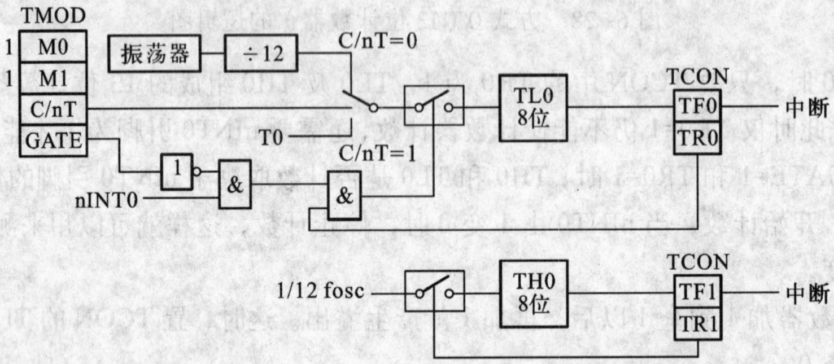

图 6-31　方式 3（两个相互独立的 8 位计数器）的逻辑图

由图 6-31 可见，TL0 利用了 T0 本身的一些控制（C/T、GATE、TR0、INT0 和 TF0），它的操作与方式 0 和方式 1 类似。而 TH0 被规定为只用作定时器功能，对机器周期计数，并借用了 T1 的控制位 TR1 和 TF1。在这种情况下 TH0 控制了 T1 的中断。这时 T1 还可以设置为方式 0～2，用于任何不需要中断控制的场合，或用作串行口的波特率发生器。

通常，当 T1 用作串行口波特率发生器时，T0 才定义为方式 3 以增加一个 8 位计数器。

6.4.4　定时/计数器的初始化

1. 可编程接口的特征

① 提供多种工作方式可供选择。

② 按约定的规则，向有关控制寄存器写入控制字，即可选定一种工作方式。

2. 使用可编程接口的要素

① 要弄清如何选择工作方式。

② 要弄清有关控制寄存器各控制位的功能，以便写入控制字。

③ 在用户程序中设置相应的指令，以预置控制字，达到选择工作方式的目的。

3. 51 单片机定时/计数器的使用要素

① 选择计数脉冲源，即选定定时器方式还是计数器方式。

② 选择工作方式，即选定方式 0、方式 1、方式 2、方式 3。

③ 选择启停的操作方式。

④ 对计数器置初值。

⑤ 若要使用中断，还要作相应的中断设置。

⑥ 启动。

4. 计数器方式时间常数计算

设 T0 为方式 2 工作时（自动装入时间常数的 8 位计数器），在外界发生一次事件时产生中断请求。

时间常数的计算：

方式 2 工作时，当计数到 2^8 时计数器就产生溢出。设时间常数值为 X，当发生一次外界事件时就溢出，则

$$X+1=2^8$$
$$X=2^8-1=11111111=\text{FFH}$$

5．定时器方式时间常数计算

设方式 0 工作时，定时时间为 1 ms，时钟振荡频率为 6 MHz，计算 1 个机器周期为：

$$12\times 1/f=12\times(1/6\ \text{MHz})=2\ \mu\text{s}$$

设时间常数为 X，则

$$(2^{13}-X)\times 2\ \mu\text{s}=1\ \text{ms}=1000\ \mu\text{s}$$
$$X=2^{13}-500=7692$$

化成二进制数为：

$$X=1111\quad 0000\quad 0\quad 1100$$
$$\text{F}\quad 0\quad 0\quad \text{C}$$

根据 13 位定时/计数器特性，高 8 位 0F0H 送至 TH0；低 5 位 0CH 送 TL0，可用下列指令实现：

```
MOV  TL0，#0CH       ；低 5 位送 TL0 寄存器
MOV  TH0，#0F0H      ；高 8 位送 TH0 寄存器
```

6．定时/计数器初始化程序举例

设 T1 作定时器，以方式 1 工作，定时时间为 10 ms ； T0 作计数器，以方式 2 工作，外界发生一次事件即溢出。

T0 的时间常数为：

$$2^8-X=1$$
$$X=\text{FFH}$$

T1 的时间常数为：

$$(2^{16}-X)\times 2\ \mu\text{s}=10\ \text{ms}$$
$$X=\text{EC78 H}$$

初始化程序：

```
MOV TMOD, #16H      ;T1 定时方式 1，T0 计数方式 2，
                    ;即置 TMOD 寄存器的内容为 00010110
MOV TL0, #0FFH      ;T0 时间常数送 TL0
MOV TH0, #0FFH      ;T0 时间常数送 TH0
MOV TL0, #78H       ;T1 时间常数（低 8 位）送 TL0
MOV TH1, #0ECH      ;T1 时间常数（高 8 位）送 TH1
SETB TR0            ;置 TR0 为 1 允许 T0 启动计数
SETB TR1            ;置 TR1 为 1 允许 T1 启动计数
```

6.4.5　定时/计数器的应用实例

利用单片机的运算、逻辑处理能力，能很容易地实现输入/输出的时序逻辑控制，功能上完全可取代数字逻辑电路。

时序逻辑电路：指控制输出开关按指定的时间改变状态。

应用实例：设计一个系统，多段延时输出。

我们可以建立一个表，顺序存放定时参数 TH0、TL0。将定时计数器 0 设置为方式 1 计数器工作状态，计数常数由表内数据提供。硬件上外接秒脉冲源，每秒钟计数器加 1，计满则申请中断。

参考程序如下：

```
        ORG     0000H
        AJMP    STAR
        ORG     000BH
INT_0:  CLR     EA                  ;中断服务
        CLR     ET0
        CLR     TR0
        SETB    7FH
        RETI

        ORG     0030H
STAR:   MOV     TMOD, #05H
RUN1:   MOV     DPTR, #TAB
LOOP1:  CLR     7FH
        CLR     A
        MOVC    A, @A+DPTR
        MOV     R0, A
        INC     DPTR
        CLR     A
        MOVC    A, @A+DPTR
        INC     DPTR
LOOP2:  MOV     R1, A
        ADD     A, R0
        JNZ     LOOP3               ;表查完了吗?
        AJMP    RUN1                ;是
LOOP3:  MOV     TH0, R0
        MOV     TL0, R1
        CLR     A
        MOVC    A, @A+DPTR
        MOV     P0, A
        SETB    TR0                 ;开中断
        SETB    EA
        SETB    ET0
LOOP4:  JNB     7FH, LOOP4          ;等待中断
        AJMP    LOOP1
TAB:    DB   01H, 32H, 52H ;        TH0, TL0, 控制字
        DB   03H, 23H, 54H
        …
        DB   00H, 00H               ;表结束标志
        END
```

6.5 键盘接口

按键是一种简单的输入器件，在单片机应用系统是经常使用的。如果应用需要的按键数目不很多，而且处理器的 I/O 口足够使用，可以采用独立式连接方式，如果应用需要的按键数目

比较多，或者是处理器的 I/O 口不够用，就需要采用矩阵式键盘或者直接采用计算机的标准通用键盘。

6.5.1　独立式键盘接口

每个独立式按键单独占用一个 I/O 接口线，每个 I/O 接口线上的按键状态不会影响其他 I/O 接口线的状态，如图 6–32 所示。

独立式按键的特点是：配置灵活，软件结构简单，但是每个按键必须占用一个 I/O 接口线，在按键数目较多时，占用 I/O 接口资源较大。所以，一般仅用于按键数目不多的场合。

独立式按键的识别通常有两种方法：一是查询方式，一是中断方式。

- 查询方式：就是由程序不断地查询是否有按键按下，如果有按键按下，就读取键值执行相应的操作，否则继续查询。
- 中断方式：在键盘没有按键按下时，CPU 不理睬键盘；在键盘按键按下时产生中断请求，通知 CPU；CPU 停下正在处理的工作，响应中断，执行按键的中断处理程序，判断哪个按键被按下，并处理按键操作，再回来继续原来的工作。

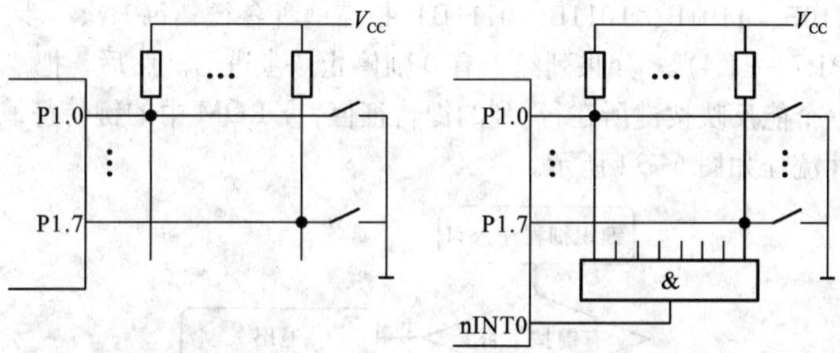

图 6–32　独立式按键接口

6.5.2　矩阵式键盘接口

矩阵式键盘就是将众多的按键排成矩阵式，每一个按键连接相应的行线与列线，在按键数目较多时，可节省 I/O 接口线。51 单片机的内部没有矩阵式键盘接口，要使用矩阵式键盘，有两种基本方式：直接通过 I/O 接口线连接和选用专用的键盘接口芯片连接。

1. 直接通过 I/O 接口线连接的矩阵式键盘接口设计

通过 I/O 接口线直接连接矩阵式键盘，键盘的管理全部由处理器来完成。

例如，需要一个 4×4 的矩阵键盘，可以选择 4 个 I/O 引脚连接键盘的列线，再选择 4 个 I/O 引脚连接键盘的行线，如图 6–33 所示。

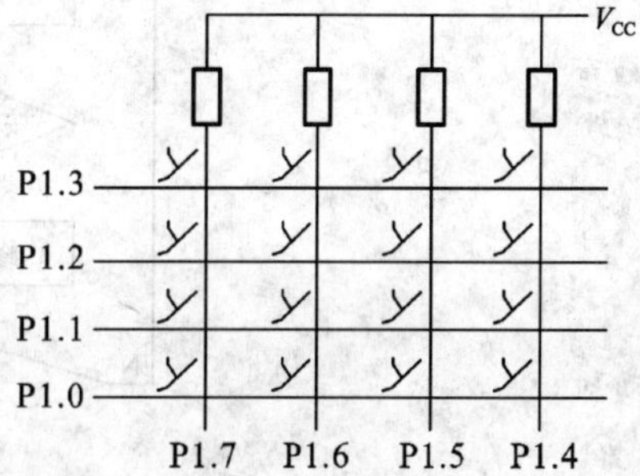

图 6–33　4×4 矩阵键盘接口电路

在处理器的程序中，需要具有以下功能：

（1）键盘扫描

识别有无键按下，通常有两种方法：一是查询方式，一是中断方式。

① 查询方式：就是由程序不断地查询是否有按键按下，如果有按键按下，就读取键值执行相应的操作，否则继续查询。

② 中断方式：在键盘没有按键按下时，CPU 不理睬键盘；在键盘按键按下时产生中断请求，通知 CPU，CPU 响应中断，停下正在处理的工作，执行按键的中断处理程序，判断哪个按键被按下，并处理按键操作，再回来继续原来的工作。

(2) 去除抖动

由于按键的机械特性，当按键闭合及断开的瞬间，一定会产生抖动。按键抖动会引起按键错误的识别，为此必须去除抖动的影响。消除抖动影响的基本方法有两种：硬件去抖和软件去抖。由于硬件去抖会使系统的成本提高，因此常使用软件去抖方法。

软件去抖主要是采用延时的方法去除抖动的影响。由于按键的机械特性，抖动的时间一般在 5～10 ms，软件去抖的基本思想是当检测出按键闭合后执行一个延时程序（10～20 ms），然后再一次检测按键的状态，如仍保持闭合状态，则确认真正有键按下。

(3) 识别按键

在有按键按下时，需要识别是哪一个按键按下，按照对键盘扫描方式的不同，又分为行扫描法和线反转法。

① 行扫描法。行扫描法的基本思想是：用软件程序把一个“步进的 0”送至行线（让 P1.3～P1.0 依次输出 1110B、1101B、1011B、0111B）扫描键盘各行，每一次“步进”都检测一下列线上的状态（读 P1.7～P1.4），如果列线上有 0 则停止“步进”。然后，把“步进的 0”和列输入结合起来形成一个能反映按键所在行、列的键特征值，查 ROM 中的键特征值表确定按键代号。

其相应的软件流程如图 6-34 所示。

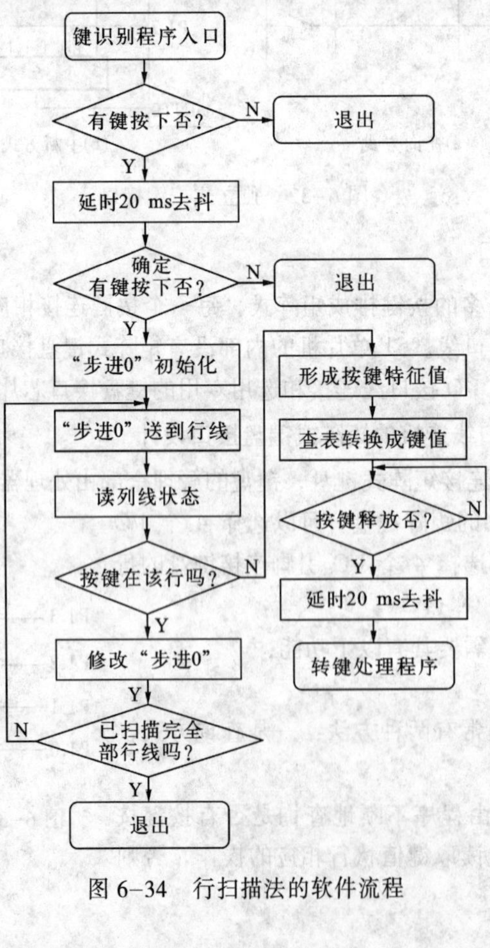

图 6-34　行扫描法的软件流程

参考程序如下：

```
KEY:   MOV  P1, #0F0H
       MOV  A,  P1
       ANL  A,  #0F0H
       CJNE A,  #0F0H, KEY1
       AJMP  DISIN          ;退出，转显示程序入口 DISIN
KEY1:  ACALL     D20MS
       MOV  R2, #0FEH
KEY2:  MOV  P1, R2
       MOV  A,  P1
       ANL  A,  #0F0H
       CJNE A,  #0F0H, KEY3
       MOV  A,  R2
       CLR       C
       RLC       A
       MOV  R2, A
       JB        ACC.1, KEY2
       AJMP  DISIN          ;退出，转显示程序入口 DISIN
KEY3:  MOV  R3,  A
       MOV  A,  R2
KEY31: ANL  A,  #0FH
       ORL  A,  R3
       MOV  R3,  A
       MOV  DPTR,  #KEYTAB
       MOV  R2,  #0
KEY4:  CLR       A
       MOVC A,  @A+DPTR
       XRL  A,  R3
       JZ        KEY5
       INC       R2
       INC       DPTR
       CJNE  R2,  #10H,  KEY4
       AJMP DISIN           ;退出，转显示程序入口 DISIN
KEY5:  MOV  P1,  #0F0H
       MOV  A,  P1
       ANL  A,  #0F0H
       CJNE      A,  #0F0H,  KEY5
       ACALL  D20MS
       AJMP KEYP      ;转键处理程序 KEYP
D20MS: MOV  R4,  #20D
D20MS1:MOV  R5,  #250D
D20MS2:DJNZ R5,  D20MS2
       DJNZ R4,  D20MS1
       RET
KEYTAB: DB  0EEH,  0DEH,  0BEH,  7EH
        DB  0EDH,  0DDH,  0BDH,  7DH
        DB  0EBH,  0DBH,  0BBH,  7BH
        DB  0E7H,  0D7H,  0B7H,  77H
```

本程序中用软件延时的方法来解决键抖动问题；对于串键根据情况作不同处理，如果有 2 个及 2 个以上的键同时按下，则不予响应（因 ROM 特征值表中没有对应的特征值而转至其他程序），如果它们按下的时间有先有后，则响应最先按下的键。

② 线反转法。所谓线反转，就是把原来作为输出的线变为输入，作为输入的线反过来变为输出。这样，键识别程序被简化，不再需要逐行扫描时间。利用 51 系列单片机 P1 口的“准双向特性”可方便地实现线反转。下面是参考的键识别程序。

```
KEY:    MOV  P1,  #0F0H
        MOV  A,   P1
        ANL  A,   #0F0H
        CJNE A,   #0F0H,  KEY1
        AJMP DISIN        ;退出，转显示程序入口 DISIN
KEY1:   ACALL    D20MS
        MOV  P1,  #0F0H
        MOV  A,   P1
        ANL  A,   #0F0H
        MOV  R3,  A
        MOV  P1,  #0FH
        MOV  A,   P1
KEY31:  ANL  A,   #0FH
        ORL  A,   R3
        MOV  R3,   A
        MOV  DPTR,  #KEYTAB
        MOV  R2,  #0
KEY4:   CLR       A
        MOVC A,   @A+DPTR
        XRL  A,   R3
        JZ        KEY5
        INC       R2
        INC       DPTR
        CJNE  R2,  #10H,  KEY4
        AJMP  DISIN        ;退出，转显示程序入口 DISIN
KEY5:     MOVP1,  #0F0H
        MOV  A,   P1
        ANL  A,   #0F0H
        CJNE  A,  #0F0H,  KEY5
        ACALL  D20MS
        AJMP KEYP             ;转键处理程序 KEYP
D20MS:  MOV  R4,  #20D
D20MS1: MOV  R5,  #250D
D20MS2: DJNZ     R5,  D20MS2
        DJNZ     R4,  D20MS1
        RET
KEYTAB: DB  0EEH,  0DEH,  0BEH,  7EH
        DB  0EDH,  0DDH,  0BDH,  7DH
        DB  0EBH,  0DBH,  0BBH,  7BH
        DB  0E7H,  0D7H,  0B7H,  77H
```

一次反向就把按键所在行、列的特征值抽取出来。

2．选用键盘接口芯片连接矩阵式键盘的接口设计

选用键盘接口芯片连接矩阵式键盘，键盘的管理不需要由处理器来完成，而是由键盘接口芯片来完成，但是处理器需要对接口芯片进行初始化操作。

例如，采用 8279 芯片连接矩阵式键盘。

8279 是 Intel 公司生产的通用可编程键盘和显示器 I/O 接口器件。由于它本身可提供扫描信号，因而可代替微处理器完成键盘和显示器的控制，单个芯片就能完成键盘输入和 LED 显示控制两种功能。

8279 的相关资料参见有关数据手册，8279 芯片与单片机的连接电路可如图 6–35 所示。其接口程序在后面介绍。

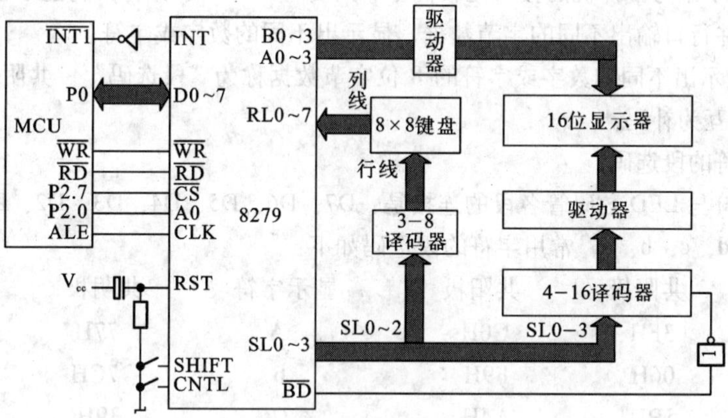

图 6–35　采用 8279 的键盘显示接口

6.6　显示器接口

具有友好的人机接口，是嵌入式系统的一个基本特征，在实际的应用系统中，常常需要配置显示装置，显示相应的信息。

目前使用较多的显示装置有 LED 数码管和 LCD 显示器，如果需要显示的信息量大，还可以使用 VGA 接口的显示器。

6.6.1　LED 数码管显示接口

在一些小型的应用系统中，仅仅需要显示一些字符信息，就可以采用 LED 数码管显示。

1．LED 数码管的结构与原理

(1) 结构

八段 LED 显示器的每一段均由一个或几个 LED 组成，依靠段的组合来显示所需的数字或字符。段的标记一般采用字母 a、b、c、d、e、f、g、h 来表示。八段 LED 显示器有共阴极的和共阳极的两种，如图 6–36 所示。

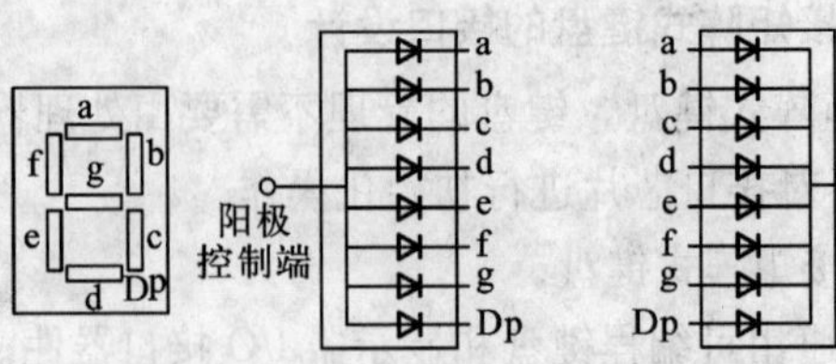

(a)LED 器件　(b)共阳极接法　(c)共阴极接法

图 6-36　LED 数码管组成结构

（2）显示原理

八段 LED 显示器与单片机的接口比较简单，只要将一个 8 位并行口与显示器的引脚对应相接即可。由 8 位并行口输出不同的字节数据，显示出不同的数字或字符。

控制 LED 显示出不同的数字或字符的 8 位字节数据称为“段选码”。共阴极 LED 与共阳极 LED 的段选码互为补码。

（3）常用字符的段选码

设 8 位并行口与 LED 数码管各段的连接是：D7、D6、D5、D4、D3、D2、D1、D0 分别对应 h、g、f、e、d、c、b、a，常用字符的段选码如下：

显示字符	共阴极	共阳极	显示字符	共阴极	共阳极
0	3FH	C0H	A	77H	88H
1	06H	F9H	b	7CH	83H
2	5BH	A4H	C	39H	C6H
3	4FH	B0H	d	5EH	A1H
4	06H	99H	E	79H	86H
5	6DH	92H	F	71H	8EH
6	7DH	82H	U	3EH	C1H
7	07H	F8H	Y	6EH	91H
8	7FH	80H	8	FFH	00H
9	6FH	90H	全灭	00H	FFH

2. 多位 LED 数码管的显示方式

将多个 LED 数码管组合在一起就构成了多位 LED 数码管。每个 LED 数码管的段引脚称为段选线，公共端称为位选线。段选线控制显示的字符，位选线控制该 LED 的亮和灭。按照数码管的工作方式不同，位选线和段选线的连接方法也不同。

多位 LED 数码管有静态显示和动态显示两种方式。

（1）静态显示

所谓静态显示，就是当数码管显示某一个字符时，相应的发光二极管恒定地导通或截止。例如，数码管的 a、b、c、d、e、f 导通，g 截止，则显示 0。

这种数码管显示方式，每一位都需要有一个 8 位输出口控制，所以占用接口资源多，一般用于数码管位数较小（很少）的场合。当位数较多时；用静态显示所需的 I/O 接口太多，一般采用动态显示方法。

（2）动态显示

所谓动态显示，就是将所有数码管各位的段选线并联在一起，由一个 8 位并行口控制，而各位的公共端 COM 分别由相应的 I/O 接口线控制。要使各位显示出不同的字符，就得采用扫描的方法，一位一位地轮流点亮各位数码管（扫描）。对于每一位数码管来说，每隔一段时间点亮一次。

数码管的点亮既与点亮时的导通电流有关，也与点亮时间和间隔时间的比例有关。调整电流和时间的参数，可实现亮度较高较稳定的显示。

若数码管的位数不大于 8 位，则控制数码管公共极电位只需一个 I/O 接口（称为扫描口），控制各位数码管所显示的字形也需一个 I/O 接口（称为段数据口）。

3．多位 LED 数码管与处理器的接口设计

LED 数码管与处理器的接口设计一般有两种：采用 TTL 锁存器和采用专用的键盘显示接口芯片。

（1）采用 TTL 锁存器构成的接口电路

通过处理器的通用 I/O 引脚，采用 74HC574 锁存器和 74LS138 译码器可以构成数码管显示接口电路，如图 6–37 所示。其中，采用 51 单片机的 8 个通用 I/O 引脚通过 74HC574 锁存器作为 LED 数码管的段选信号，另外 3 个通用 I/O 引脚通过 74LS138（3-8 译码器）作为 LED 数码管的位选信号。

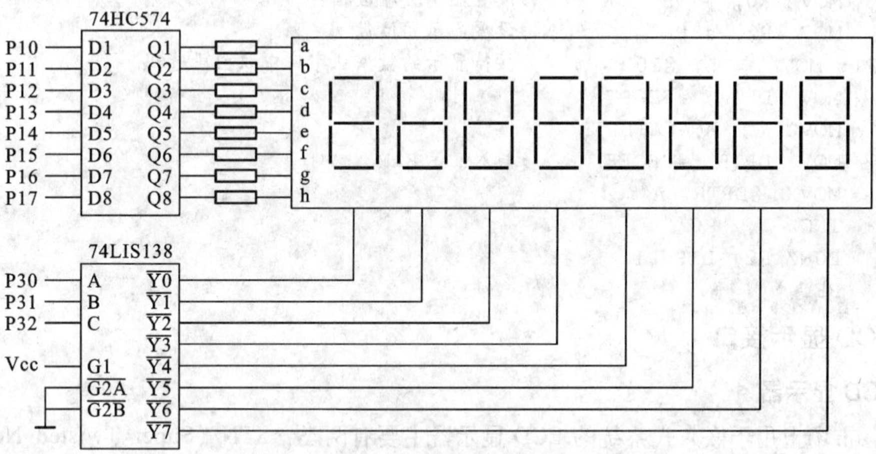

图 6–37　采用 TTL 锁存器构成的数码管显示接口电路

这种接口电路的显示程序需要采用动态扫描输出，逐位显示。从左到右或者从右到左，首先输出位选信号，选中要显示的位，然后输出段选信号，显示相应的字符，经延时后再换一位输出显示。

（2）采用专用的键盘显示接口芯片构成的接口电路

例如，采用 8279 键盘显示接口芯片。

8279 不仅能够连接多达 64 键的键盘矩阵，而且能够同时驱动 16 位共阴式数码管 6–35。接口程序包括 3 个部分：8279 的初始化程序、刷新显示程序和取键值程序。

① 8279 初始化程序：

- 设置键盘和显示器的工作方式；
- 设置时钟分频率，以使 8279 的内部时钟为 100 kHz。

- 按照硬件电路选定的中断口，设置中断控制字。

参考程序如下：

```
INIT:   MOV  A,  #00000000B ;设置为 8 字符显示、左入、编码键盘、2 键封锁
        MOV  DPTR, #0FEFFH  ;假定 8279 命令状态字的选通地址为 0FEFFH
        MOVX  @DPTR, A
        MOV  A, #00101010B  ;设 CPU 时钟为 6MHz，ALE 输出为 6MHz/6=1MHz
                            ;10 分频，;即可得 100 kHz。
        MOVX  @DPTR, A
        SETB  IT1           ;INT1 设置为边沿触发方式
        SETB  EX1           ;打开中断
        SETB  EA
```

② 读 8279 的 FIFO RAM 程序（取键值）。

在键盘方式下，8279 的读出总是按先入先出的顺序，所以不需设置 FIFO RAM 首地址。

```
KEY:   MOV   DPTR，#0FCFFH ;假定 8279 数据字的选通地址为 0FCFFH
       MOVX  A，@DPTR
```

③ 显示子程序。设段选码（字库）的首地址为 SEGPT。下列程序可将显示缓冲区中待显示的数据（8 位）转换为相应的段选码，再写入 8279 的显示 RAM。

```
DISUP: MOV    A, #10010000B   ;写 RAM，从 0000B 地址开始，自动加 1。
       MOV  DPTR, #0FEFFH
       MOVX @DPTR, A
       MOV  R0, #79H          ;设置显示缓冲区指针
       MOV  R2, #8H           ;设置显示的位数
DISUP1: MOV     A, @R0        ;按待显示的数据从字库中取出段选码
       MOV  DPTR, #SEGPT
       MOVC      A, @A+DPTR
       MOV  DPTR, #0FCFFH     ;写入显示 RAM
       MOVX  @DPTR, A
       INC       R0
       DJNZ R2, DISUP1
       RET
```

6.6.2 LCD 显示接口

1. LCD 显示器

目前，市场上用于嵌入式系统的 LCD 显示器主要有两类：STN（Super Twisted Nematic，超扭曲向列型）和 TFT（Thin Film Transistor，薄膜晶体管型）。这两类显示器的主要区别在于：STN 主要是通过增大液晶分子的扭曲角控制像素，而 TFT 为每个像素点设置一个开关电路，做到完全独立控制每个像素点。从品质上看，STN 的亮度较暗，画面的显示质量较差，颜色显示也不够丰富，但功耗小，价格便宜，可用在显示要求不高的嵌入式产品中。TFT 型显示器在亮度、画面显示质量、显示颜色数量以及刷新速度等方面都优于 STN 显示器，但价格相对较高，主要用于显示要求高的视频播放类嵌入式产品中。

51 内核的单片机内部一般都没有 LCD 控制接口，要使用 LCD 显示器必须要有 LCD 控制器和一定空间的存储器支持，所以选择 LCM 比较好。LCM 是一种液晶显示模块，将 LCD 显示器、LCD 控制器和存储器做成一体。其接口简单，使用方便，使用时，只要向 LCM 输入命令和数据即可显示。产品分字符和图形两种。

2. 采用 AMPIRE12864 的 LCD 显示接口

（1）AMPIRE12864 的接口信号

AMPIRE12864 是一种 128×64 点阵的 LCM 显示模块，其接口信号如表 6-10 所示。

表 6-10　LCM 显示模块的管脚功能

管脚名称	LEVER	管脚功能描述
V_{SS}	0	电源地
V_{DD}	+5.0V	电源电压
V0	–	液晶显示器驱动电压（在 PROTUES 仿真软件中可不接）
RS	H/L	RS="H"，表示 DB7～DB0 为显示数据 RS="L"，表示 DB7～DB0 为命令与状态
R/nW	H/L	R/W="H"，E="H" 数据被读到 DB7～DB0 R/W="L"，E="H→L" 数据被写到 IR 或 DR
E	H/L	R/W="L"，E 信号下降沿锁存 DB7～DB0 R/W="H"，E="H" DDRAM 数据读到 DB7～DB0
DB0～DB7	H/L	数据线
CS1	H/L	H:选择芯片(右半屏)信号
CS2	H/L	H:选择芯片(左半屏)信号
RET	H/L	复位信号，低电平复位
V_{OUT}	–10V	LCD 驱动负电压（在 PROTUES 仿真软件中可不接）

AMPIRE12864 由两个完全相同的左右半屏拼成，两个半屏的显示通过 CS1 和 CS2 来选择，如 CS1=0、CS2=1 时选择左半屏显示；CS1=1、CS2=0 时选择右半屏显示。

（2）AMPIRE12864 的显示控制命令

该类液晶显示模块（即 KS0108B 及其兼容控制驱动器）的显示控制命令比较简单，总共只有 7 种，如表 6-11 所示。

表 6-11　显示控制命令表

指令名称	控制信号	控制代码								
	R/nW	RS	DB7	DB6	DB5	DB4	DB3	DB2	DB1	DB0
显示开关	0	0	0	0	1	1	1	1	1	1/0
显示起始行设置	0	0	1	1	X	X	X	X	X	X
页设置	0	0	1	0	1	1	1	X	X	X
列地址设置	0	0	0	1	X	X	X	X	X	X
读状态	1	0	BUSY	0	ON/OFF	RST	0	0	0	0
写数据	0	1	数据							
读数据	1	1	数据							

① 显示开/关指令：

R/nW　RS	DB7 DB6	DB5 DB4 DB3 DB2 DB1	DB0
0　0	0　0	1　1　1　1　1	1/0

当 DB0＝1 时，LCD 显示 RAM 中的内容；DB0＝0 时，关闭显示。

② 显示起始行（ROW）设置指令：

R/nW　RS	DB7 DB6	DB5 DB4 DB3 DB2 DB1 DB0
0　0	1　1	显示起始行（0~63）

该指令设置了对应液晶屏最上一行的显示 RAM 的行号，有规律地改变显示起始行，可以使 LCD 实现显示滚屏的效果。

③ 页（PAGE）设置指令：

R/nW　RS	DB7 DB6	DB5 DB4 DB3	DB2 DB1 DB0
0　0	1　0	1　1　1	页号（0~7）

显示 RAM 共 64 行，分 8 页，每页 8 行。

④ 列地址（Y address）设置指令：

R/nW　RS	DB7 DB6	DB5 DB4 DB3 DB2 DB1 DB0
0　0	0　1	显示列地址（0~63）

设置了页地址和列地址，就唯一确定了显示 RAM 中的一个单元，这样 MPU 就可以用读、写指令读出该单元中的内容或向该单元写进一个字节数据。

⑤ 读状态指令

R/nW　RS	DB7	DB6	DB5	DB4	DB3 DB2 DB1 DB0
1　0	BUSY	0	ON/OFF	RST	0　0　0　0

该指令用来查询液晶显示模块内部控制器的状态，各参量含义如下：

BUSY：　　1——内部在工作　0——正常状态

ON/OFF：　1——显示关闭　　0——显示打开

RST：　　 1——复位状态　　0——正常状态

在 BUSY 和 RESET 状态时，除读状态指令外，其他指令均不对液晶显示模块产生作用。在对液晶显示模块操作之前要查询 BUSY 状态，以确定是否可以对液晶显示模块进行操作。

⑥ 写数据指令：

R/nW　RS	DB7 DB6 DB5 DB4 DB3DB2DB1 DB0
0　1	数据

⑦ 读数据指令：

R/nW　RS	DB7 DB6 DB5 DB4 DB3DB2DB1 DB0
1　1	数据

读、写数据指令每执行完一次读、写操作，列地址就自动增一。必须注意的是，进行读操作之前，必须有一次空读操作，紧接着再读才会读出所要读的单元中的数据。

(3) AMPIRE12864 与 51 单片机的接口电路

AMPIRE12864 显示模块与 51 单片机的接口电路比较简单，如图 6-38 所示。

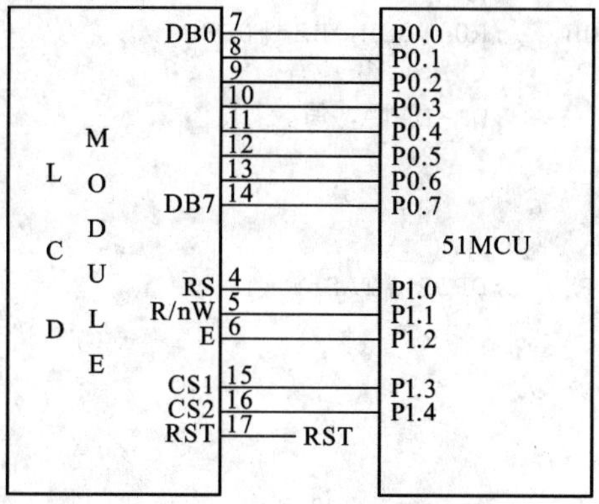

图 6-38　LCM 显示模块与 51 单片机的接口电路

（4）AMPIRE12864 的接口程序

AMPIRE12864 的接口程序包括：开显示、设置显示起始行、设置页地址、设置列地址和写数据表。

参考程序如下：

```
RS    EQU    090h         ;P1.0
RW    EQU    091H         ;P1.1
E     EQU    092H         ;P1.2
CS1   EQU    094H         ;P1.4
CS2   EQU    095H         ;P1.5
```

① 开显示

```
CLR E
SETB    RS
SETB    CS1           ;SELECT-CS1
CLR CS2
CLR RS
MOV P1, #3FH          ;DISPLAY ON
LCALL   WRITE
MOV R7, #01H
SETB    CS2           ;SELECT-CS2
CLR CS1
CLR RS
MOV P1, #3FH          ;DISPLAY ON
```

② 设置显示起始行：

```
CLR E
CLR RS
MOV P1, #0C0H         ;SET-Z=00, 显示起始行（ROW）设置为 0
LCALL   WRITE
```

③ 设置页地址：

```
MOV P1,  #40H         ;SET-Y=00， 列地址设置为 0
LCALL   WRITE
```

④ 设置列地址：

```
MOV P1,  #0B8H        ;SET-PAG=00，页（PAGE）设置为 0
LCALL   WRITE
```

⑤ 写数据表：

```
COM:    CLR 00H
```

```
COM1:   MOV R1,  #40H     ;R0=#08H，R2=#0B8H
    MOV  R3,  #10H
    SETB     RS           ;WR-DATA，写数据
    PUSH     DPH
    PUSH     DPL
J4:     CLR A
    MOVC  A,  @A+DPTR     ;DPTR=#TAB5
    MOV  P1,  A
    LCALL WRITE
    INC  DPTR
    DJNZ     R3, J41
    MOV  R3, #10H
    CLR  C
    MOV  A, DPL
    ADD  A, #10H
    MOV  DPL, A
    JNC  J41
    INC  DPH
J41:DJNZ     R1,  J4      ;LOAD-64-BYTE
    CLR  RS               ;WR-COMD，写命令
    INC  R2               ;页地址+1
    MOV  P1,  R2          ;页（PAGE）设置
    LCALL WRITE           ;SET-PAG=01
    MOV  P1,  #40H        ;SET-Y=00H; 列地址设置为 0
    LCALL WRITE
    POP  DPL
    POP  DPH
    CPL  00H
    JNB  00H, J43
    CLR  C
    MOV  A, DPL
    ADD  A, #10H
    MOV  DPL, A
    JNC  J42
    INC  DPH
    AJMP     J42
J43:         CLR C
    MOV  A, DPL
    ADD  A, #70H
    MOV  DPL, A
    JNC  J42
    INC  DPH
J42:    DJNZ    R0, COM1
    RET

WRITE: CLR  RW
    CLR  E
    SETB     E
    LCALL DELAY2MS         ;调用 2ms 延时子程序
    CLR  E
    RET
```

6.7　A/D 转换接口

A/D 转换器是模拟信号和 CPU 之间联系的接口，它是将连续变化的模拟信号转换为数字信号，以供计算机和数字系统进行分析、处理、存储、控制和显示。在工业控制和数据采集及许多其他领域中，A/D 转换是不可缺少的。

6.7.1　A/D 转换的基本原理

按照转换速度、精度、功能以及接口等因素，常用的 A/D 转换器有以下两种：

1．双斜积分型的 A/D 转换器

双斜积分型又称二重积分式，其实质是测量和比较两个积分的时间，一个是对模拟信号电压的积分时间 T，此时间常是固定的，另一个是以充电后的电压为初值，对参考电源 V_{ref} 的反向积分，积分电容被放电至零，所需的时间 T_2。模拟输入电压 V_{in} 与参考电压 V_{ref} 之比，等于上述两个时间之比。由于 V_{ref}、T 时间固定，而放电时间 T_2 可以测出，因而可以计算出模拟输入电压的大小。

双斜积分式 A/D 转换原理如图 6–39 所示。

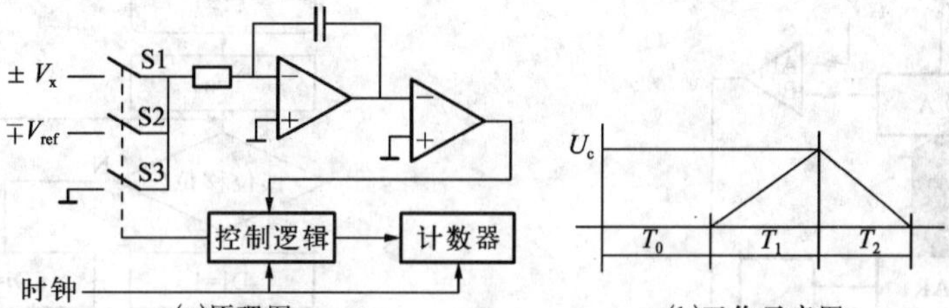

(a)原理图　　(b)工作示意图

图 6–39　双斜积分式 A/D 转换器

(1) 基本原理

双斜积分式 A/D 转换器通过两次积分，将被测电压 V_x 变成一个时间间隔，其持续时间与 V_x 的平均值成正比。用计数器测量此时间间隔，就可以得到其数字结果。

(2) 转换过程

其转换过程分 3 个阶段进行：

① 休止阶段 T_0：S3 闭合，积分器接地。

② 采样阶段 T_1：S1 闭合，积分器在固定的时间间隔 T_1 内对 V_x 积分，最后在积分电容上获得一个与被测电压 V_x 平均值成正比的充电电压。

③ 比较阶段 T_2：S2 闭合，一个与 V_x 极性相反的基准电压 V_{ref} 被投入，使积分器进入反向积分过程，经过一个时间间隔 T_2，积分电容上的电压回零，整个转换过程结束。计数器在反向积分时间间隔内的计数值 N 即为转换结果（计数器在进入比较阶段时开始计数，检零器检测到积分器输出回零时停止计数）。

由于双斜积分式 A/D 转换器要通过两次积分才能得到相应的结果，因而速度低，但对周期性的干扰信号积分为零，抗干扰性很好。

2．逐次逼近型的 A/D 转换器

逐次逼近型也称为逐位比较式，它的应用比积分型更为广泛，通常主要由逐次逼近寄存器 SAR、D/A 转换器、比较器以及时序和逻辑控制等部分组成。通过逐次把设置的 SAR 寄存器中的数字量经 D/A 转换后得到电压 V_c 与待转换模拟电压 V_x 进行比较。比较时，先从 SAR 的最高位开始，逐次确定各位的数码应为“1”还是“0”，而得到最终的转换值。其工作原理为：转换前，先将 SAR 寄存器各位清零，转换开始时，控制逻辑电路先设置 SAR 寄存器的最高位为“1”，其余各位为“0”，此值经 D/A 转换器转换成电压 V_c，然后将 V_c 与输入模拟电压 V_x 进行比较。如果 V_x 大于等于 V_c，说明输入的模拟电压高于比较的电压，SAR 最高位的“1”应保留；如果 V_x 小于 V_c，说明 SAR 的最高位应清除。然后，在 SAR 的次高位置“1”，依上述方法进行 D/A 转换和比较。如此反复上述过程，直至确定出 SAR 寄存器的最低位为止，此过程结束后，状态线改变状态，表明已完成一次转换。最后，逐次逼近寄存器 SAR 中的数值就是输入模拟电压的对应数字量。位数越多，越能准确逼近模拟量，但转换所需的时间也越长。

逐次比较式 A/D 转换器的原理框图如图 6-40 所示。

(1) 逻辑构成

主要由逐次逼近寄存器 SAR、D/A 转换器、比较器及时序控制逻辑构成，控制逻辑实现类似于对分搜索的控制，其转换原理用流程图表述如图 6-41 所示。其中，n 为转换器的位数。

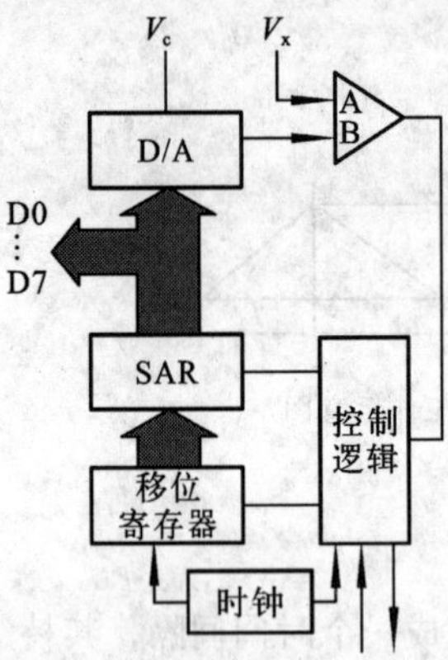

图 6-40 逐次比较式 A/D 转换器的原理框图

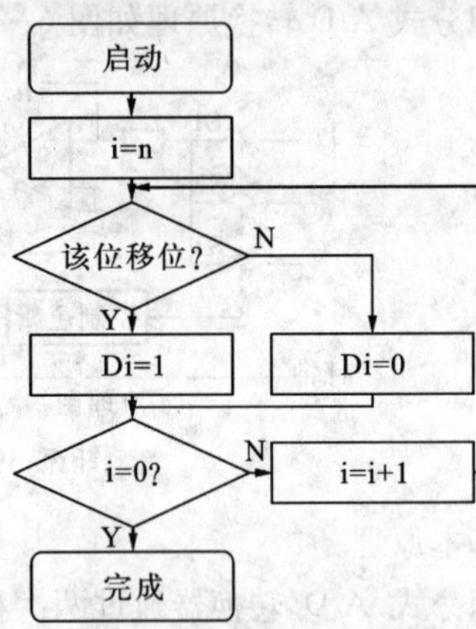

图 6-41 逐次比较式 A/D 转换器的原理流程图

(2) 工作过程

比较开始时，首先对最高数字位加以调整，把该位试置“1”，然后进行转换、比较、判断。若 $V_x < V_c$，则说明此位置成“1”不合适重新置为“0”，如 V_x 仍大于 V_c，说明这次置成“1”是对的。然后，对较低的位依次按照该办法进行调整和测试。这个办法好比用天平衡量一个物体的重量，第一次放最大的砝码若不合适，就改放小一号的，依次类推，一旦天平指示法码太重说明刚才放进去的那个应当取走，显然，对于 n 位的转换器，总共需要重复这种调整 n 次。

(3) 主要优点

逐次逼近型模/数转换器的主要优点就是速度比较快。此外，与有同样分辨率的双积分型转换器相比较，它不需要高精度的运算放大器，而且成本也较低。这种形式的模/数转换器在微型机系统中被广泛应用。

6.7.2　扩展的集成 A/D 转换接口

一般的 51 内核单片机内部都没有 ADC 接口，要输入模拟量必须扩展 A/D 转换器，常用的 A/D 转换器有 ADC0809 系列芯片。集成的 ADC0809 系列芯片主要有 8 通道的 ADC0809/ADC0808 和 16 通道的 ADC0816/ADC0817。

1. ADC0809 集成 A/D 转换器

ADC0809 是逐次逼近比较型转换器，包括一个高阻抗斩波比较器、一个带有 256 个电阻分压器的树状开关网络、一个控制逻辑环节和 8 位逐次逼近数码寄存器，最后输出级有一个 8 位三态输出锁存器。其内部结构如图 6-42 所示。

8 个输入模拟量受多路开关地址寄存器控制，当选中某路时，该路模拟信号 V_x 进入比较器与 D/A 输出的 V_r 比较，直至 V_r 与 V_x 相等或达允许误差为止，然后将对应 V_x 的数码寄存器值送三态锁存器。当 OE 有效时，便可输出对应 V_x 的 8 位数码。

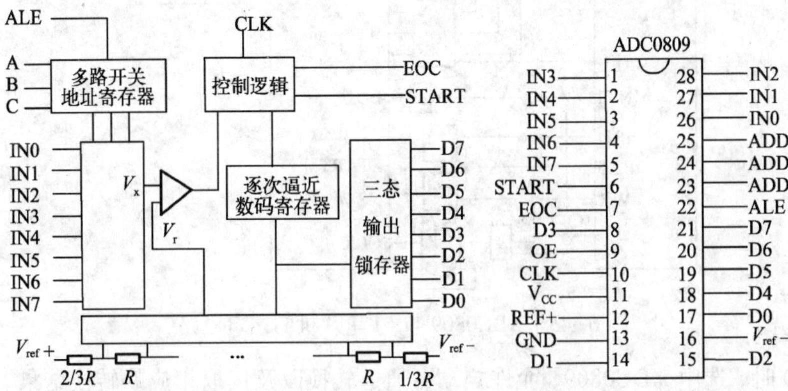

图 6-42　ADC0809 内部结构与引脚图

ADC0809 外部引脚功能如下：

- IN7～IN0：8 路模拟量输入端，在多路开关控制下，任一瞬间只能有一路模拟量经相应通道输入到 A/D 转换器中的比较放大器。
- D7～D0：8 位数据输出端，可直接接入单片机的数据总线。
- A、B、C：多路开关地址选择输入端。
- ALE：地址锁存信号，该信号有效时，地址选择信号 A、B、C 被锁存地址寄存器内。
- START：启动转换输入线，其上升沿用以清除 ADC 内部寄存器；其下降沿用以启动内部控制逻辑，使 A/D 转换器工作。
- EOC：转换完毕输出线，其上跳沿表示 A/D 转换器内部已转换完毕。
- OE：允许输出控制端，高电平有效。有效时能打开三态门，将 8 位转换后的数据送到微型机的数据总线上。
- CLK：转换定时时钟脉冲输入端，其频率决定了 A/D 转换器的转换速度。在此，其频率不能高于 640 kHz，其对应转换速度为 100 μs。
- V_{ref}（+）和 V_{ref}(-)：D/A 转换器的参考电压输入线。它们可以不与本机电源和地相连，但 V_{ref}（−）不得为负值，V_{ref}（+）不得高于 V_{CC}，且 $1/2[V_{ref}(+)+V_{ref}(-)]$ 与 $1/2\ V_{CC}$ 之差不得大于 0.1 V。

- V_{CC}为+5 V，GND 为地。

2. ADC0809 与 51 单片机的接口方法

ADC0809 带有三态输出锁存器，可以直接与 51 单片机总线连接。由于 A/D 转换需要时间，必须确定转换完毕才能够读取转换结果，所以不可以采用无条件传送方式，只能采用程序查询方式或程序中断方式。若采用程序查询方式，ADC0809 的转换结束信号 EOC 需要连接到单片机的一个 I/O 接口线；若采用程序中断方式，ADC0809 的转换结束信号 EOC 需要经反相后连接到单片机的一个外部中断引脚。图 6-43 所示为采用程序中断方式的接口电路。

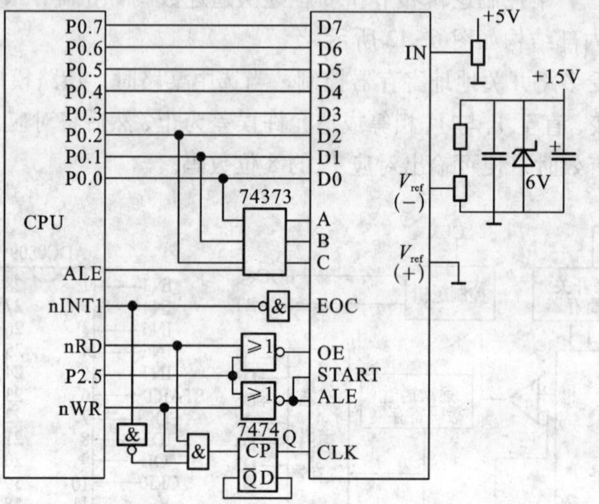

图 6-43 ADC0809 与 51 单片机的接口电路

在 P2.5=0 时，选中 ADC0809，允许启动各通道转换以及读取相应的转换结果。转换结束信号 EOC 经反相后接单片机的 nINT1，由外部中断 1 的中断服务程序来读取转换的结果。

3. A/D 转换的程序设计

A/D 转换的程序设计包括两部分内容：其一是启动转换；其二是读取转换结果。

(1) 启动转换

启动各通道转换的程序如下：

```
CLR   P2.5                    ;允许 ADC0809 启动
MOV   A, #N                   ;N 为通道号
MOVX  @R0, A                  ;启动 N 通道
```

(2) 读取转换结果

若采用程序查询方式，需要首先读取连接转换结束信号 EOC 的 I/O 接口，判别 A/D 转换是否结束，若已结束，就读取转换结果；否则，返回读取，持续不断地查询，直到转换结束，再读取转换结果。

若采用程序中断方式，需要在中断服务程序中读取转换结果。

图 6-43 所示接口的读取转换结果程序如下：

```
CLR   P2.5
MOVX  A, @R0
```

6.7.3　C8051F021 的内置 ADC 接口

一些新型的 51 内核单片机，片内含有 ADC 接口，例如：Cygnal 公司的 C8051F 系列单片机和华邦公司的 LPC-51 系列单片机。

C8051F021 片内有一个 12 位 SAR ADC（ADC0）和一个 8 位 SAR ADC（ADC1），下面以 12 位模/数转换器（ADC0）为例进行简单的介绍。

1．C8051F021 的 12 位模/数转换器（ADC0）

C8051F021 的 ADC0 子系统包括一个 9 通道的可编程模拟多路选择（AMUX0），一个可编程增益放大器（PGA0）和一个 100 ksps、12 位分辨率的逐次逼近寄存器型 ADC，ADC 中集成了跟踪保持电路和可编程窗口检测器。AMUX0、PGA0、数据转换方式及窗口检测器都可用软件通过特殊功能寄存器来控制。

2．C8051F021 的 ADC0 相关的寄存器

在 C8051F021 中，与 ADC0 相关的寄存器如下：

(1) AMUX0 配置寄存器（AMUX0CF）　地址　BAH　　复位值 0

用来配置 AMUX0 的功能，其示意图如图 6-44 所示。

	D7							D0	
AMUX0CF	–	–	–	–	AIN67IC	AIN45IC	AIN23IC	AIN01IC	BAH

图 6-44　AMUX0 配置寄存器

- AIN01IC：AIN0 AIN1 输入对配置位。
  0：AIN0 和 AIN1 为独立的单端输入。
  1：AIN0、AIN1 为分别为+、-差分输入对。
- AIN23IC：AIN2 AIN3 输入对配置位。
  0：AIN2 和 AIN3 为独立的单端输入。
  1：AIN2、AIN3 为分别为+、-差分输入对。
- AIN45IC：AIN4 AIN5 输入对配置位。
  0：AIN4 和 AIN5 为独立的单端输入。
  1：AIN4、AIN5 为分别为+、-差分输入对。
- AIN67IC：AIN6 AIN7 输入对配置位。
  0：AIN6 和 AIN7 为独立的单端输入。
  1：AIN6、AIN7 为分别为+、-差分输入对。

注：对于被配置成差分输入的通道，ADC0 数据字格式为 2 的补码。

(2) AMUX0 通道选择寄存器（AMUX0SL）　地址　BBH　　复位值 0

用来选择 AMUX0 的通道，其示意图如图 6-45 所示。

	D7							D0	
AMUX0SL	–	–	–	–	AMX0AD3	AMX0AD2	AMX0AD1	AMX0AD0	BBH

图 6-45　AMUX0 通道选择寄存器

- AMX0AD3~0：AMUX0 的通道地址。

  0000~0111：对应 AIN0~7。

  1XXX：对应温度传感器。

(3) ADC0 配置寄存器（ADC0CF） 地址 BCH 复位值 F8H

用来设置 ADC0 的 SAR 转换时钟周期和内部放大器增益，其示意图如图 6-46 所示。

	D7							D0	
ADC0CF	AD0SC4	AD0SC3	AD0SC2	AD0SC1	AD0SC0	AMP0GN2	AMP0GN1	AMP0GN0	BCH

图 6-46 ADC0 配置寄存器

- AD0SC4-0：AC0 SAR 转换时钟周期控制位。

SAR 转换时钟来源于系统时钟，由下面的方程给出，其中 AD0SC 表示 AD0SC4-0 中保持的数值，CLK_{SAR0} 表示所需要的 ADC0 SAR 时钟。（注：ADC0 SAR 时钟应小于或等于 2.5 MHz）

$$AD0SE=\frac{SYSCLK}{CLK_{SAKO}}-1$$

- AMP0GN2-0：ADC0 内部放大器增益。

  000：增益=1；

  001：增益=2；

  010：增益=4；

  011：增益=8；

  10x：增益=16；

  11x：增益=0.5。

(4) ADC0 控制寄存器（ADC0CN） 地址 E8H 复位值 0

用来对 ADC0 进行初始化，其示意图如图 6-47 所示。

	D7							D0	
ADC0CN	AD0EN	AD0TM	AD0INT	AD0BUSY	AD0CM1	AD0CM0	AD0WINT	AD0LJST	B8H

图 6-47 ADC0 控制寄存器

- AD0EN：ADC0 允许位。

  0：ADC0 禁止 ADC0 处于低耗停机状态。

  1：ADC0 允许 ADC0 处于活动状态并准备转换数据。

- AD0TM：ADC 跟踪方式位。

  0：当 ADC 被允许时除了转换期间之外一直处于跟踪方式。

  1：由 AD0CM1-0 定义跟踪方式。

- AD0INT：ADC0 转换结束中断标志。该标志必须用软件清 0。

  0：从最后一次将该位清 0 后 ADC0 还没有完成一次数据转换。

  1：ADC 完成了一次数据转换。

- AD0BUSY：ADC0 忙标志位。

  读

  0：ADC0 转换结束或当前没有正在进行的数据转换 AD0INT 在 AD0BUSY 的下降沿被置 1。

  1：ADC0 正在进行转换。

写

0：无作用。

1：若 AD0CM1-0 00b，则启动 ADC0 转换。

- AD0CM1-0：ADC0 转换启动方式选择位。

如果 AD0TM=0，则

00：向 AD0BUSY 写 1 启动 ADC0 转换。

01：定时器 3 溢出启动 ADC0 转换。

10：CNVSTR 上升沿启动 ADC0 转换。

11：定时器 2 溢出启动 ADC0 转换。

如果 AD0TM=1，则

00：向 AD0BUSY 写 1 时启动跟踪持续 3 个 SAR 时钟，然后进行转换。

01：定时器 3 溢出启动跟踪持续 3 个 SAR 时钟然后进行转换。

10：只有当 CNVSTR 输入为逻辑低电平时，ADC0 跟踪在 CNVSTR 的上升沿开始转换。

11：定时器 2 溢出启动跟踪持续 3 个 SAR 时钟然后进行转换。

- AD0WINT：ADC0 窗口比较中断标志。

0：自该标志被清除后未发生过 ADC0 窗口比较匹配。

1：发生了 ADC0 窗口比较匹配。

- AD0LJST：ADC0 数据左对齐选择位。

0：ADC0H:ADC0L 寄存器数据右对齐。

1：ADC0H:ADC0L 寄存器数据左对齐。

（5）ADC0 数据寄存器（ADC0H 和 ADC0L）

其地址为 BFH 和 BEH，复位值为 0，用来存放 ADC0 转换的结果。

当 AD0LJST=0 时，ADC0H 的位 7～4 为位 3 的符号扩展位，位 3～0 是 12 位 ADC0 数据字的高 4 位；ADC0L 的位 7～0 是 12 位 ADC 数据字的低 8 位。

当 AD0LJST=1 时，ADC0H 的位 7～0 为 12 位 ADC0 数据字的高 8 位；ADC0L 的位 7～4 是 12 位 ADC 数据字的低 4 位，位 3～0 读出值总是为 0。

3. C8051F021 的 ADC0 程序设计

C8051F021 的 ADC0 程序设计包括三部分内容：其一是初始化；其二是启动转换；其三是读取转换结果。

（1）初始化程序

C8051F021 的 ADC0 使用前必须进行初始化，初始化的工作就是写 AMUX0CF、AMUX0SL、ADC0CF 和 ADC0CN 寄存器，此外还要允许 ADC0 中断。

写 AMUX0CF 寄存器，对可编程模拟多路选择器（AMUX0）进行配置；写 AMUX0SL 寄存器，选择 AMUX0 通道（注意：AMUX0 通道的选择不仅与 AMUX0SL 有关，还与 AMUX0CF 有关，参见表 6-12）；写 ADC0CF 寄存器，设置 ADC0 的 SAR 转换时钟周期和内部放大器增益；写 ADC0CN 寄存器，对 ADC0 的工作方式进行设置。

表 6-12 ADC0 的通道选择

寄存器地址（AMUX0CF 位 3～0） \ 通道地址（AMXOAD3～0）/ 输入端	0000	0001	0010	0011	0100	0101	0110	0111	1xxx
0000	AIN0	AIN1	AIN2	AIN3	AIN4	AIN5	AIN6	AIN7	温度传感器
0001	+(AIN0) −(AIN1)		AIN2	AIN3	AIN4	AIN5	AIN6	AIN7	温度传感器
0010	AIN0	AIN1	+(AIN0) −(AIN1)		AIN4	AIN5	AIN6	AIN7	温度传感器
0011	+(AIN0) −(AIN1)		+(AIN2) −(AIN3)		AIN4	AIN5	AIN6	AIN7	温度传感器
0100	AIN0	AIN1	AIN2	AIN3	+(AIN4) −(AIN5)		AIN6	AIN7	温度传感器
0101	+(AIN0) −(AIN1)		+(AIN0) −(AIN1)		+(AIN0) −(AIN1)		AIN6	AIN7	温度传感器
0110	AIN0	AIN1	AIN2	AIN3	AIN4	AIN5	+(AIN6) −(AIN7)		温度传感器
0111	+(AIN0) −(AIN1)		AIN2	AIN3	AIN4	AIN5	+(AIN6) −(AIN7)		温度传感器
1000	AIN0	AIN1	AIN2	AIN3	AIN4	AIN5	+(AIN6) −(AIN7)		温度传感器
1001	+(AIN0) −(AIN1)		AIN2	AIN3	AIN4	AIN5	+(AIN6) −(AIN7)		温度传感器
1010	AIN0	AIN1	+(AIN2) −(AIN3)		AIN4	AIN5	+(AIN6) −(AIN7)		温度传感器
1011	+(AIN0) −(AIN1)		+(AIN2) −(AIN3)		AIN4	AIN5	+(AIN6) −(AIN7)		温度传感器
1100	AIN0	AIN1	AIN2	AIN3	+(AIN4) −(AIN5)		+(AIN6) −(AIN7)		温度传感器
1101	+(AIN0) −(AIN1)		AIN2	AIN3	+(AIN4) −(AIN5)		+(AIN6) −(AIN7)		温度传感器
1110	AIN0	AIN1	+(AIN2) −(AIN3)		+(AIN4) −(AIN5)		+(AIN6) −(AIN7)		温度传感器
1111	+(AIN0) −(AIN1)		+(AIN2) −(AIN3)		+(AIN4) −(AIN5)		+(AIN6) −(AIN7)		温度传感器

例如，下面的程序实现了 C8051F021 ADC0 的初始化。

```
ADC0_Init: MOV  ADC0CN,   #44H    ; 禁止 ADC0，正常跟踪模式
                                  ; 定时器溢出 ADC0 开始转换 ADC0 数据右对齐
           MOV  AMUX0CF,  #0FFH   ; 配置 AMUX0 的功能为差分输入
           MOV  AMUX0SL,  #00H    ; 选择 AIN0 作为 ADC 为多路模拟输出
           MOV  ADC0CF,   #4FH    ; 设置 ADC 转换时钟和内部放大器增益
           ORL  EIE2,   #02H      ; 允许 ADC 中断
```

（2）启动转换

C8051F021 的 ADC0 有 4 种转换启动方式，转换触发源有：

① 向 ADC0CN 的 AD0BUSY 位写“1”。

② 定时器 3 溢出，即定时的连续转换。

③ 外部 ADC 转换启动信号的上升沿 CNVSTR。

④ 定时器 2 溢出，即定时的连续转换。

在初始化时，由 ADC0CN 中的 AD0CM1 AD0CM0 的状态选择转换启动方式。

AD0BUSY 位在转换期间被置“1”，转换结束后复“0”，AD0BUSY 位的下降沿触发一个中断（当被允许时）并将中断标志 AD0INT（ADC0CN.5）置“1”，转换数据被保存在 ADC 数据字的 MSB 和 LSB 寄存器（ADC0H 和 ADC0L）中。转换数据在寄存器对 ADC0H:ADC0L 中的存储方式可以是左对齐或右对齐，由 ADC0CN 寄存器中 AD0LJST 位的编程状态决定。

（3）读取转换结果

当通过向 AD0BUSY 写“1”启动数据转换时，应查询 AD0INT 位，以确定转换何时结束。也可以使用 ADC0 中断，建议的查询步骤如下：

① 写“0”到 AD0INT。

② 向 AD0BUSY 写“1”。

③ 查询并等待 AD0INT 变 1。

④ 处理 ADC0 数据。

若采用程序中断方式，需要在中断服务程序中读取转换结果。

6.8 D/A 转换接口

D/A 转换器的基本功能是将一个用二进制表示的数字量转换成相应的模拟量。实现这种转换的基本方法是对应于二进制数的每一位，产生一个相应的电压（电流），而这个电压（或电流）的大小则正比于相应的二进制位的权。

6.8.1 D/A 转换的基本原理

D/A 转换器的基本功能是将一个用二进制表示的数字量转换成相应的模拟量。实现这种转换的基本方法是对应于二进制数的每一位，产生一个相应的电压（电流），而这个电压（或电流）的大小则正比于相应的二进制位的权。图 6–48 就是一种“加权网络 D/A 转换器”的简化原理图。

目前，大多数单片集成的 D/A 转换芯片都采用 R-2R 电阻网络来实现转换，如图 6–49 所示。

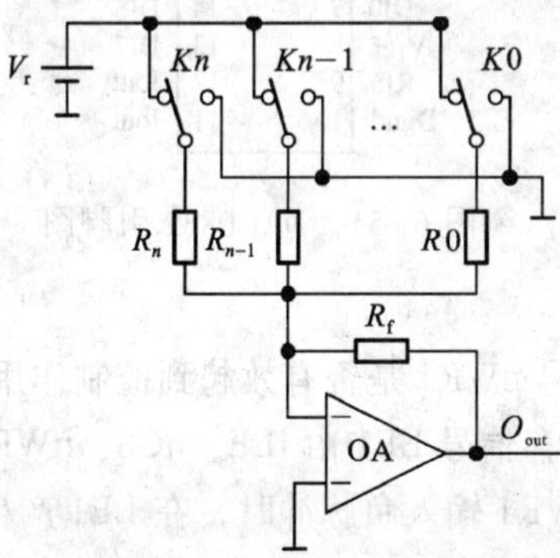

图 6–48　加权网络 D/A 转换器

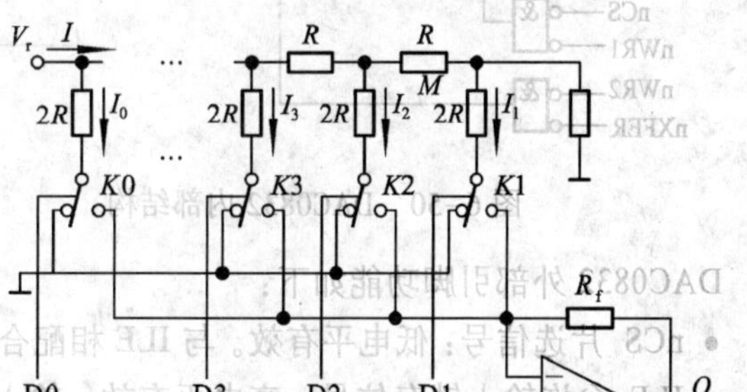

图 6–49　R–2R 电阻网络

对于电阻网络来讲，无论开关 Ki 打到哪边，只要基准电压 V_r 恒定，则电流 I 和 I_i 的大小都不会改变。

$$
\begin{aligned}
I_{\Sigma} &= D_n I_n + \cdots + D_3 I_3 + D_2 I_2 + D_1 I_1 \\
&= D_n I 2^{-1} + \cdots + D_3 I 2^{-(n-2)} + D_2 I 2^{-(n-1)} + D_1 I 2^{-n} \\
&= I \sum_{i=1}^{n} \frac{Di}{2-(n-i+1)} = \frac{Vr}{R} \sum_{i-1}^{n} \frac{Di}{2-(n-i+1)}
\end{aligned}
$$

$$
\begin{aligned}
U_{out} &= -I_{\Sigma} R_f \\
&= -\frac{V_r}{R} \cdot R_f \cdot \sum_{i=1}^{n} \frac{Di}{2-(n-i+1)}
\end{aligned}
$$

但是，开关 Si 确定了 Ii 的流向，使得流向 Σ 点的电流

可见，V_0 与输入数字量的大小成比例，此外还与放大器的反馈电阻 R_f 和基准电压 V_r 有关。通常，调整 R_f 和 V_r 可改变满度值和输出范围。

U_{out} 的极性总是与基准电压 V_r 相反的。

6.8.2 扩展的 D/A 转换接口

一般的 51 内核单片机内部都没有 DAC 接口，要输出模拟量必须扩展 D/A 转换器，DAC0832 是目前国内用得较普遍的 D/A 转换器，DAC 0830 系列产品包括 DAC0830、DAC0831、DAC0832 三种型号，它们可以完全互换。

1. DAC0832 D/A 转换器

DAC0832 D/A 转换器的内部结构如图 6-50 所示。由一个数据寄存器、DAC 寄存器和 D/A 转换器三大部分组成。DAC0832 内部采用 R-2R 梯形电阻网络。两个寄存器输入数据寄存器和 DAC 寄存器用以实现两次缓冲，故在输出的同时，尚可准备一个数据，这就提高了转换速度。当多芯片同时工作时，可用同步信号实现各模拟量同时输出。DAC0832 引脚图如图 6-51 所示。

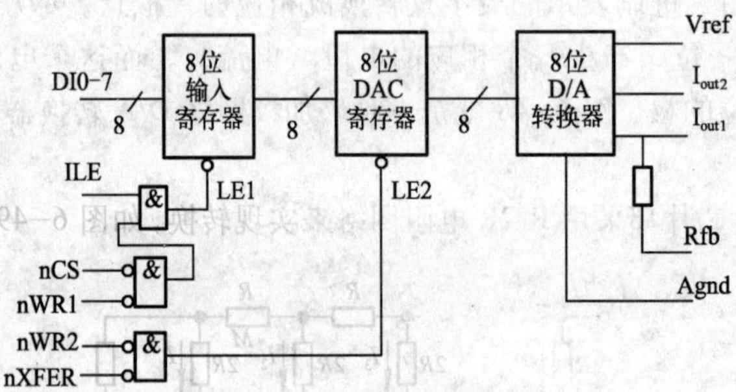

图 6-50 DAC0832 内部结构

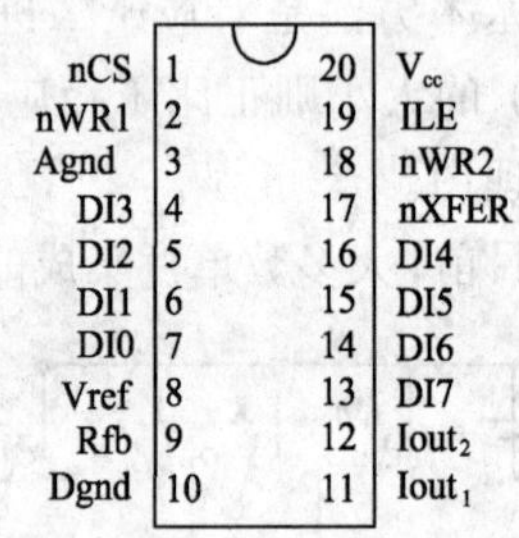

图 6-51 DAC0832 引脚图

DAC0832 外部引脚功能如下：

- nCS 片选信号：低电平有效。与 ILE 相配合，可对写信号 nWR1 是否有效起到控制作用。
- ILE 允许输入锁存信号：高电平有效。输入寄存器的锁存信号 LE1 由 ILE、nCS、nWR1 的逻辑组合产生。当 ILE 为高电平，nCS 为低电平，nWR1 输入负脉冲时，在 LE1 产生正脉冲。当 LE1 为高电平时输入线的状态变化，LE1 的负跳变将输入在数据线上的信息打入输入锁存器。
- nWR1 写信号 1：低电平有效。当 nWR1、nCS、nILE 均有效时，可将数据写入 8 位输入寄存器。

- nWR2 写信号 2：低电平有效。当 nWR2 有效时，在 nXFER 传送控制信号作用下，可将锁存在输入寄存器的 8 位数据送到 DAC 寄存器。
- nXFER 数据传送信号：低电平有效。当 nWR2、nXFER 均有效时，则在 LE2 产生正脉冲；LE2 为高电平时，DAC 寄存器的输出和输入寄存器的状态一致，LE2 负跳变，输入寄存器的内容打入 DAC 寄存器。
- V_{ref} 基准电源输入端：与 DAC 内的 R−2R 梯形网络相接，V_{ref} 可在 ±10V 范围内调节。
- DI0～DI7 8 位数字量输入端：DI7 为最高位，DI0 为最低位。
- I_{out1} DAC 的电流输出 1：当 DAC 寄存器各位为 1 时，输出电流为最大。当 DAC 寄存器各位为 0 时，输出电流为 0。
- I_{out2} DAC 的电流输出 2：使 $I_{out1}+I_{out2}$ 恒为一常数。一般在单极性输出时 I_{out2} 接地，在双极性输出时接运放。
- R_{fb} 反馈电阻：在 DAC0832 芯片内有一个反馈电阻，可用作外部运放的反馈电阻。
- V_{cc} 为电源输入线。
- Dgnd 为数字地。
- Agnd 为模拟信号地。

2. DAC0832 和 51 单片机的接口

DAC0832 可工作在单、双缓冲器方式和直通工作方式，其数据传送方式可以是无条件传送方式。

① 单缓冲器方式：即输入寄存器的信号和 DAC 寄存器的信号同时控制，使一个数据直接写入 DAC 寄存器。这种方式适用于只有一路模拟量输出或几路模拟量不需要同步输出的系统。

图 6−52 为具有单极性一路模拟量的系统。图中 ILE 接+5V，I_{out2} 接地，I_{out1} 输出电流，经运放 5G24（F007）输出一个单极性电压，范围为 0～5V。片选信号 nCS 和传送信号 nXFER 都连到地址线 P2.7，输入寄存器和 DAC 寄存器地址都可选为 7FFFH，写选通输入线 nWR1、nWR2 都和单片机的写信号 nWR 连接，CPU 对 DAC0832 执行一次写操作，则把一个数据直接写入 DAC 寄存器，DAC0832 的模拟量随之变化。

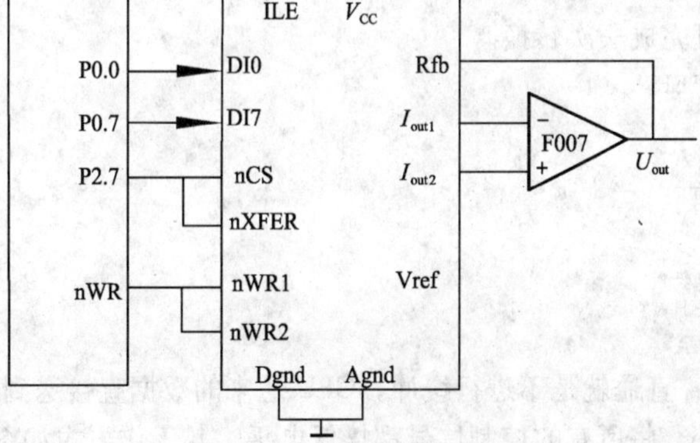

图 6−52　单极性单缓冲方式

执行下面的程序，将在运放输出端得到一个锯齿波电压。

```
START: MOV   DPTR, #7FFFH        ; 0832 口地址
       MOV   A, #00H
LOOP:  MOVX  @DPTR, A
       INC   A
       AJMP     LOOP
```

在实际应用时，有许多场合要用双极性电压波形，这时只要将 Iout2 接地改为接入一个运放即可。

② 双缓冲器工作方式：即输入寄存器的信号和 DAC 寄存器信号分开控制，这种方式适用于几个模拟量需同时输出的系统。下面分别讨论上述两种方式时的接口方法。

DAC0832 可工作于双缓冲器方式，输入寄存器的锁存信号和 DAC 寄存器的锁存信号分开控制，这种方式适用于几个模拟量需同时输出的系统，每一路模拟量输出需一个 DAC0832，构成多个 DAC0832 同步输出的系统。图 6–53 为二路模拟量同步输出的 DAC0832 系统，其中 1#0832 输入寄存器地址为 DFFFH，2#0832 输入寄存器地址 BFFFH。1#和 2#DAC0832 的 DAC 寄存器地址为 7FFFH，DAC0832 的输出分别按图形显示器（示波器）的 XY 偏转放大器输入端。

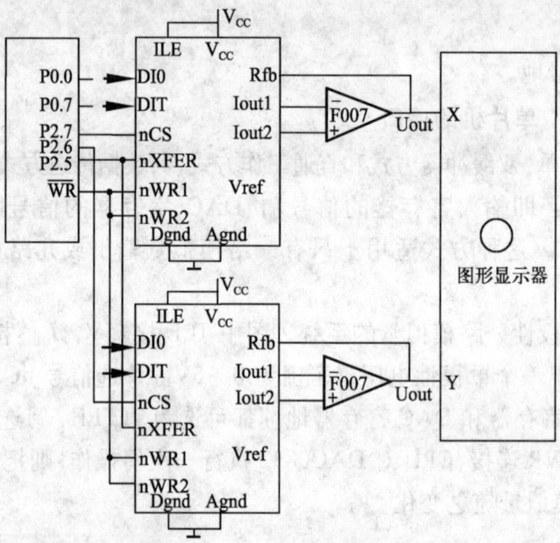

图 6–53 二路模拟量同步输出

执行下面程序，可完成一次转换。

```
MOV DPTR, #0DFFFH
MOV A, #DATA1
MOVX    @DPTR, A
MOV DPTR, #0BFFFH
MOV A, #DATA2
MOVX    @DPTR, A
MOV DPTR, #7FFFH
MOVX    @DPTR, A
```

③ 直通工作方式：直通就是不进行缓冲，CPU 送来的数据直接送到 DAC 转换器，条件是除 ILE 端加高电平以外，将所有的控制信号都接低电平。其工作方式如图 6–54 所示。

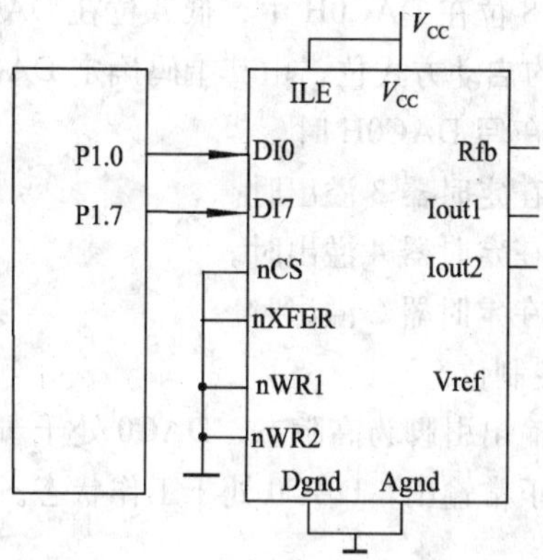

图 6-54　直通工作方式

执行下面程序，可完成一次转换。

```
MOV A, #DATA
MOV P1, A
```

6.8.3　C8051F021 的内置 DAC 接口

一些新型的 51 内核单片机，片内含有 DAC 接口，如 Cygnal 公司的 C8051F 系列单片机。

1．C8051F021 的 12 位 D/A 转换器（DAC）

每个 C8051F021 器件都有两个片内 12 位电压方式 D/A 转换器 DAC0 和 DAC1。每个 DAC 的输出摆幅均为 0V～（V_{ref}-1LSB），对应的输入码范围是 0x000～0xFFF。可以用对应的控制寄存器 DAC0CN 和 DAC1CN 允许/禁止 DAC0 和 DAC1。在被禁止时，DAC 的输出保持在高阻状态,DAC 的供电电流降到 1μA 或更小。每个 DAC 的电压基准在 Vref 引脚提供。注意：C8051F021 的 Vref 引脚可以由内部电压基准或一个外部源驱动。如果使用内部电压基准，为了使 DAC 输出有效，该基准必须被使能。

2．C8051F021 的 DAC 相关的寄存器

C8051F021 中，与 DAC 相关的寄存器有两种：DAC 控制寄存器和数据寄存器。

(1) DAC 控制寄存器（见图 6-55）

C8051F021 的每个 D/A 转换器都有一个控制寄存器（DAC0CN 和 DAC1CN），用来设置 D/A 转换器的数据格式、启动方式和使能控制。

DAC0 控制寄存器（DAC0CN）　地址　D4H　复位值 0

DAC1 控制寄存器（DAC1CN）　地址　D7H　复位值 0

D7							D0
DAC0EN	-	-	DAC0MD1	DAC0MD0	DAC0DF2	DAC0DF1	DAC0DF0

图 6-55　DAC 控制寄存器

• DAC0DF2～0：DAC0 数据格式位，由其编码确定 DAC 的数据格式。

000：DAC0 数据字的高 4 位在 DAC0H[3:0]，低 8 位在 DAC0L 中。

001：DAC0 数据字的高 5 位在 DAC0H[4:0]，低 7 位在 DAC0L[7:1]。

010：DAC0 数据字的高 6 位在 DAC0H[5:0]，低 6 位在 DAC0L[7:2]。

011：DAC0 数据字的高 7 位在 DAC0H[6:0]，低 5 位在 DAC0L[7:3]。

1xx：DAC0 数据字的高 8 位在 DAC0H 中，低 4 位在 DAC0L[7:4]。

- DAC0MD1～0：DAC0 的启动方式位，由其编码确定 DAC 的启动方式。

  00：DAC 输出更新发生在写 DAC0H 时。

  01：DAC 输出更新发生在定时器 3 溢出时。

  10：DAC 输出更新发生在定时器 4 溢出时。

  11：DAC 输出更新发生在定时器 2 溢出时。

- DAC0EN：DAC0 使能控制位。

  0：DAC0 禁止，DAC0 输出引脚为高阻态，DAC0 处于节电停机方式。

  1：DAC0 允许，DAC0 正常输出，DAC0 处于工作状态。

(2) DAC 数据寄存器

C8051F021 的每个 D/A 转换器都有两个数据寄存器(DAC0H、DAC0L 和 DAC1H、DAC1L)，用来存放转换输出的 12 位数据，12 位数据的格式由控制寄存器的低 3 位确定。

DAC0H	DAC0 的高位数据寄存器	地址	D3H	复位值	0
DAC0L	DAC0 的低位数据寄存器	地址	D2H	复位值	0
DAC1H	DAC1 的高位数据寄存器	地址	D6H	复位值	0
DAC1L	DAC1 的低位数据寄存器	地址	D5H	复位值	0

3. C8051F021 的 DAC 程序设计

C8051F021 的 DAC 程序设计包括两部分内容：其一是初始化；其二是启动转换。

(1) 初始化程序

C8051F021 的 DAC 使用前必须进行初始化，初始化的工作就是写控制寄存器，设置 D/A 转换器的数据格式和启动方式，并且进行使能控制。若选择启动方式为定时的连续转换，还要对相应的定时器进行初始化，设置定时器的溢出速率（即转换输出的定时）。

(2) 启动转换

C8051F021 的 DAC 有 4 种转换启动方式，转换触发源有：

① 写 DAC0H（或 DAC1H）时。

② 定时器 3 溢出，即定时的连续转换。

③ 定时器 4 溢出，即定时的连续转换。

④ 定时器 2 溢出，即定时的连续转换。

在初始化时，由控制寄存器中的 DAC0MD1～0（或 DAC1MD1～0）的状态选择转换启动方式。

DAC 采用的是无条件传送方式，只要将转换输出的数据传送到相应的数据寄存器即可。这里要注意两点：一是数据的格式应符合初始化时设置的格式要求；二是传送数据时，应先传送低位数据，后传送高位数据。

小结

本章介绍了 51 内核单片机的基本应用接口的设计方法，详细介绍了存储器接口、通用 I/O 接口、键盘显示接口、显示接口以及模拟接口的设计原理和设计方法。通过本章的学习，可使读者对应用接口有更深入的了解，可以按照不同的应用需求选择不同的接口进行应用开发。

习题

1. 选用处理器芯片时，要考虑的主要因素有哪些？

2. 51 单片机的时钟频率范围是多少？若采用内部时钟，外接的电容起什么作用？

3. 51 单片机的复位条件是什么？

4. 51 单片机有几个中断源？几个中断优先级？各个中断源的优先级是怎样确定的？在同一个优先级中各个中断源的优先次序如何确定？

5. 51 单片机的程序存储器与数据存储器在物理上和逻辑上都是相互独立的，各有自己的______、______和______。程序存储器用来存放______和始终要保持的______；数据存储器用来存放程序运行中所需要的______或______。

6. 51 单片机的内部 RAM 分为：

(1) 工作寄存器区，地址范围为______；

(2) 可位寻址区，地址范围为______；

(3) 数据缓冲区，地址范围为______；

(4) 专用寄存器区，地址范围为______。

7. 51 单片机内部 RAM 区中，有 4 个工作寄存器区，它们的字节地址范围分别是 ______、______、______、______，要选择当前的工作寄存器区，应对 PSW 寄存器的 ______和 ______位进行设置。

8. 51 单片机的程序存储器是统一编址的，要使程序从内部 ROM 开始执行，应将 $\overline{EA}$ 接______，要使程序从外部 ROM 开始执行，应将 $\overline{EA}$ 接______。

9. 51 单片机中凡字节地址能被______整除的特殊功能寄存器均能位寻址。

10. 访问 AT89S8252 的片内 EEPROM 的指令为______。

11. 51 单片机的并行 I/O 口是准双向口，要输入数据必须先输出______。

12. 简述 51 单片机的 P3 接口的第二功能。

13. 为什么从总线扩展 I/O 端口时，扩展输入口必须用三态缓冲器，而扩展输出口时可以用锁存器？

14. 简述 51 单片机扩展 I/O 端口的常用方法。

15. 采用 8255A 扩展的 I/O 端口可采用哪几种数据传送方式？

16. 51 单片机中的定时计数器有几种工作方式？怎样设置？

17. 若单片机的时钟为 6 MHz，问：

(1) 定时器处于方式 0，最大定时范围是多少？

(2) 定时器处于方式 1，最大定时范围是多少？

(3) 定时器处于方式 2，最大定时范围是多少？

18. 若单片机的时钟为 6 MHz，要求用 T0 定时 150 μs，问：

(1) 定时器处于方式 0，定时器的初值是多少？

(2) 定时器处于方式 1，定时器的初值是多少？

(3) 定时器处于方式 2，定时器的初值是多少？

19. 51 单片机的定时计数器设置为计时器方式时，最大计数频率为多少？

20．利用 P1 口控制 8 个发光二极管，编一程序让 8 个发光二极管周而复始地轮流发亮，设电路要求发光二极管点亮时，P1 口为高电平，每次点亮时间持续为 0.5s。

21．试编程对 8155 进行初始化。设 A 口为选通输出，B 口为基本输入，C 口作为控制联络口，并启动定时计数器按方式 1 工作，定时时间为 10 ms，定时器计数脉冲频率为单片机的时钟频率 24 分频，*f*osc=12 MHz。

22．什么是编码键盘？什么是非编码键盘？

23．简述非编码键盘的行扫描法和线反转法的工作原理。

24．为什么要消除键盘的机械抖动？有哪些方法？

25．独立式键盘和矩阵式键盘各有什么特点？分别用在什么场合？

26．键盘扫描有哪几种方式，分别说明其基本原理。

27．试采用 8279A 芯片设计一个键盘显示接口。（关于 8279A 芯片资料，可自己到网上搜索）

28．在一个 51 单片机系统中，选用 ADC0809 作为接口芯片，用于测量炉温，温度传感信号接 IN3，设计一个能实现 A/D 转换的接口及相应的转换程序。单片机与接口的连接如图 6–56 所示。

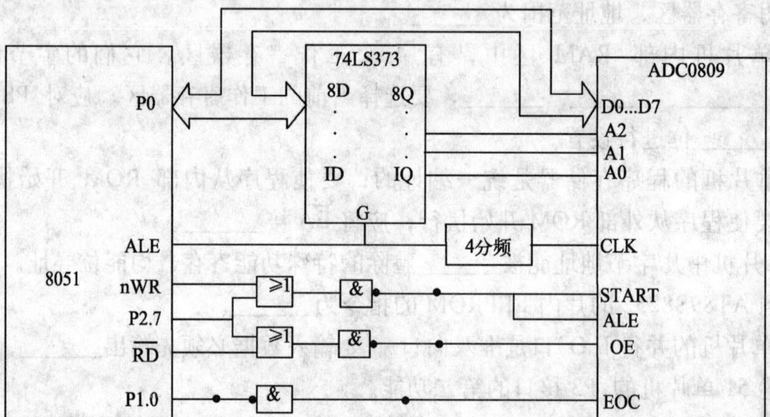

图 6–56 单片机与接口的连接

第 7 章　51 内核单片机的通信接口设计

本章导读

本章主要介绍 51 内核单片机的通信接口设计，包括 UART 接口、IIC 接口、SPI 接口、USB 接口以及常用的网络接口。

本章内容要点：

- UART 接口；
- IIC 接口；
- SPI 接口；
- USB 接口；
- 常用的网络接口。

如果课时较少，教学过程中可以有选择地忽略部分内容。

内容结构

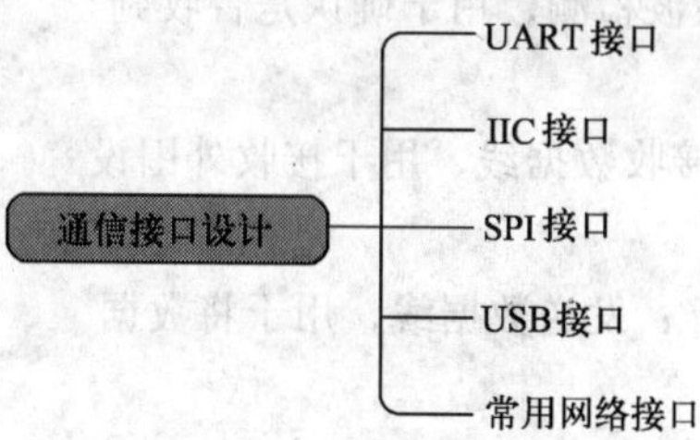

学习目标

通过学习本章内容，学生应该能够：

- 为满足应用需求设计相应的通信接口；
- 掌握接口应用程序的设计。

7.1　UART 接口

起止式异步通信 UART 是应用最广泛的一种通信技术，本节首先介绍 UART 通信数据格式和 51 单片机内置的 UART 控制器和相关的寄存器，然后介绍其接口电路和接口程序的设计。

7.1.1 UART 通信数据格式

1. 特点

在字符数据格式中设置起始位和停止位，发送端在一个字符正式发送前先发一个起始位，而在该字符结束时再发一个（或几个）停止位。接收端在检测到起始位时，便知道字符已到达，应开始接收字符；当检测到停止位时，则知道字符已结束。

2. 格式

起止式的帧数据格式如图 7-1 所示。

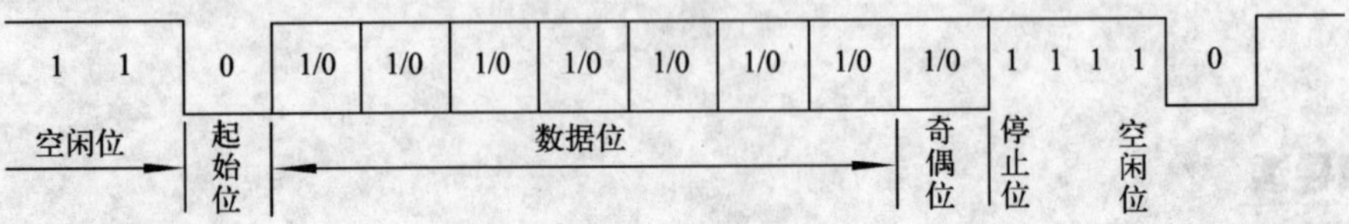

图 7-1 UART 帧数据格式

每帧信息（每个字符）由 4 部分组成：

① 1 位起始位（低电平，逻辑值 0）。

② 5~8 位数据位紧跟在起始位后面，是要传送的有效信息。传送顺序是低位在前高位在后依次传送。

③ 1 位校验位（奇偶校验，也可以没有校验位）。

④ 最后是 1 位或 2 位停止位。

3. RS-232 标准

目前，广泛使用的 RS-232 标准采用的接口是 9 针的 D 型插头，如图 7-2 所示。其各引脚功能如下：

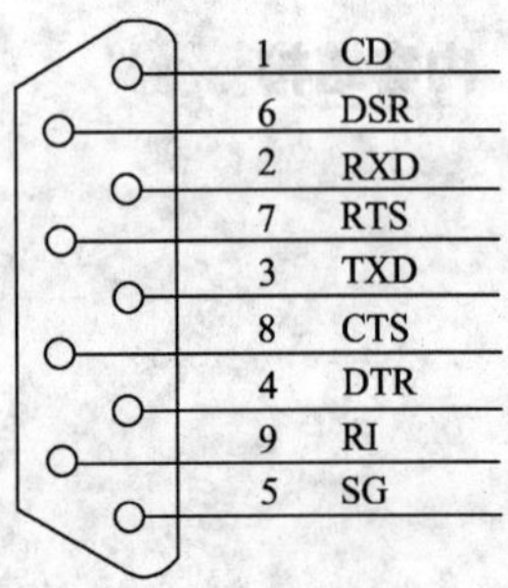

图 7-2 DB9 引脚图

- CD（Carrier Detect）：载波检测，用于确认是否收到 Modem 的载波。
- RXD（Received Data）：接收数据线，用于接收外围设备传送来的数据。
- TXD（Transmitted Data）：发送数据线，用于将数据发送给外围设备。
- DTR（Data Terminal Ready）：告知数据终端处于待命状态。
- SG（Signal Ground）：信号线的接地线。
- DSR（Data Set Ready）：告知本机在待命状态。
- RTS（Request to Send）：要求发送数据。
- CTS（Clear to Send）：清除发送。
- RI：振铃提示。

7.1.2 51 单片机的 UART 接口

传统的 51 单片机片内有一个 UART 接口，一些新型的 51 内核单片机片内有 2 个或 3 个 UART 接口。

在串行口的内部，设置有发送和接收电路，分别完成发送和接收的操作。其硬件结构简化图如图 7–3 所示。

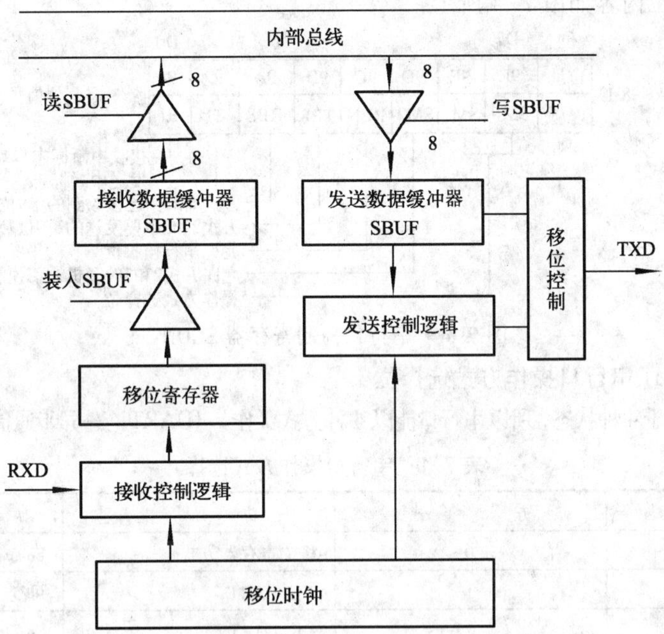

图 7–3　UART 结构图

发送部分主要由发送数据缓冲寄存器、发送控制逻辑等组成。发送数据时，由一条写 SBUF 指令（例如：MOV　SBUF, A）将待发数据输入发送数据缓冲器，同时启动一次发送。数据按规定格式发送完后，将自动将 SCON（串行控制寄存器）中的 TI 位置“1”，同时发出中断请求。

接收部分主要由接收数据缓冲器、移位寄存器和接收控制逻辑等组成。接收时，在接收控制逻辑的作用下，按确定的波特率进行移位操作。将 RXD 脚输入的状态逐位移入移位寄存器中，待接收完一个字节的数据后，自动将其并行地装入接收缓冲寄存器中，同时将 SCON 中的 RI 置“1”，发出中断请求。

在读 SBUF 之前，允许再接收，若新的数据接收完仍未读取，将自动刷新。

串行口发送/接收完一个字节数据后，都会发出中断请求，CPU 响应串行口中断时，并不知道是 RI 还是 TI 发出的请求，因此，在中断服务程序中，首先应测试 RI 和 TI 的状态，以便作相应的处理。响应中断后，R1 和 T1 不会自动复位、必须在程序中用指命复位。

7.1.3　UART 接口相关的寄存器

对应每一个 UART 接口，相关的寄存器有 3 个，串行口数据缓冲器（SBUF）、串行口控制寄存器（SCON）和功耗控制寄存器（PCON）。

1. SBUF（串行口数据缓冲器）

串行口的数据缓冲器（实际上是两个寄存器）通过特殊功能寄存器 SBUF 来访问。写入 SBUF 的数据存储在发送缓冲器，用于串行发送；从 SBUF 读出的数据来自接收缓冲器。两个缓冲器共用一个地址 99H（特殊功能寄存器 SBUF 的地址）。

2. SCON（串行口控制寄存器）

特殊功能寄存器 SCON 用于定义串行口的操作方式和控制它的某些功能。其字节地址为 98H。寄存器中各位内容如图 7-4 所示。

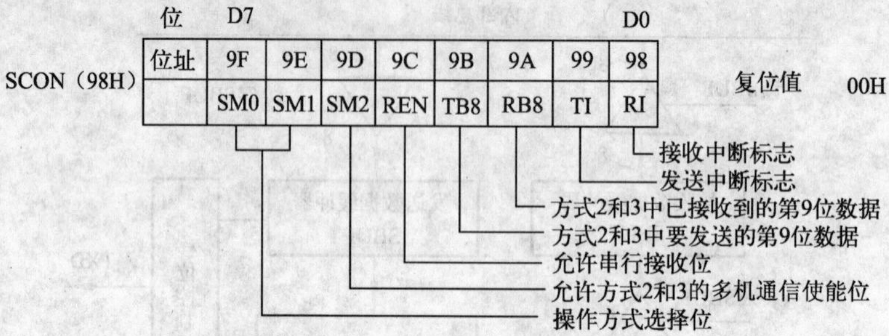

图 7-4 串行口控制寄存器 SCON

（1）SM0、SM1 串行口操作方式选择位

两个选择位对应于 4 种状态，所以串行口能以 4 种方式工作，（UART——异步通信口）如表 7-1 所示。

表 7-1 串行口操作方式选择

SM_0 SM_1	方式	功能	波特率
0 0	0	移位寄存器方式	Fosc/12
0 1	1	8 位 UART	可变
1 0	2	9 位 UART	Fosc/64 或 Fosc/32
1 1	3	9 位 UART	可变

（2）SM2 允许方式 2 和 3 的多机通信使能位

在方式 2 或 3 中，若 SM2 置为 1，接收到的第 9 位数据（RB8）为 0，则接收中断标志 RI 不会被激活。

在方式 1 中，若 SM2=1，则只有收到有效的停止位时才会激活 RI。

在方式 0 中，SM2 必须置为 0。

（3）REN 允许串行接收位

由软件置位或清零，使允许接收或禁止接收。

（4）TB8 和 RB8 位

- TB8 是在方式 2 和 3 中要发送的第 9 位数据可按需要由软件置位或复位。
- RB8 是方式 2 和 3 中已接收到的第 9 位数据。

在方式 1 中，若 SM2=0，RB8 是接收到的停止位；

在方式 0 中，不使用 RB8 位。

（5）TI 发送中断标志

在方式 0 中当串行发送完第 8 位数据时由硬件置位；

在其他方式中，在发送停止位的开始由硬件置位。当 TI=1 时，申请中断，CPU 响应中断后，发送下一帧数据。在任何方式中，该位都必须由软件清 0。

（6）RI 接收中断标志

在方式 0 中串行接收到第 8 位结束时由硬件置位。

在其他方式中，在接收到停止位的中间时刻由硬件置位。RI=1 时申请中断，要求 CPU 取走数据。但在方式 1 中，当 SM2=1 时，若未接收到有效的停止位，则不会对 RI 置位。

在任何工作方式中，该位都必须由软件清 0。在系统复位时，SCON 中的所有位都被清 0。

3．PCON（功耗控制寄存器）中的波特率选择位

PCON 是一个特殊功能寄存器（见图 7–5），没有位寻址功能，字节地址为 87H。

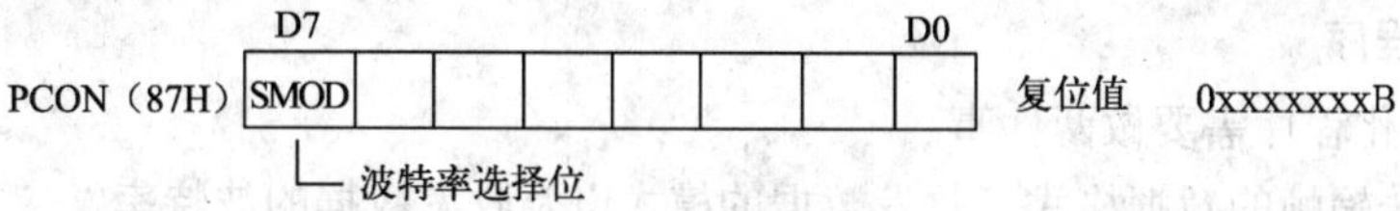

图 7–5 功耗控制寄存器 PCON

其中，D7 位（SMOD）为波特率选择位，其他均无意义。复位时的 SMOD 值为 0。可用 MOV PCON，#80H 或 MOV 87H，#80H 指令使该位置 1。

当 SMOD=1 时，在串行口方式 1、2 或 3 情况下，波特率提高一倍。

7.1.4 UART 接口设计

1．无联络信号的连接电路

51 单片机的 UART 接口只有 2 根信号线：发送线 TXD 和接收线 RXD。所以，只能采用无联络信号的连接电路，如图 7–6 所示。

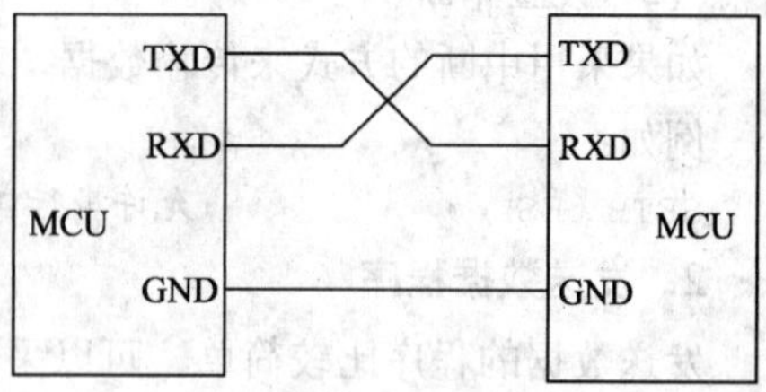

图 7–6 无联络信号的连接电路

2．电平转换电路

51 单片机的 UART 接口采用的是 TTL 电平标准，在与其他设备进行串行连接时，由于其他设备所采用的电平标准可能不是 TTL 标准，与 TTL 以高低电平表示逻辑状态的规定不同。因此，为了能够同计算机接口或终端的 TTL 器件连接，必须进行电平和逻辑关系的变换。实现这种变换常采用专用的集成电路芯片。

（1）TTL 与 RS232C 之间的转换

通常选用 MAX3232 系列或其兼容芯片来实现 TTL 电平到 RS–232 电平的转换。接口电路如图 7–7 所示。

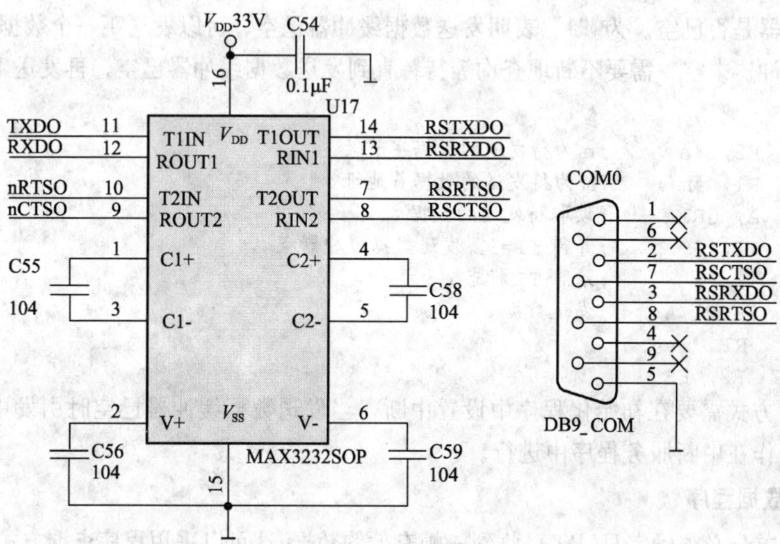

图 7–7 UART 接口应用电路

（2）TTL 与 RS485 之间的转换

可以采用 MAX485 系列或其兼容芯片来实现 TTL 电平到 RS−485 电平的转换。

7.1.5 UART 接口驱动程序

1. 初始化程序

这里的初始化程序需要做两件事。

（1）设置传输帧的数据格式、收发数据的模式以及收发数据的波特率

例如：

```
MOV  SCON, #50H      ;设置为方式 1，8 位 UART，波特率取决于定时器 1
MOV  PCON, #00H      ;SMOD=0
MOV  TMOD, #20H      ;定时器 1 为方式 2,
MOV  TH1, #0FEH      ;设时钟频率为 6MHz，波特率为 9600
MOV  TL1, #0FEH
CLR   ET1            ;禁止定时器 1 中断，作为波特率发生器
SETB  TR1            ;启动定时器 1（波特率发生器）
```

（2）设置中断

如果采用中断的方式来传输数据，就得设置中断控制寄存器，允许串行口中断。

例如：

```
SETB  ES             ;允许串行口中断
```

2. 发送数据程序

发送数据的程序比较简单，可以采用无条件传送方式，只要将数据传送到发送数据缓冲寄存器 SBUF，即完成发送。

例如：

```
MOV A, #data         ;data 为待发送的数据
MOV SBUF, A
```

如果需要连续不断地传送数据，就需要确定发送数据缓冲器空，才能进行下一个传送，这可以采用程序查询方式或中断方式。

采用程序查询方式就是用指令读取串行口控制寄存器 SCON，根据 TI 位是否为“1”来判别发送数据缓冲器是否已空。为“1”表明发送数据缓冲器已空，可以发送下一个数据；为“0”表明发送数据缓冲器未空，需要不断地查询等待，直到发送数据缓冲器已空，再发送下一个数据。

例如：

```
    MOV  R2, #n      ;n 为待发送的数据字节数
    MOV  R1, #m      ;m 为待发送的数据首地址
FS: MOV  A, @R1      ;读取待发送的数据
    JNB  TI, $       ;等待 TI=1，发送数据缓冲器空
    CLR  TI          ;清除 TI 标志
    MOV  SBUF, A     ;发送数据
    INC   R1
    DJNZ  R2, FS
```

采用中断方式需要在初始化程序中设置中断，当发送数据缓冲器已空时引发中断，发送下一个数据的操作在中断服务程序中进行。

3. 接收数据程序

接收数据首先必须确定 UART 已收到一帧有效的数据，这可以采用程序查询方式或中断方式。

采用程序查询方式就是用指令读取串行口控制寄存器 SCON，根据 RI 位是否为“1”，来判别是否已收到一帧有效的数据。为“1”表明已收到一帧有效的数据，可以直接从接收数据缓冲寄存器 SBUF 读取数据；为“0”表明未收到一帧有效的数据，需要不断地查询等待，直到收到一帧有效的数据，再从接收数据缓冲寄存器 SBUF 读取数据。

例如：

```
JNB  RI, $            ;等待 RI=1，收到一帧有效的数据
CLR  RI               ;清除 TI 标志
MOV  A, SBUF          ;读取数据
```

采用中断方式需要在初始化程序中设置中断，当 UART 收到一帧有效的数据时，引发中断，读取数据的操作在中断服务程序中进行。

7.2 IIC 接口

IIC 总线为同步串行数据传输总线，它通过 SDA（串行数据线）和 SCL（串行时钟线）两根线连接到总线上的任何一个器件，每个器件都有一个唯一的地址，而且都可以作为一个发送器或接收器。

IIC 能用于替代标准的并行总线，能连接各种集成电路和功能模块。支持 IIC 的设备有微控制器、ADC、DAC、存储器、LCD 控制器、LED 驱动器以及实时时钟等。

IIC 总线的数据传送速率在标准工作方式下为 100 kbit/s，快速方式下最高传送速率达 400kbit/s。

7.2.1 IIC 通信数据格式

IIC 的一帧数据由起始信息、数据信息和结束信息构成，IIC 总线上每传输一个数据位必须产生一个时钟脉冲，如图 7-8 所示。

① 起始信息：在 SCL 线是高电平时，SDA 线从高电平向低电平切换。

② 结束信息：在 SCL 线是高电平时，SDA 线由低电平向高电平切换。

③ 数据信息：发送到 SDA 线上的每个数据必须为 8 位，高位（MSB）在先低位在后，每次传输可以发送的数据字节数不受限制，每个字节后必须跟一个应答位。相应的应答时钟脉冲由从机产生。在应答的时钟脉冲期间，发送器释放 SDA 线（高），接收器必须将 SDA 线拉低，使其在这个时钟脉冲的高电平期间保持稳定的低电平。

在起始信息后的第一个字节数据是选择从器件的地址，其中前 7 位为地址码，第 8 位为方向位，0 表示发送（主器件发送数据到从器件），1 表示接收（主器件接收从器件发送的数据）。

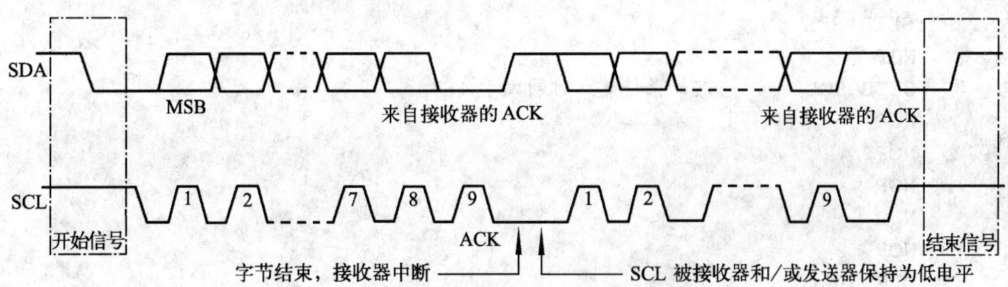

图 7-8　IIC 的数据帧

7.2.2 模拟 IIC 接口

一般的 51 内核单片机内部都没有 IIC 接口，可以直接采用两个 I/O 接口线作为串行数据线（SDA）和串行时钟线（SCL），采用软件来模拟 IIC 接口。

1. 数据的有效性

IIC 总线上每传输一个数据位必须产生一个时钟脉冲。

SDA 线上的数据必须在时钟线 SCL 的高电平周期保持稳定，数据线的电平状态只有在 SCL 线的时钟信号是低电平时才能改变，如图 7–9 所示。在标准模式下，高低电平宽度必须不小于 4.7 μs。

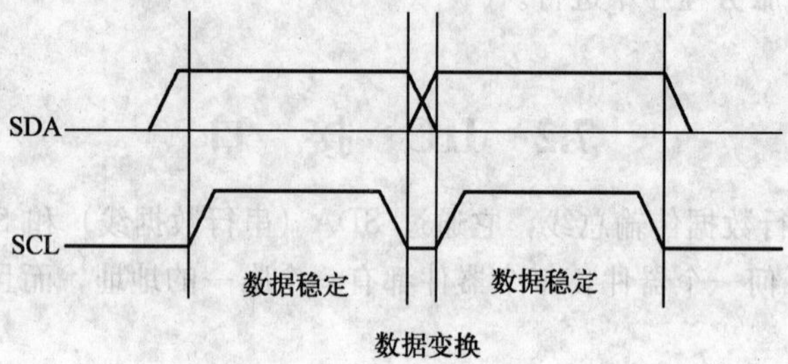

图 7–9 数据有效时序

2. IIC 总线的启动与停止

IIC 总线中，唯一违反上述数据有效性的是启动（S）和停止（P）条件，如图 7–10 所示。

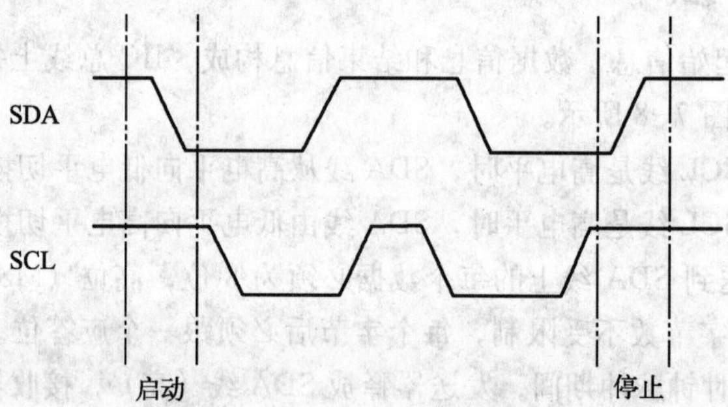

图 7–10 IIC 总线启停时序

启动条件（重复启动条件）：在 SCL 线是高电平时，SDA 线从高电平向低电平切换。

```
; 启动IIC总线子程序
START:SETB SDA
      NOP
      SETB SCL          ;起始条件建立时间大于4.7μs
      NOP
      NOP
      NOP
      NOP
      NOP
      CLR SDA
      NOP               ;起始条件锁定时大于4μs
```

```
      NOP
      NOP
      NOP
      NOP
      CLR SCL            ;钳住总线，准备发数据
      NOP
      RET
```

停止条件：在SCL线是高电平时，SDA线由低电平向高电平切换。

```
;停止总线子程序
STOP:CLR SDA
      NOP
      SETB SCL           ;发送结束条件的时钟信号
      NOP                ;结束总线时间大于4μs
      NOP
      NOP
      NOP
      NOP
      SETB SDA           ;结束总线
      NOP                ;保证一个终止信号和起始信号的空闲时间大于4.7μs
      NOP
      NOP
      NOP
      RET
```

3. 数据传输

发送到SDA线上的每个数据必须为8位，高位（MSB）在先低位在后，每次传输可以发送的数据字节数不受限制，每个字节后必须跟一个应答位。数据传输格式如图7-11所示。

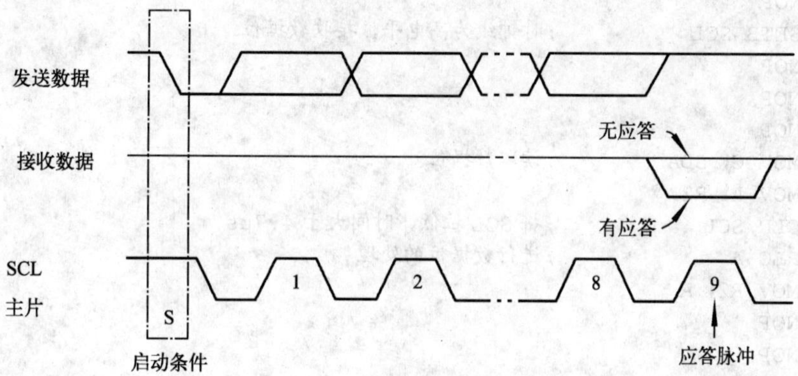

图7-11　数据传输格式

```
;发送一个字节数据子程序
;字节数据预存在A中
;每发送一个字节数据要调用一次CACK子程序，取应答位
WRBYTE:MOV R0, #08H
WLP:  RLC A              ;取数据位
      JC WR1
      SJMP WR0           ;判断数据位
WLP1:DJNZ R0, WLP
      NOP
```

```
      RET
WR1: SETB SDA            ;发送 1
      NOP
      SETB SCL
      NOP
      NOP
      NOP
      NOP
      NOP
      CLR SCL
      SJMP WLP1
WR0: CLR SDA             ;发送 0
      NOP
      SETB SCL
      NOP
      NOP
      NOP
      NOP
      NOP
      CLR SCL
      SJMP WLP1

; 读取一个字节数据子程序
; 读出的值在 A 中
; 每取一个字节数据要发送一个应答/非应答信号
RDBYTE:MOV R0, #08H
RLP: SETB SDA
      NOP
      SETB SCL           ;时钟线为高电平，接收数据位
      NOP
      NOP
      NOP
      MOV C, SDA         ;读取数据位
      MOV A, R2
      CLR SCL            ;将 SCL 拉低，时间大于 4.7μs
      RLC A              ;进行数据位的处理
      MOV R2, A
      NOP
      NOP
      NOP
      DJNZ R0, RLP       ;未够 8 位，再来一次
      RET
```

4. 应答

相应的应答时钟脉冲由从机产生。在应答的时钟脉冲期间，发送器释放 SDA 线（高）。在应答的时钟脉冲期间，接收器必须将 SDA 线拉低，使它在这个时钟脉冲的高电平期间保持稳定的低电平。例如图 7-11 中时钟信号 SCL 的第 9 位。

一般来说，被寻址匹配的从机或可继续接收下一字节的接收器将产生一个应答。若作为发送器的主机在发送完一个字节后，没有收到应答位（或收到一个非应答位），或作为接收器的主机没有发送应答位（或发送一个非应答位），那么主机必须产生一个停止条件或重复起始条件

来结束本次传输。

若从机（接收器）不能接收更多的数据字节，将不产生这个应答位；主机（接收器）在接收完最后一个字节后不产生应答，通知从机（发送器）数据结束。

```
; 发送应答信号子程序
MACK:CLR    SDA              ;将 SDA 置 0
     NOP
     NOP
     SETB   SCL
     NOP                     ;保持数据时间，即 SCL 为高电平，时间大于 4.7μs
     NOP
     NOP
     NOP
     NOP
     CLR    SCL
     NOP
     NOP
     RET

; 发送非应答信号
MNACK:SETB SDA               ;将 SDA 置 1
     NOP
     NOP
     SETB SCL
     NOP
     NOP                     ;保持数据时间，即 SCL 为高电平，时间大于 4.7μs
     NOP
     NOP
     NOP
     CLR SCL
     NOP
     NOP
     RET

; 检查应答位子程序
; 返回值，ACK=1 时表示有应答
CACK:   SETB SDA
     NOP
     NOP
     SETB SCL
     CLR ACK
     NOP
     NOP
     MOV C, SDA
     JC  CEND
     SETB ACK                ;判断应答位
CEND:   NOP
     CLR SCL
     NOP
     RET
```

5．仲裁与时钟发生

（1）同步

时钟同步通过各个能产生时钟的器件线与连接到 SCL 线来实验的，上述的各个器件可能都有自己独立的时钟，各个时钟信号的频率、周期、相位和占空比可能都不相同，由于“线与”的结果，在 SCL 线上产生的实际时钟的低电平宽度由低电平持续时间最长的器件决定，而高电平宽度由高电平持续时间最短的器件决定。

（2）仲裁

当总线空闲时，多个主机同时启动传输，可能会有不止一个主机检测到满足起始条件，而同时获得主机权，这样就要进行仲裁。当 SCL 线是高电平时，仲裁在 SDA 线发生，当其他主机发送低电平时，发送高电平的主机将丢失仲裁，因为总线上的电平与它自己的电平不同。

仲裁可以持续多位，它的第一个阶段是比较地址位，如果每个主机都尝试寻址相同的器件，仲裁会继续比较数据位，或者比较响应位。因为 IIC 总线的地址和数据信息由赢得仲裁的主机决定，在仲裁过程中不会丢失信息。

（3）用时钟同步机制

器件可以快速接收数据字节，但可能需要更多时间保存接收到的字节或准备一个要发送的字节。此时，这个器件可以使 SCL 线保持低电平，迫使与之交换数据的器件进入等待状态，直到准备好下一字节的发送或接收。

6．用户接口子程序

（1）无子地址器件写字节数据

```
;入口参数:数据为A、器件从地址SLA
;占用:A、R0、CY
IWRBYTE: PUSH ACC
IWBLOOP: LCALL START                    ;起动总线
         MOV A, SLA
         LCALL WRBYTE                   ;发送器件从地址
         LCALL CACK
         JNB ACK, RETWRB                ;无应答则跳转
         POP ACC                        ;写数据
         LCALL WRBYTE
         LCALL CACK
         LCALL STOP
         RET
RETWRB:  POP ACC
         LCALL STOP
         RET
```

（2）无子地址器件读字节数据

```
;入口参数:器件从地址SLA
;出口参数:数据为A
;占用: A、R0、R2、CY
IRDBYTE: LCALL START
         MOV A, SLA                     ;发送器件从地址
         INC A
         LCALL WRBYTE
         LCALL CACK
```

```
        JNB ACK, RETRDB
        LCALL RDBYTE                    ;进行读字节操作
        LCALL MNACK                     ;发送非应答信号
RETRDB: LCALL STOP                      ;结束总线
        RET
```

(3) 向器件指定子地址写N字节数据

```
;入口参数:器件从地址SLA、器件子地址SUBA、发送数据缓冲区MTD、发送字节数NUMBYTE
;占用: A、R0、R1、R3、CY
IWRNBYTE:MOV A, NUMBYTE
         MOV R3, A
         LCALL START                    ;启动总线
         MOV A, SLA
         LCALL WRBYTE                   ;发送器件从地址
         LCALL CACK
         JNB ACK, RETWRN                ;无应答则退出
         MOV A, SUBA                    ;指定子地址
         LCALL WRBYTE
         LCALL CACK
         MOV R1, #MTD
WRDA:    MOV A, @R1
         LCALL WRBYTE                   ;开始写入数据
         LCALL CACK
         JNB ACK, IWRNBYTE
         INC R1
         DJNZ R3, WRDA                  ;判断是否写完
RETWRN:  LCALL STOP
         RET
```

(4) 向器件指定子地址读取N字节数据

```
;入口参数:器件从地址SLA、器件子地址SUBA、接收字节数NUMBYTE
;出口参数:接收数据缓冲区MTD
;占用: A、R0、R1、R2、R3、CY
IRDNBYTE:MOV R3, NUMBYTE
         LCALL START
         MOV A, SLA
         LCALL WRBYTE                   ;发送器件的从地址
         LCALL CACK
         JNB ACK, RETRDN
         MOV A, SUBA                    ;指定子地址
         LCALL WRBYTE
         LCALL CACK
         LCALL START                    ;重新启动总线
         MOV A, SLA
         INC A                          ;准备进行读操作
         LCALL WRBYTE
         LCALL CACK
         JNB ACK, IRDNBYTE
         MOV R1, #MRD
RDN1:    LCALL RDBYTE                   ;读操作开始
         MOV @R1, A
         ; NOP
```

```
          ; NOP
          DJNZ R3, SACK
          LCALL MNACK                    ;最后一字节发非应答位
RETRDN:   LCALL STOP                     ;结束总线
          RET
SACK:     LCALL MACK
          INC R1
          SJMP RDN1
```

(5) 无子地址器件写 N 字节数据

```
;入口参数:器件从地址 SLA、发送数据缓冲区 MTD、发送字节数 NUMBYTE
;占用: A、R0、R1、R3、CY
;不发送子地址 SUBA，直接发送多个数据.
IWRNBYTEEXT:
          MOV A, NUMBYTE
          MOV R3, A
          LCALL START                    ;启动总线
          MOV A, SLA
          LCALL WRBYTE                   ;发送器件的从地址
          LCALL CACK
          JNB ACK, RETWRNE               ;无应答则退出
          MOV R1, #MTD
WRDAE:    MOV A, @R1
          LCALL WRBYTE                   ;开始写入数据
          LCALL CACK
          JNB ACK, RETWRNE
          INC R1
          DJNZ R3, WRDAE                 ;判断是否写完
RETWRNE:  LCALL STOP
          RET
```

(6) 无子地址器件读取 N 字节数据

```
;入口参数:器件从地址 SLA、器件子地址 SUBA、接收字节数 NUMBYTE
;出口参数:接收数据缓冲区 MTD
;占用: A、R0、R1、R2、R3、CY
;说明: 此函数不发送子址，也不重新启动总线，而是直接读取多个数据
IRDNBYTEEXT:
          MOV R3, NUMBYTE
          LCALL START
          MOV A, SLA
          INC A
          LCALL WRBYTE                   ;发送器件的从地址
          LCALL CACK
          JNB ACK, RETRDNE
          MOV R1, #MRD
RDNE1:    LCALL RDBYTE                   ;读操作开始
          MOV @R1, A
          DJNZ R3, SACKE
          LCALL MNACK                    ;最后一字节发非应答位
RETRDNE:  LCALL STOP                     ;并结束总线
          RET
SACKE:    LCALL MACK
```

```
        INC R1
        SJMP RDNE1
```

7. 说明

上面的程序基于标准51模式(12 Clock)下，对主频要求不高于12 MHz (即1个机器周期1μs)；若 Fosc>12 MHz 则要增加相应的NOP指令数。(总线时序符合IIC标准模式，100 kbit/s)。占用内部资源：R0、R1、R2、R3、ACC、Cy。

使用上面的程序前要做以下定义：

① SCL_所使用的I/O端口；

② SDA_所使用的I/O端口；

③ SLA_器件从地址；

④ SUBA_器件子地址；

⑤ NUMBYTE_读/写的字节数；

⑥ ACK_位变量；

⑦ MTD_发送数据缓冲区首址；

⑧ MRD_接收数据缓冲区首址。

7.2.3 W79E82X的内置IIC接口

一些新型的51内核单片机，片内含有DAC接口，如Cygnal公司的C8051F系列单片机和华邦公司的W79E82X系列单片机。

W79E82X系列片内IIC逻辑提供一个串行接口，符合IIC总线规格和支持所有的传输模式(其他低速模式)。IIC逻辑实现自动字节传输。串行传输和状态寄存器(I2STA)反映IIC总线的状态。

W79E82X的操作模式有4种：

① 主设备发送模式；

② 主设备接收模式；

③ 从设备发送模式；

④ 从设备接收模式。

1. SIO1端口

SIO1端口是串行I/O端口，支持所有的IIC总线收发传输模式。SIO1端口是自动字节传输操作。IICON的ENS1位置“1”允许该端口，CPU到SIO1端口的接口通过下面6个特殊功能寄存器：IICON（IIC控制寄存器，C0H）、I2STATUS（状态寄存器，BDH）、I2DAT（数据寄存器，BCH）、I2ADDR（地址寄存器，C1H）、IICLK（时钟寄存器BEH）和I2定时器（地址寄存器，BFH）。

SIO1的控制引脚：

SIO1到IIC总线硬件接口是通过2个引脚：SDA（P1.3，串行数据线）和SCL（P1.2，串行时钟线）。允许SIO1，必须把P1.2和P1.3输出锁存成逻辑“1”。

2. IIC接口相关的寄存器

IIC总线相关的寄存器包括：IICON（IIC控制寄存器，地址C0H)、I2STATUS（状态寄存器，地址BDH)、I2DAT（数据寄存器，地址BCH)、I2ADDR（地址寄存器，地址C1H)，IICLK

（时钟寄存器，地址 BEH）和 I2 定时器（定时计数器寄存器，地址 BFH）。

（1）IIC 总线控制寄存器（IICON）　地址　C0H

用来使能 IIC 总线应答、IIC 总线中断、设置时钟，如图 7-12 所示。

• AA（接收应答标志）：

0：在下面情况下，在应答时钟脉冲下，SCL 上没有应答(SDA 上高电平)。SIO1 为主机接收模式，已经接收一个数据；SIO1 为可寻址的从机接收模式，已经接收一个数据。

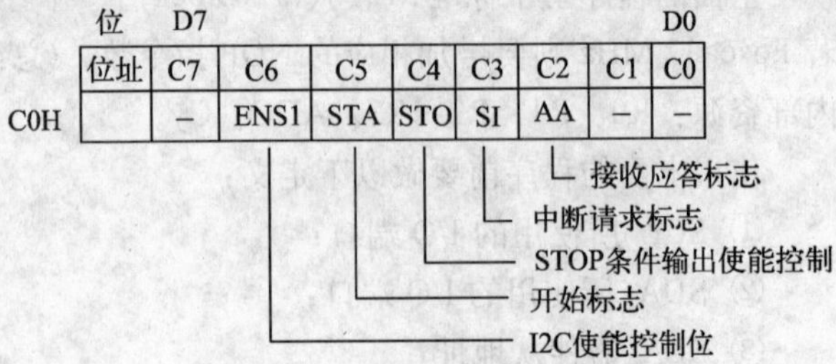

图 7-12　IIC 总线控制寄存器

1：在下面情况下，在应答时钟脉冲下，SCL 上没有应答(SDA 上高电平)。接收到自己的地址；SIO1 为主机接收模式，已经接收一个数据；SIO1 为可寻址的从机接收模式，已经接收一个数据。

• SI（中断请求标志）：

0：当 SI 标志被清除时，没有串行中断请求，并且不展宽 SCL 线上的串行时钟。

1：SI 标志由硬件置“1”，必须由软件清“0”；如果 EA 和 ES 位(在 IE 寄存器)被置“1”，串行中断请求，可以产生中断。SI 被置“1” SCL 线上的串行时钟为低的时间延长并且串行传输数据保持，线上的串行时钟为高的时间不受串行中断标志 SI 的影响。

• STO（STOP 条件输出使能控制）：

IIC 为主机模式时，STO 位置“1”，将在 IIC 总线上输出 STOP 条件。当检测到总线上出现 STOP 条件时，IIC 硬件清除 STO 标志，在从机模式，STO 标志被置“1”恢复总线错误条件。在该模式下没有 STOP 条件传输到 IIC 总线上。然而，IIC 硬件动作好像有 STOP 条件已经被接收并切换到不可寻址的从接收模式。STO 标志由硬件自动清除。如果 IIC 在主机模式（在从机模式，IIC 产生一个内部的 STOP 条件不传输到总线上），如果 STA 和 STO 位同时被置“1”，STOP 条件被传输到 IIC 总线，随后 IIC 传输开始条件。

• STA（开始标志）：

0：STA 位被清除，没有开始条件或重新开始条件的产生。

1：STA 位被置“1”，IIC 进入为主机模式。如果总线为空闲，IIC 硬件检测 IIC 的总线状态和产生开始条件；如果总线不空闲，IIC 等待 STOP 条件后产生开始条件。当 IIC 已经是主机模式并且已经传输或接收一个或多个字节时，STA 置“1”，IIC 传输一个重新开始条件。任何时间都可以把 STA 置“1”。STA 也可以在 IIC 是可寻址的从机模式被置“1”。

• ENS1（IIC 使能控制位）：

0：禁止 IIC 串行功能。SDA 和 SCL 为高阻状态，SDA 和 SCL 输入信号被忽视，IIC 不在可寻址的从机状态；IICON 中的 STO 位被强行的设为“0”，其他位不受影响。P1.0（SCL）和 P1.1（SDA）可以作为开漏 I/O。

1：允许 IIC 串行功能。P1.0 和 P1.1 口必须保持逻辑“1”状态。

（2）IIC 总线状态寄存器（I2STATUS）　地址　BDH

I2STATUS 是一个 8 位只读寄存器，低 3 位一直为 0，其余是状态码。有 23 个可能的状态码，当 I2STATUS 的内容这 F8H 时，没有串行中断请求。所有的其他 I2STATUS 对应一个 SIO1

状态。当每一个进入状态时，就会产生状态中断请求(SI=1)。在 SI 被硬件置“1”一个机器周期后或在 SI 被软件清除之后，有效状态码出现在 I2STATUS 中。

（3）IIC 总线发送接收移位寄存器（I2DAT）　地址　BCH

该寄存器的内容是准备发送的或刚接收的串行数据。只要不在移位处理的过程，CPU 就可以读/写访问 8 位可直接寻址的特殊功能寄存器。当 SIO1 的状态设置后，只要串行中断标志（SI）置“1”，I2DAT 中的数据一直是稳定的。在数据移出的过程中，总线上的数据同时也在移动。I2DAT 的内容一直是总线上出现的最后一字节。在主机发送数据从机接收数据的模式中，不需要仲裁来保证 I2DAT 中的数据正确。

移位寄存器包含 I2DAT 和应答位 9 位，应答位由 SIO1 的硬件控制，CPU 不能访问。I2DAT 中的串行数据和应答位在串行时钟 SCL 线的上升沿移出。当一个字节被移位到 I2DAT 后，I2DAT 中的串行数据是可以使用的，应答位（ACK 或 NACK）在第 9 个时钟返回。串行数据在每一个下降沿(SCL 时钟)从 I2DAT 移出输出，在每一个上升沿（SCL 时钟）数据移进 I2DAT。

（4）IIC 总线地址寄存器（I2ADDR）　地址　C1H

SIO1 设备地址寄存器：I2ADDR，CPU 可以从中读取 8 位数据或写 8 位数据，它是直接寻址的特殊功能寄存器。这些寄存器的内容在 SIO1 为主机模式时，不起作用在从机模式这 7 位将会被作为本机地址。SIO1 硬件将检测地址是否匹配。

（5）IIC 时钟寄存器（IICLK）　地址　BEH

当 SIO1 在主机模式下时，IIC 数据的波特率由 IICLK 寄存器设置。在从机模式下，SIO1 将自动与主机 IIC 设备时钟频率同步，可高达 400 kHz。

IIC 数据波特率设置如下：

IIC 的数据波特率 = Fcpu / (IICLK+1)　　　Fcpu = Fosc / 4

如果 Fosc = 16MHz，IICLK = 40 (28H)

IIC 的数据波特率　IIC = 16 MHz / (4 × （40+1)) = 97.56 Kbit/s。

（6）IIC 定时计数器寄存器（I2TIMER）（见图 7–13）　地址　BFH

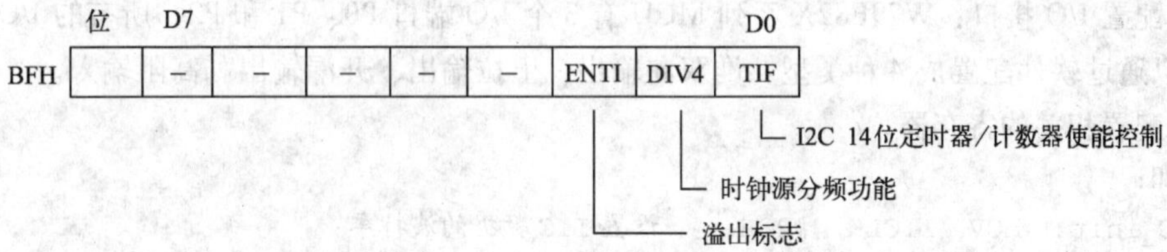

图 7–13　IIC 定时计数器寄存器

• ENTI（允许 IIC14 位定时计数器）：

0：禁止 14 位定时计数器计数。

1：允许 14 位定时计数器计数，14 位计数器被允许计数后将被清“0”。如果 IIC 的 SI 标志是“1”，该计数器不能向上计数。

• DIV4（IIC 定时计数器时钟源分频功能）：

0：14 位定时计数器源时钟是 Fosc。

1：14 位定时计数器源时钟是 Fosc/4。

• TIF（IIC 定时计数器溢出标志）：

0：14 位定时计数器没有溢出。

1：14 位定时计数器溢出，在允许 IIC 定时器（ENTI）之前，SI 必须清“0”。如果 IIC 中断被允许将执行中断服务程序，该位由软件清“0”。

3. IIC 接口设计

在单片机的硬件设计中，IIC 接口一般用于连接带有 IIC 总线接口的存储器、微控制器或各类传感器。由于 IIC 总线采用两线式结构，所以电路设计非常简单，只需将从器件的 SCL 引脚、SDA 引脚与 W79E82X 的 SCL（P1.2，串行时钟线）、SDA（P1.3，串行数据线）对应连接，再加上一个 10 kΩ 的上拉电阻即可。添加上拉电阻是因为在电气特性上，IIC 总线的设计思想是利用“线与”的方法实现总线冲突和抢占，这就要求总线上的元件 I/O 特性必须满足“线与”的条件，即 OC 门输出，同时总线上必须有上拉电阻。

图 7-14 所示为使用 IIC 总线连接 AT24C08 EEPROM 的电路。

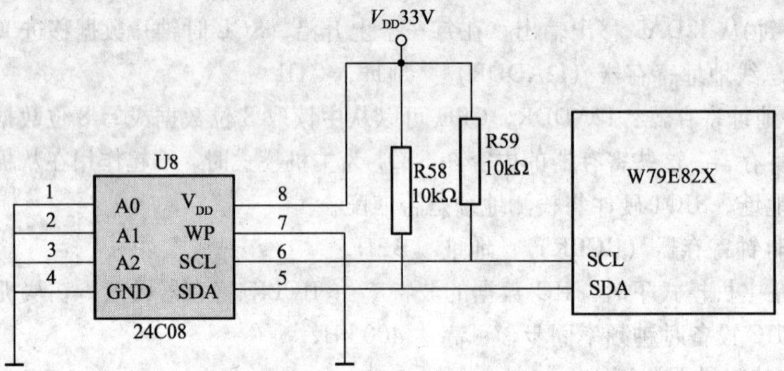

图 7-14　IIC 接口应用电路

4. IIC 接口程序设计

W79E82X 的 IIC 程序设计包括两部分内容：其一是初始化；其二是传输数据。

这里的初始化程序需要做两件事：配置 I/O 接口和相关的寄存器。

① 配置 I/O 接口：W79E82X 系列 MCU 有 3 个 I/O 端口 P0、P1 和 P2。所有的 I/O 端口配置都可以通过软件配置成 4 种类型：准双向输出、上拉输出、开漏输出和高阻输入。

② 配置相关的寄存器。

例如：

```
IIC_init:  MOV  IICLK, #28H     ;设置 IIC 数据的波特率
           MOV  IICON, #60H     ;使能 IIC，进入为主机模式
           MOV  I2ADDR, #10H    ;从地址，为主机模式时不起作用
```

5. 传输数据

使用 IIC 总线发送和接收数据时可以采用中断方式或者轮询方式，下面是轮询方式对 EEPROM 进行读/写操作的基本步骤：

（1）写操作步骤

① 填写 IIC 命令（写）、IIC 缓冲区数据及大小。

② 设置从设备地址并启动 IIC。

③ IIC 通过轮询方式进行写操作。

④ 等待写操作结束。

⑤ 等待从设备应答。

（2）读操作步骤

① 填写 IIC 命令（读）。

② 等待写操作结束。

③ 启动 IIC 操作，通过轮询方式进行读操作，读取的数据放入缓冲区中。

7.3 SPI 接口

串行外围设备接口（Serial Peripheral Interface，SPI）总线技术是 Motorola 公司推出的一种同步串行接口，Motorola 公司生产的绝大多数 MCU（微控制器）都配有 SPI 硬件接口，如 68 系列 MCU。SPI 接口是在 CPU 和外围低速器件之间进行同步串行数据传输，在主器件的移位脉冲下，数据按位传输，高位在前，低位在后，为全双工通信，数据传输速度总体来说比 IIC 总线要快，速度可达到几 Mbit/s。

在点对点的通信中，SPI 接口不需要进行寻址操作，且为全双工通信，显得简单高效。

7.3.1 SPI 接口简介

1. SPI 接口信号

SPI 接口是以主从方式工作的，这种模式通常有一个主器件和一个或多个从器件，其接口包括以下 4 种信号：

① MOSI：主器件数据输出，从器件数据输入。

② MISO：主器件数据输入，从器件数据输出。

③ SCLK：时钟信号，由主器件产生。

④ nCS：从器件使能信号，由主器件控制。

2. SPI 总线系统的典型结构

SPI 总线系统的典型结构如图 7–15 所示，它可以由 1 个主机和若干个从机构成各种系统。在大多数应用场合，可使用 1 个 MCU 作为主机来控制数据，并向 1 个或几个外围器件传送该数据。从器件只有在主机发命令时才能接收或发送数据。

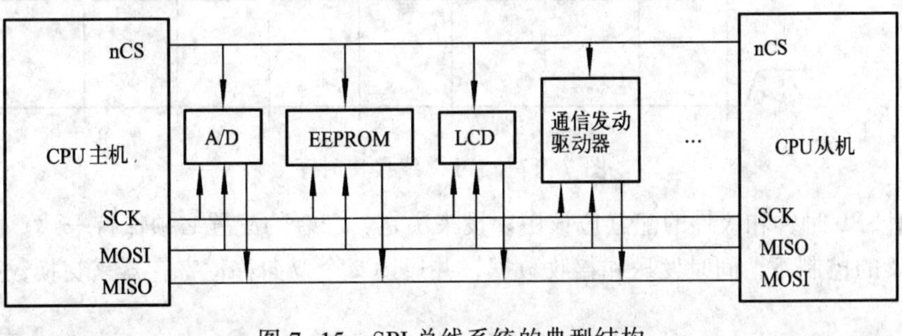

图 7–15　SPI 总线系统的典型结构

3. SPI 总线的工作方式与接口时序

SPI 模块为了和外设进行数据交换，根据外设工作要求，其输出串行同步时钟 SCK 的极性和相位可以进行配置，按照 SCK 的极性和相位的不同，SPI 总线的工作方式分为 4 种，如图 7–16 所示。

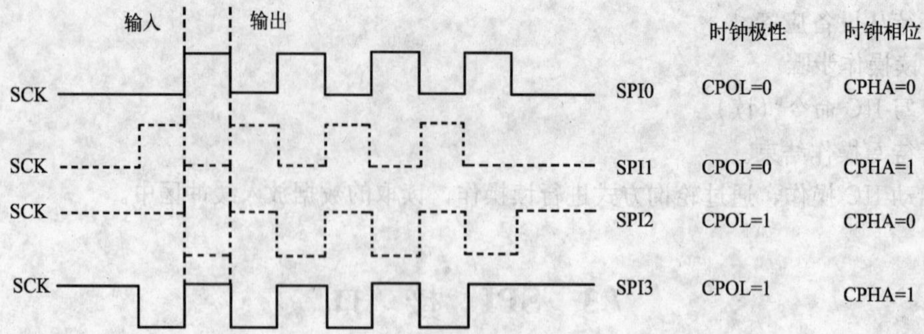

图 7–16　SPI 总线的 4 种工作方式

时钟极性（CPOL）对传输协议没有重大的影响。如果 CPOL=0，串行同步时钟的空闲状态为低电平；如果 CPOL=1，串行同步时钟的空闲状态为高电平。时钟相位（CPHA）能够配置用于选择两种不同的传输协议之一进行数据传输。如果 CPHA=0，在串行同步时钟的第一个跳变沿（上升或下降）数据被采样；如果 CPHA=1，在串行同步时钟的第二个跳变沿（上升或下降）数据被采样。SPI 主模块和与之通信的外设时钟相位和极性应该一致。SPI 总线接口时序如图 7–17 所示。

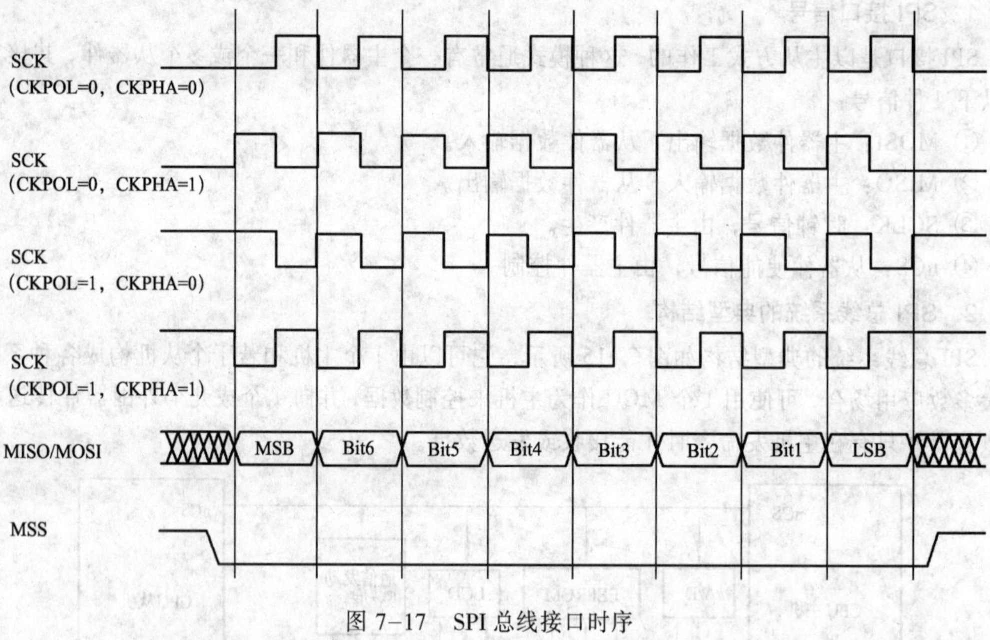

图 7–17　SPI 总线接口时序

主设备 SPI 时钟和极性的配置应该由外设来决定，二者的配置必须保持一致。因为主从设备是在 SCK 的控制下，同时发送和接收数据，并通过 2 个双向移位寄存器来交换数据的。

7.3.2　模拟 SPI 接口

对于不带 SPI 串行总线接口的 51 系列单片机来说，可以直接使用 4 个 I/O 接口线连接 SPI 器件，使用软件来模拟 SPI 的操作，包括串行时钟、数据输入和数据输出，如图 7–18 所示。

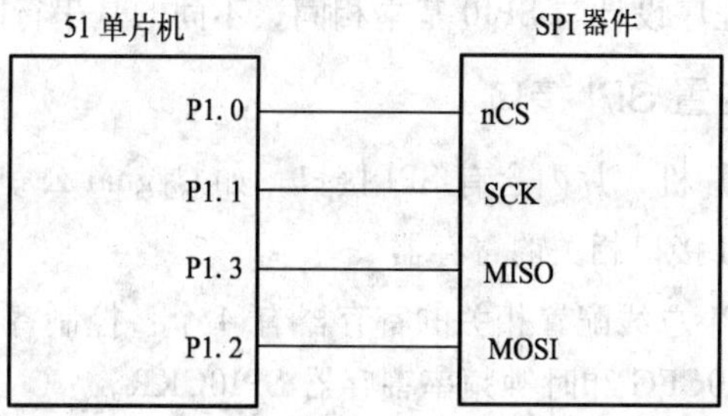

图 7-18　SPI 器件与 51 单片机的硬件连接

接口程序的基本功能就是模拟 SPI 的操作，包括串行时钟、数据输入和数据输出。

这里应注意的是：对于不同的串行接口外围芯片，它们的时钟时序是不同的。在配置 SPI 接口时钟时一定要弄清楚从设备的时钟要求，因为主设备这边的时钟极性和相位都是以从设备为基准的。因此，在时钟极性的配置上一定要搞清楚从设备是在时钟的上升沿还是下降沿接收数据，是在时钟的下降沿还是上升沿输出数据。

SPI0 参考程序如下：

（1）发送数据

```
      ;================================
      ;功能：向 DI 传输字节数据
      ;入口参数：A 中是待传输的数据
      ;出口参数：无
      ;================================
WR_8: CLR  P1.0              ;片选设置为有效
WR1:  RLC  A                 ;从 A 中移出待传输的位
      MOV  P1.2, C           ;传输 1 位数据
      SETB P1.1              ;提供时钟信号 SCK 的上升沿
      NOP
      CLR  P1.1              ;提供时钟信号 SCK 的下降沿
      DJNZ R0, WR1           ;判别传输是否结束
      SETB P1.0              ;片选设置为无效
      RET
```

（2）接收数据

```
      ;================================
      ;功能：从 DO 读入字节数据
      ;入口参数：无
      ;出口参数：A 中是读入的数据
      ;================================
RD_8: CLR  P1.0              ;片选设置为有效
RD1:  SETB P1.1              ;提供时钟信号 SCK 的上升沿
      MOV  C, P1.3           ;读入 1 位数据
      RLC  A                 ;读入的数据移入 A
      CLR  P1.1              ;提供时钟信号 SK 的下降沿
      DJNZ R0, RD1           ;判别传输是否结束
      SETB P1.0              ;片选设置为无效
      RET
```

SPI1、SPI2、SPI3 的程序设计与 SPI0 基本相同，不同的是串行时钟 SCK 的模拟操作。

7.3.3 C8051F021 的内置 SPI 接口

一些新型的 51 内核单片机，片内含有 SPI 接口，如 Cygnal 公司的 C8051F 系列单片机。

1. C8051F021 的 SPI 接口相关的寄存器

在 C8051F021 中与 SPI 总线配置相关的寄存器有 4 个：控制寄存器 SPI0CN、数据寄存器 SPI0DAT、配置寄存器 SPI0CFG 和时钟频率寄存器 SPI0CKR。

(1) SPI 控制寄存器（SPI0CN） 地址 F8H 复位值 0

SPI 控制寄存器中包括 2 个控制位和 6 个标志位，如图 7-19 所示。

D7							D0
SPIF	WCOL	MODF	RXOVRN	TXBSY	SLVSEL	MSTEN	SPIEN

图 7-19 SPI 控制寄存器

• SPIF：SPI0 中

• 断标志。

该位在数据传输结束后被硬件置为逻辑 1。如果中断被允许，置 1 该位将会使 CPU 转到 SPI0 中断处理服务程序。该位不能被硬件自动清 0，必须用软件清 0。

• WCOL：写冲突标志。

该位由硬件置为逻辑 1，并产生一个 SPI0 中断，表示数据传送期间对 SPI0 数据寄存器进行了写操作，该位必须用软件清 0。

• MODF：方式错误标志。

当检测到主方式冲突（NSS 为低电平 MSTEN 1）时，该位由硬件置为逻辑 1，并产生一个 SPI0 中断。该位不能被硬件自动清 0，必须用软件清 0。

• RXOVRN：接收溢出标志。

当前传输的最后一位已经移入 SPI0 移位寄存器，而接收缓冲器中仍保存着前一次传输未被读取的数据时，该位由硬件置为逻辑 1，并产生一个 SPI0 中断。该位不会被硬件自动清 0，必须用软件清 0。

• TXBSY：发送忙标志。

当一个主方式传输正在进行时，该位被硬件置为逻辑 1。在传输结束后，由硬件清 0。

• SLVSEL：从选择标志。

该位在 NSS 引脚为低电平时置 1，说明它被允许为从方式，它在 NSS 变为高电平时清 0（从方式被禁止）。

• MSTEN：主方式允许位。

0：禁止主方式，以从方式操作。

1：允许主方式，以主方式操作。

• SPIEN：SPI0 使能控制位，该位允许/禁止 SPI0。

0：禁止 SPI0。

1：允许 SPI0。

(2) SPI 配置寄存器（SPI0CFG） 地址 9AH 复位值 03H

SPI 配置寄存器中包括 5 个控制位和 3 个状态位，如图 7-20 所示。

D7							D0
CKPHA	CKPOL	BC2	BC1	BC0	SPIFRS2	SPIFRS1	SPIFRS0

图 7-20　SPI 配置寄存器

• CKPHA：SPI0 时钟相位，该位控制 SPI0 时钟的相位。

0：在 SCK 周期的第一个边沿采样数据。

1：在 SCK 周期的第二个边沿采样数据。

• CKPOL：SPI0 时钟极性；该位控制 SPI0 时钟的极性。

0：SCK 在空闲状态时处于低电平。

1：SCK 在空闲状态时处于高电平。

• BC2～BC0：SPI0 位计数。

这 3 位用来指示发送到了 SPI 字的哪一位。

• SPIFRS2～SPIFRS0：SPI0 帧长度。

这 3 位决定在主方式数据传输期间，SPI0 移位寄存器移入/移出的位数，它们在从方式时被忽略。

（3）SPI 时钟频率寄存器（SPI0CKR）　地址　9DH　复位值 0

当 SPI0 模块被配置为工作于主方式时，该寄存器决定 SCK 输出的频率，SCK 时钟频率是从系统时钟分频得到的，由下面的公式给出。其中，SYSCLK 是系统时钟频率，SPI0CKR 是 SPI0CKR 寄存器中的 8 位值。

$$f_{scx}=\frac{SYSCLK}{2\times(SPI0CKR+1)}$$

$$(0\leqslant SPI0CKR\leqslant 255)$$

（4）SPI 数据寄存器（SPI0DAT）　地址　9BH　复位值 0

用来存放传输的数据。

2. C8051F021 的 SPI 接口程序设计

C8051F021 的 SPI 程序设计包括两部分内容：其一是初始化；其二是传输数据。

（1）初始化

C8051F021 的 SPI 使用前必须进行初始化，初始化的基本工作有两个：一是写控制寄存器（SPI0CN），设置主从方式，并且进行使能控制；二是写配置寄存器（SPI0CFG），设置时钟相位、极性与帧长度。若 SPI0 模块被配置为工作于主方式，还要写时钟频率寄存器（SPI0CKR），设置 SPI 时钟。

（2）传输数据

只有 SPI 主器件能启动数据传输。通过将主允许标志（MSTEN，SPI0CN.1）置 1，使 SPI0 处于主方式。当处于主方式时，向 SPI0 数据寄存器（SPI0DAT）写入一个字节数据，将启动一次数据传输。SPI0 主器件立即在 MOSI 线上串行移出数据，同时在 SCK 上提供串行时钟。在传输结束后，SPIF（SPI0CN.7）标志被置为逻辑 1。如果中断被允许，在 SPIF 标志置位时，将产生一个中断请求。SPI 主器件可以被配置为在一次传输操作中移入/移出 1～8 位数据，以适应具有不同字长度的从器件。SPI0 配置寄存器中的 SPIFRS 位（SPI0CFG[2:0]）用于选择一次传输操作中移入/移出的位数。

7.4 USB 接口

通用串行总线（Universal Serial Bus，USB）是由 Intel、Compaq 及 Microsoft 等公司联合提出的一种新的串行总线标准，主要用于 PC 与外围设备的互连。1996 年 2 月发布第一个规范版本 1.0，2000 年 4 月发布版本 2.0，相应的设备传输速率也从 1.5 Mbit/s 的低速和 12 Mbit/s 的全速提高到 480 Mbit/s、5 Gbit/s 的高速。

7.4.1 USB 接口简介

USB 总线协议定义了 4 条信号线，其中两条负责供电，另外两条负责数据传输。USB 通信模型是一种 Host Slave 主从式结构，因此通过 USB 总线进行通信的双方必然有一方在通信中担当 Host 角色。USB 有 4 种数据传输方式：控制、同步、中断和批量。USB 规范中将 USB 分为 5 部分：控制器、控制器驱动程序、USB 芯片驱动程序、USB 设备以及针对不同 USB 设备的驱动程序。

1. USB 系统组成

首先了解 USB 设备组成。USB 系统由：Host、Hub 和 Device 三部分组成。

① Host：主控器，安装 PC 端，如果在 ARM 芯片或者单片机上加上一个 Host 芯片就可以读/写 U 盘和其他的 USB Device。

② Hub：HOST 只有一个 USB 口，如果要同时使用多个 USB Device，可用 Hub 将一个 USB 口扩充多个 USB 口。

③ Device：应用中接触最多就是 USB Device，例如移动硬盘、打印机、U 盘等。

典型的 USB 系统都是由三者构成的，归结到最后都是 Host 和 Device 简单组成。

图 7-21 所示为 USB 最简系统，其中 CPU 可以是 PC、单片机、ARM、MIPS、COLDFIRE、POWERPC 等。

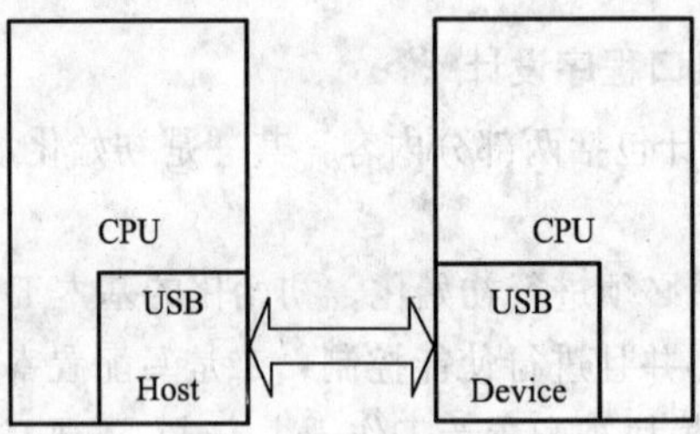

图 7-21　USB 最简单的系统组成

2. USB 设备组成

如图 7-22 所示，每个 USB 设备都是由一个或多个配置（Configuration）来控制其行为，使用多配置原因是对操作系统的支持；一个配置是由接口（Interface）组成，接口则是由管道（Pipe）组成，管道和 USB 设备的端点（Endpoint）对应，端点都是输入/输出成对的。在固件编程中，USB 设备、配置、接口和管道都有描述符来报告其属性。

虽然图 7-22 中配置、接口、端点很多，但是一般使用时配置和接口都只设置一个，根据数据传输的实际情况来选择用哪个端点。每个芯片的端点数都是一定的，例如 AN2131 有 32 个，68013 有 7 个，而实际工程中可能采用到其中的几个。

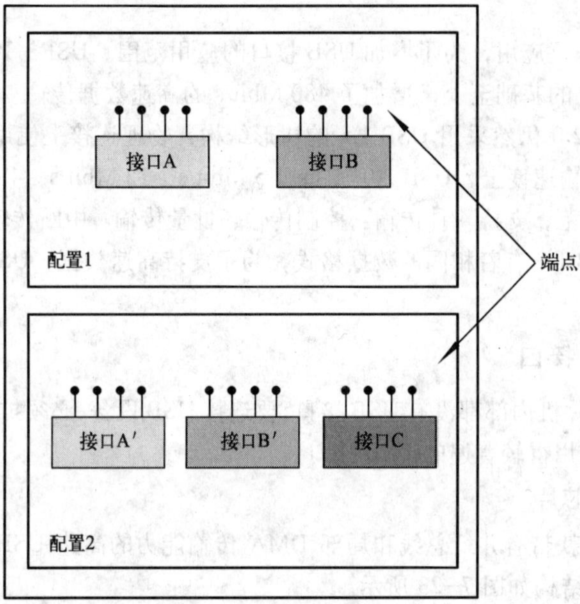

图 7-22　USB 设备组成

有了端点，就可以建立数据传输的管道，一个端点建立一个通道。一般管道的端点总是成对出现，一个 IN（DEVICE–>PC）、一个 OUT(DEVICE<–PC)。

3. USB 数据传输类型

USB 传输类型包括批量传输、等时传输、中断传输和控制传输，如表 7-2 所示。

表 7-2　各种数据传输的相关特性（仅限 USB1.1 协议）

传输模式	中断传输 (Interrupt)	批量传输 (Bulk)	等时传输 (ISO)	控制传输 (Control)
传输速率（Mbit/s）	12 （1.5，低速）	12	12	1.5/12
数据的最大长度/字节	1 ~ 64 （1 ~ 8 低速）	8/16/32/64	1 ~ 1023	1 ~ 64 （1 ~ 8 低速）
数据周期性	有	没有	有	没有
发生错误重传	可	可	不可	可
应用设备	鼠标、键盘和摇杆	打印机、扫描仪	语音	
可得到的最大带宽（Mbit/s）	6.762 （0.051 低速）	9.728	10.240	

端点 0 只能配置为控制传输类型的管道，其他端点传输类型选择则比较灵活，控制传输可靠性是最高的，但速度最慢，等时传输速度快和满足实时性，但可靠性低，传输类型选择的原则是根据工程应用的传输速度和可靠性。例如，语音传输，要求的高速度和实时性，对于丢失帧的情况也可以接收，所以选择等时传输类型；打印机要求的速度较快，而且不能出现数据丢失，综合传输速度和可靠性，所以选择批量传输类型。关于具体的每种传输类型的详细说明，可以参阅 USB 协议。

4．USB 2.0 协议

随着 USB 1.x 的普及应用，为了增加 USB 接口的应用范围，USB－IF 推出 USB 2.0 规范，该规范在兼容 USB 1.x 的基础至上，增加了 480 Mbit/s 的高速数据传输。

总线拓扑上 USB 2.0 仍然采用 USB 1.x 的树形结构；物理连接上使用 USB 1.x 定义好的 A 型和 B 型接口；在传输速度上，USB 2.0 支持 1.5 Mbit/s、12 Mbit/s、480 Mbit/s；数据传输上 USB 2.0 同 USB 1.1 规范，支持 4 种传输：控制传输、批量传输、中断传输和等时传输；在数据包上，USB 2.0 和 USB 1.1 有着相同的数据格式，为了支持高速数据，USB 2.0 增加了新的令牌数据包。

7.4.2 扩展的 USB 接口

一般的 51 内核单片机内部都没有 USB 接口，要连接 USB 设备，必须扩展 USB 接口，PHILIPS 的 PDIUSBD12 是国内用得较普遍的 USB 接口。

1．PDIUSBD12 芯片

PDIUSBD12 是一款带有并行总线和局部 DMA 传输能力的高速 USB 接口器件，完全符合 USB1.1 规范。其内部结构如图 7–23 所示。

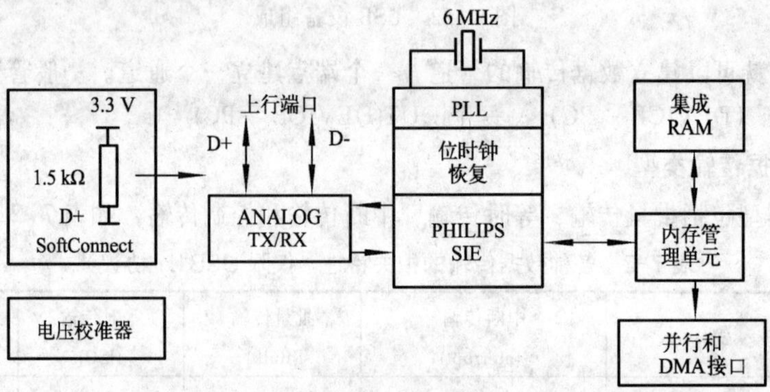

图 7–23 PDIUSBD12 内部结构框图

- 模拟收发器（ANALOG TX/RX）：集成的收发器直接通过终端电阻与 USB 电缆接口。
- 电压校准器：片上集成的 1 个 3.3 V 电压校准器为模拟收发器供电，也提供连接到外部 1.5 kΩ 上拉电阻的输出电压。作为选择，PDIUSBD12 提供集成 1.5 kΩ 上拉电阻的 SoftConnect 技术。
- PLL：片上集成 1 个 6～48 MHz 的倍频 PLL 锁相环，允许使用 6 MHz 的晶振，EMI 也由于使用低频晶振而减小，PLL 的工作不需要外部器件。
- 位时钟恢复：位时钟恢复电路用 4 倍过采样原理从输入的 USB 数据流中恢复时钟，能跟踪 USB 规范中指出的信号抖动和频率漂移。
- PHILIPSPSIE（串行接口引擎）：PHILIPS 的 SIE 完全实现 USB 协议层。考虑到速度，它是全硬件的，不需要固件（微程序）介入。这个模块的功能包括：同步模式识别、并/串转换、位填充/不填充、CRC 校验、PID 确认、地址识别以及握手鉴定。
- SoftConnect：高速设备与 USB 的连接是靠把 D+通过 1 个 1.5 kΩ 的上拉电阻接到高电平来建立的。在 PDIUSBD12 中，这个上拉电阻是集成在芯片内的，默认是没有连接到

V_{DD}。这个连接是靠外部 MCU 发一个命令来建立的。这使得系统微处理器可以在决定建立 USB 连接之前完成初始化。重新初始化 USB 总线连接也可以不用拔掉电缆来完成。

- GoodLink：GoodLink 是靠一个引脚接发光二极管实现的。在 USB 设备枚举时，LED 指示灯将立即闪亮；当 PDIUSBD12 被成功枚举并配置时，LED 指示灯将会始终亮；经过 PDIUSBD12 的 USB 数据传输过程中，LED 将闪烁；传输成功后，LED 熄灭；在挂起期间，LED 熄灭。这种特性可以使我们知道 PDIUSBD12 的状态，方便电路调试。
- 内存管理单元 MMU 和集成 RAM：MMU 和集成 RAM 能缓冲 USB（工作在 12 Mbit/s）数据传输和微控制器之间并行接口之间的速度差异，这允许微控制器以自己的速度读/写 USB 包。
- 并行和 DMA 接口：并行接口容易使用、速度快，并且能直接与主微控制器接口。对于微控制器，PDIUSBD12 可以看成是一个有 8 位数据总线和 1 位地址线的存储设备。PDIUSBD12 支持多路复用和非多路复用的地址和数据总线。在主端点（端点 2）和局部共享存储器之间，也可使用 DMA 直接存储器存取传输。它支持单周期模式和块传送模式两种 DMA 传输。

PDIUSBD12 的引脚如图 7-24 所示。

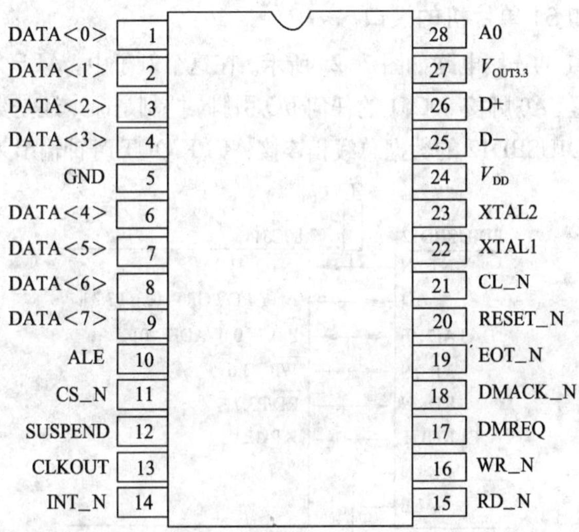

图 7-24 PDIUSBD12 的引脚图

- DATA<0>~DATA<7>：8 位双向数据。
- A0：地址位，A0=1 选择命令；A0=0 选择数据。在多路复用地址和数据总线配置时，这一位将不考虑，应接高电平。
- ALE：地址锁存允许。
- 在多路复用地址/数据总线时，ALE 下降沿用于锁存地址信息。
- 在独立地址/数据总线时，将 ALE 永久接地。
- CS_N：片选，低电平有效。
- RD_N：读选通，低电平有效。
- WR_N：写选通，低电平有效。
- INT_N：中断输出，低电平有效。
- CLKOUT：可编程时钟输出。

- DMREQ：DMA 请求。
- DMACK_N：DMA 响应，低电平有效。
- EOT_N：DMA 传输结束，低电平有效。另一个功能是 VBUS 感知器。
- SUSPEND：芯片进入挂起状态。
- RESET_N：复位，低电平有效、异步。有片内上电复位电路，该引脚可以接高电平。
- GL_N：GoodLink 发光二极管指示器，低电平有效。
- XTAL1：晶振连接 1，6 MHz。
- XTAL2：晶振连接 2，6 MHz。
- V_{DD}：正电源，4.0～5.5 V。如果让芯片工作在 3.3 V，需将 3.3 V 电压加到 V_{DD} 和 $V_{OUT3.3}$ 两个引脚上。
- GND：地
- D−：USB D−数据线。
- D+：USB D+数据线。
- $V_{OUT3.3}$：3.3 V 输出。

2．PDIUSBD12 和 51 单片机的接口

PDIUSBD1 与 80C51 的连接电路如图 7−25 所示。在这个例子中，ALE 始终接低电平，说明采用单独地址和数据总线配置。A0 脚接 80C51 的任何 I/O 引脚，控制是命令还是数据输入到 PDIUSBD12。80C51 的 P0 口直接与 PDIUSBD12 的数据总线相连接，CLK OUT 时钟输出为 80C51 提供时钟输入。

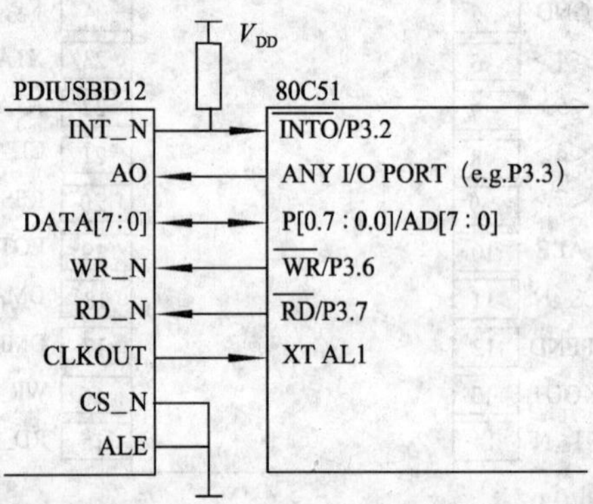

图 7−25　PDIUSBD12 与 80C51 的连接电路图

3．PDIUSBD12 的程序设计

基于硬件层的 PDIUSBD12 程序设计比较复杂，一般包括：硬件提取层、协议层、D12 命令接口等。硬件提取层用来实现硬件接口的映射，执行 PDIUSBD12 与单片机硬件相关的操作；协议层用来处理标准的 USB 设备的请求；D12 命令接口提供用户对 PDIUSBD12 进行的操作。在进行应用设计时，可以参考广州周立功单片机发展有限公司的《PDIUSBD12 固件编程指南》编写程序，也可以从网络下载“PDIUSBD12 接口固件程序”进行移植。

7.4.3　内置 USB 接口的 51 单片机

一些新型的 51 内核单片机，片内含有 USB 接口，如美国 CYPRESS 公司的 EZ-USB 系列单片机。

1．CYPRESS 公司的 CY7C68013 单片机

CYPRESS 公司首先推出符合 USB1.1 标准的 EZ−USB（2100 系列）和 FX 系列芯片，随后

推出了符合 USB 2.0 标准的 FX2 系列芯片，CY7C68013 就是典型 FX2 系列芯片。

FX2 提供了“智能 USB 核”，所以硬件连接图和外部 RAM 配置正确就能识别为 USB 设备。通过 FX2 提供的控制面板，就能下载固件程序，该方法在调试阶段经常使用。产品发布阶段，用户通过 E^2PROM 定制的 PID/VID 来加载驱动程序，第一个驱动程序的主要工作就是下载固件。

2．CY7C68013 的 USB 接口程序设计

驱动开发是整个 USB 开发中最难的部分，CYPRESS 公司提供了通用驱动程序（ezusb.sys）。除非特殊需要，不建议用户自己编写驱动程序。

为了简化固件编程，CYPRESS 公司提供了固件编程框架，在此基础上用户只需修改少量代码就可以完成固件编程。固件编程框架已将 USB 标准请求和 USB 电源进行管理，并且提供了钩子函数，用户在钩子函数中输入少量代码就可以完成编程。用户也可以直接编程，但是编程难度较大。使用编程框架可降低开发难度，但是造成程序量过大，用户可以根据自己的工程来选择编程方式。

固件程序框架如图 7–26 所示，复位上电时，固件先初始化一些全局变量，接着调用初始化函数 TD_Init()，初始化设备到没有配置的状态和开中断，循环延时 1s 后重枚举，直到端点 0 接收到 SETUP 包退出循环，进入循环语句 while，执行任务调度。

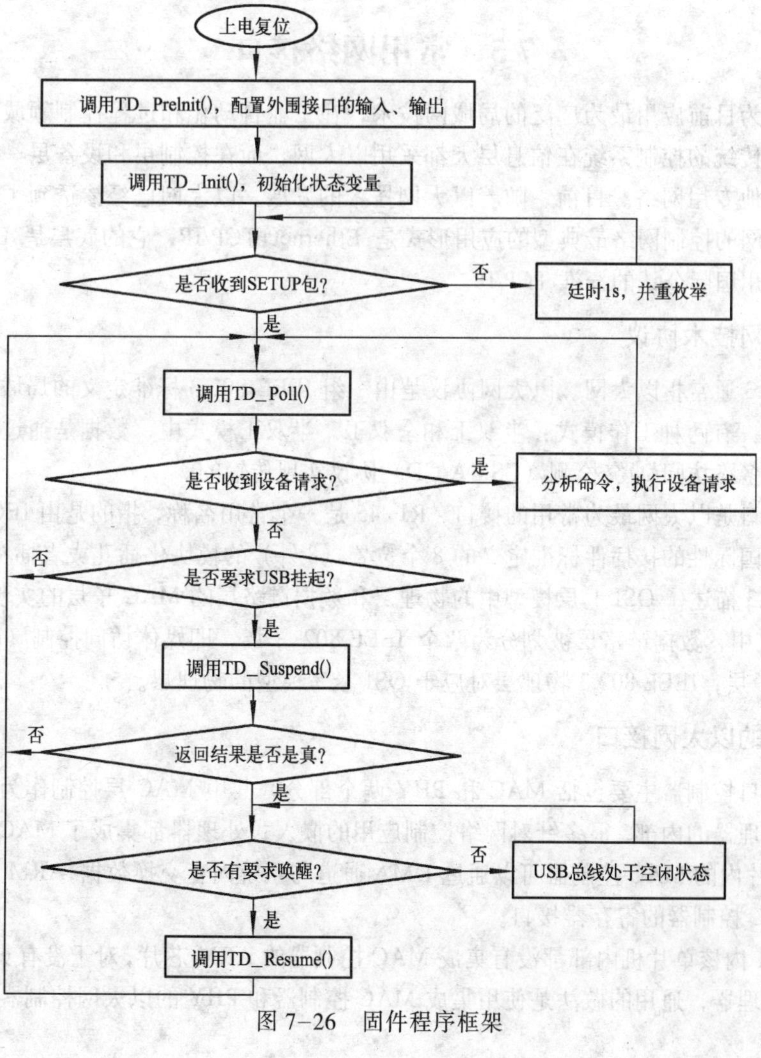

图 7–26　固件程序框架

其中，TD_Poll()为用户任务调度函数。如果发现 USB 设备请求，则执行对应 USB 请求操作。如果发现 USB 空闲置位，则调用 TD_Suspend()挂起函数，调用成功则内核挂起，直到出现 USB 远程唤醒信号，调用 TD_Resume()，内核唤醒重新进入 while 循环。建立框架所需的文件如表 7-3 所示。实际编程中一般只修改 Periph.c 和 Dscr.a51 两个文件。

表 7-3　固件框架源文件和头文件

Reg80320.h	8051 头文件，由 KEIL 提供
Ezusb.h	库函数申明，以及变量、宏定义，数据类型定义
Fx2regs.h	FX2 寄存器头文件
Fw.c	固件框架源文件
Periph.c	用户钩子函数，用户可修改，在不同的应用中文件名不一样
Dscr.a51	USB 描述符列表，用户可修改
Ezusb.lib	EZUSB 库文件
USBJmpTb.OBJ	中断跳转函数目标文件

7.5　常用网络接口

以太网作为目前应用最为广泛的局域网技术，在工业自动化和过程控制领域得到了越来越广泛的应用。传统的控制系统在信息层大都采用以太网，而在控制层和设备层一般采用不同的现场总线或其他专用网络。目前，随着以太网技术的发展，以太网已经渗透到了控制层和设备层。基于以太网的控制网络最典型的应用形式是 Ethernet+TCP/IP，它的底层是 Ethernet，网络层和传输层采用国际公认的标准 TCP/IP。

7.5.1　以太网技术协议

IEEE 802.3 通常指以太网。以太网协议是由一组 IEEE 802.3 标准定义的局域网协议集。在以太网标准中，有两种工作模式：半双工和全双工。半双工模式中，数据是通过在共享介质上采用载波监听多路访问/冲突检测（CSMA/CD）协议实现传输的。

RJ-45 接口是以太网最为常用的接口，RJ-45 是一个常用名称，指的是由 IEC(60)603-7 标准化，使用由国际性的接插件标准定义的 8 个位置（8 针）的模块化插孔或者插头。

IEEE 802.3 描述了 OSI 七层模型中的物理层和数据链路层的 MAC 子层的实现方法，在所有 IEEE 802 协议中，数据链路层被划分为两个 IEEE 802 子层，即媒体访问控制（MAC）子层和 MAC 客户端子层；IEEE 802.3 物理层对应于 OSI 参考模型的物理层。

7.5.2　扩展的以太网接口

以太网接口控制器主要包括 MAC 和 PHY 两个部分，其中 MAC 层控制作为逻辑控制比较容易集成在处理器的内部，很多针对网络控制应用的嵌入式处理器都集成了 MAC 层控制器。集成在 ARM 芯片内的 MAC 控制器可以通过 DMA 通道与系统内存交换数据，ARM 内核通过 APB 总线访问 MAC 控制器的寄存器接口。

一般的 51 内核单片机内部都没有集成 MAC 控制器的 ARM 芯片，对于没有集成 MAC 控制器的嵌入式处理器，通用的做法是使用集成 MAC 控制器和 PHY 的以太网控制器来扩展以太网接口。

1. 常见的以太网控制器

常见的以太网控制器主要有 RTL8019、CS8900、DM9000 和 LAN91C11 等。

RTL8019AS 是由台湾 Realtek 公司生产的一种全双工即插即用的以太网控制器，它在一块芯片上集成了 RTL8019 内核和一个 16 KB 的 SDRAM 存储器。它兼容 RTL8019 控制软件和 NE2000 8 位或 16 位的传输，支持 UTP、AUI、BNC 和 PNP 自动检测模式，支持外接闪烁存储器读/写操作，支持 I/O 接口地址的完全解码，具有 LED 指示功能。其接口符合 Ethernet II 和 IEEE 802.3（10Base5、10Base2、10BaseT）标准。

DM9000 是 DAVICOM 公司推出的一款 10/100 Mbit/s 自适应快速以太网 MAC 控制器。在其内部有一个 10/100 Mbit/s 自适应的 PHY 和 4K DWORD 值的 SRAM，支持 8 位、16 位和 32 位数据总线访问内部存储器，其工作电压为 3.3 V，容易与多数嵌入式处理器直接连接，且有成熟的 Linux 驱动程序支持。DM9000 物理协议层接口完全支持使用 10 Mbit/s 下 3 类、4 类、5 类非屏蔽双绞线和 100 Mbit/s 下 5 类非屏蔽双绞线。它完全符合 IEEE 802.3u 规格，其自动协调功能将自动完成配置，以最大限度地适合其线路带宽。此外，它还支持 IEEE 802.3x 全双工流量控制。

2. 以太网接口电路

图 7–27 是基于 RTL8019 的以太网接口电路，RTL8019 和 RJ45 接口之间需要用网络隔离变压器来连接，网络隔离变压器起信号传输、阻抗匹配、波形修复、杂波抑制以及高电压隔离等作用，以保护系统的安全。关于 RTL8019 的详细资料参见相关的数据手册。

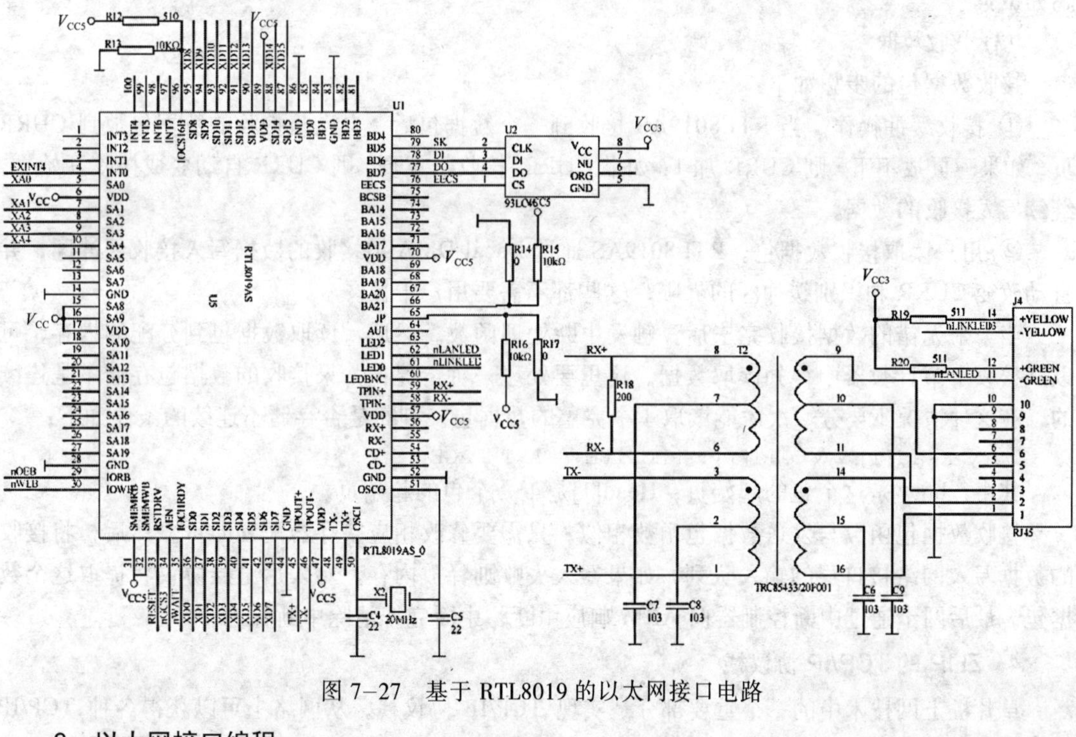

图 7–27　基于 RTL8019 的以太网接口电路

3. 以太网接口编程

基于 RTL8019 的以太网接口，主要包括三点内容：

（1）RTL8019 初始化

① 先要对网卡进行复位对网卡复位的方法有两种：

- 冷启动：对 RTL8019 的 RSTDRV 发送一个高电平复位信号。
- 热启动：对 RTL8019 内部寄存器操作，对复位端口进行任意读写。

② 对寄存器进行设置。主要有以下操作：

- 先停止网卡工作，设置发送和接收的单元。设置是否要屏蔽中断，设置网卡工作在 8 位总线还是 16 位总线工作方式等。
- 设置网卡的 MAC 地址到 MAR 寄存器，网卡开始工作。

（2）发送数据

发送数据包的基本步骤如下：

① 首先将发送的起始页写入 StartPage 变量中。将要发送的数据写入地址为 StartPage<<8 开始的缓冲区中，然后等待上一次发送结束。对于过大或者过小的数据包不发送；对于过小的帧，在发送时要填充。

TPSR 为发送起始寄存器，将 StartPage 写入 TPSR 寄存器，高字节写入 TBCRH(TBCRl)，低字节写入 TBCRL(TBCRO)。当写发送命令时，RTL8019AS 将从 TPSR<<8 地址开始发送若干个字节的数据。

② 发送数据帧。发送缓冲区可以存储 2 个最大的以太网帧，一个起始页为 SEND_START_PAGEO，另一个起始页为 SEND_START_PAGEl，两个交替使用。发送数据帧时，CR 寄存器设置为 writereg(cr，((prepage&OxCO)|cr_abort_compile_dma|cr_txp |cr_start_command]))。发送数据包函数代码如下：

（3）接收数据

接收数据包的步骤如下：

① 接收缓冲操作。当 RTL8019AS 接收到一个数据包后，自动将接收的数据包放到 CURR 页。如果一页放不下，则 CURR 加 1；如果 CURR=接收结束页，则 CURR 自动变成接收开始页，继续写入接收的数据。

② 用户读取接收数据包。RTL8019AS 通过 Local DMA 把接收的数据写入接收缓冲区，并自动改变 CURR 和识别缓冲区的界限，这些都不需要用户干预。

当一个无错的数据接收完毕后，触发中断处理函数。然后，读取数据包到分配的内存，可以从接收字节计数器中得知读取数据。这里要处理一种情况：如果接收的数据包存储不是连续的，在这种情况下要分 2 次才能读取 1 个完整的数据包。判断是否存储不连续的条件如下：

```
bnry>Head[1]&&Head[1]!=RECEIVE_START_PAGE
```

其中，bnry 是这个包的起始页；Head[1]是下一个包的起始页。

接收数据包函数与发送数据包函数相似，只需要修改相应寄存器配置即可。然后，将接收的数据写入网络接口层的输入队列，如果写入失败则释放内存。写入后上层协议将提取这个数据包。最后网卡通过中断控制器向 ARM 响应中断，中断完毕清除中断标志。

4. ZLIP 的 TCP/IP 协议栈

单片机上网技术中的一个重要部分是实现 TCP/IP 协议栈，从网络上可以获得各种 TCP/IP 源代码。51 单片机和 KeilC51 编译器有其自身的特点：存储类型、函数指针、重入函数等，ZLIP 就是针对这些特点设计的 TCP/IP 协议栈。

（1）ZLIP 提供的用户接口函数

TCPSocket()

函数原型：socket xData*TCPSocket(IP_ADDR ScrIP)。

功能：申请一个套接字。ScrIP 是这个套接字的本地 IP 地址。返回 socket 类型指针，如果申请失败返回 NULL。

TCPConnect()

函数原型：BOOL TCPConnect(socket xData*pTCB, IP_ADDR DestIP, WORDDestPort, void(code*recv)(void xData*buf, WORD size), void(code*close)(socket xData*pSocket))。

功能：向 IP 地址为 DestIP 的服务器的 DestPort 端口发起连接。参数 recv 和 close 用于设置当接收到数据包和对方要求关闭 TCP 连接时应该调用的回调函数指针。连接成功返回 TRUE，否则返回 FALSE。

TCPSend()

函数原型：BOOL TCPSend(socket xData*pTCB, void xData*buf, WORD DataSize)。

功能：发送数据。发送数据的 TCP 连接是套接字指针 pTCB 对应的连接，发送的数据的起始地址为 buf，大小为 DataSize。发送成功返回 TRUE，否则返回 FALSE。

TCPSendEx()

函数原型：BOOL TCPSendEx(socket xData*pTCB, struct SMemHead xData * MemHead)。

功能：快速发送数据。在使用 TCPSend()函数时，首先需要将数据放入 buf 指向的内存中，然后调用 TCPSend()函数，接着该函数会将 buf 指向的内存区数据复制到 TCP 缓冲区中。使用 TCPSendEx()时首先用 TCPAllocate(DATA_SIZE)获得一个 TCP 缓冲区，然后直接将数据放入 TCP 缓冲区中，从而比 TCPSend()函数少一次数据复制，提高发送速度。

参数：发送数据的 TCP 连接是套接字指针 pTCB 对应的连接，发送的数据放在 TCP 缓存 MemHead 中。发送成功返回 TRUE，否则返回 FALSE。

TCPListen()

函数原型：BOOL TCPListen(socket xData*pTCB, WORD ScrPort, void(code*accept)(socket xData*pNewTCB))

功能：使用套接字 pTCB 在 ScrPort 端口监听。参数 accept 是当有客户端向这个监听端口连接成功时调用的回调函数指针。

TCPClose()

函数原型：void TCPClose(socket xData*pTCB)

功能：一方主动关闭连接时调用 TCPClose()函数，它将要求关闭套接字 pTCB 对应的连接。TCPClose()返回以后这个 TCP 连接可能保持，因为另一方还没有发起关闭请求。

TCPAbort()

函数原型：void TCPAbort(socket xData*pTCB)

功能：当使用完这个套接字以后，调用 TCPAbort，将这个套接字释放，还给系统。

（2）ZLIP 使用步骤

使用 ZLIP 时，在主程序中需要做的步骤如下：

① 首先设置一个 25 ms 的定时中断函数。在中断函数中调用 NetIfTimer()、ARPTimer()、TCPTimer()3 个函数。

② 写 OnReceive()函数。它应该有如下的参数和返回值，函数名可以任意：

```
void OnReceive1(void DT_XDATA*buf, WORD size)REENTRANT_MUL
```

在使用 TCPConnect()函数时，OnReceive1 将作为 TCPConnect()函数的一个参数，也就是设置该 socket 的接收函数。当 TCP 连接接收到对方数据时，将自动调用 OnReceive1()函数。buf

指向接收的数据，size 是接收的数据量的大小。可以在 OnReceive1()中处理接收的数据。当程序中有多个 TCP 连接同时存在时，需要给每个连接准备一个 OnReceive()函数。

③ 写 OnClose()函数。它应该有如下的参数和返回值，函数名可以任意：

```
void OnClose1(socket DT_XDATA*pSocket)REENTRANT_MUL
```

类似于 OnReceive()函数，当 TCP 连接的另一方首先向我方发起关闭连接的请求时，系统将自动调用 OnClose()函数。pSocket 指向将要关闭的 socket。如果想立即关闭这个连接，则在 OnClose()函数中调用 TCPClose()函数。当程序中有多个 TCP 连接同时存在时，需要给每个连接准备一个 OnClose()函数。

④ 写 OnAccept()函数。如果程序中用到 TCPListen()函数监听某端口，这时需要写 OnAccept()函数。它应该有如下的参数和返回值，函数名可以任意：

```
void OnAccept1(socket DT_XDATA*pNewSocket)REENTRANT_MUL
```

当一个正在监听的 socket 接受了对方的连接以后将会自动调用该函数。pNewSocket 是将要获得这个连接的控制权的 socket 指针。一般在 OnAccept 函数中做以下处理：

```
ExAccept=pNewSocket;                 //保存 pNewSocket，以后可以用 ExAccept 发送数据
pNewSocket->recv=OnAcceptRecv;  //设置 pNewSocket 的 OnAcceptRecv()函数。
pNewSocket->close=OnClose;           //设置 pNewSocket 的 OnClose 函数
```

当程序中有多个处于 listen 的 socket 时，你需要给每个 socket 准备一个 OnAccept 函数

⑤ 在主程序中做初始化工作：

```
/*init.the order is not important*/
NetIfInit();                         //初始化网络接口
ARPInit();                           //初始化 ARP
TCPInit();                           //初始化 TCP
MemInit();                           //初始化内存模块
RTLInit(Etheraddr);                  //初始化 RTL8019AS，Etheraddr 为以太网地址
/*init Devcie struct and init this device*/
/*初始化一个以太网接口设备，并设置这个设备的发送和接收驱动函数。如果系统中以太网接口芯片的驱动不一样，只要替换这里的发送和接口驱动函数即可*/
EtherDevInit(&DevRTL, Etheraddr, RTLSendPacket, RTLReceivePacket);
/*add this device to NetIf*/
/*添加一个网络接口设备。参数含义是：该设备的 IP 地址、子网掩码、网关、输入函数指针、输出函数指针、该设备的指针。如果系统中有多个网络设备，比如 moden，可以编写 moden 的输入输出函数，使用 NetIfadd()函数添加这个设备。*/
NetIfadd(IPaddr, NetMask, GateWay, EtherInput, EtherOutput, &DevRTL);
```

⑥ 启动 25 ms 的定时中断。

⑦ 分配一个 socket。使用类似 ExConn=TCPSocket(IPaddr)；语句分配一个 socket，并且绑定这个 socket 的源 IP 地址。

⑧ 如果我方作为服务器方，监听某一端口，则：

```
TCPListen(ExConn, Port1, OnAccept1);
```

当另一方向我方 Port1 端口进行连接时，系统自动调用 OnAccpet1()函数。

如果我方作为客户端，向另一方的某个端口进行连接，则 TCPConnect(ExConn，IPaddr2，Port2，OnReceive2，OnClose2)；即向 IP 地址为 IPaddr2 的服务器的 Port2 端口进行连接。在连接成功以后，如果接收到另一方的数据则自动调用 OnReceive1()函数，如果接收到另一方的关闭请求则自动调用 OnClose1()函数。

⑨ 当某个 socket 处于连接状态时，可以使用 TCPSend()或者 TCPSendEx()函数发送数据。

⑩ 需要关闭连接时，使用 TCPClose()关闭连接。

⑪ 当一个 socket 不再需要时，使用 TCPAbort()将这个 socket 还给系统。

7.5.3　内置网络接口的 DS80C400

DS80C400 是 MAXIM 公司生产的网络单片机，与 8051 兼容。DS80C400 执行指令的速度比普通的 8051 快 3 倍。集成外设包括 10/100 Mbit/s 以太网 MAC、3 个串行端口、一个 CAN2.0B 控制器、1-Wire 主机和 64 个 I/O 引脚。最高达 75MHz 的系统时钟频率使最短指令周期仅有 54 ns。24 位寻址方式简化了对于大容量程序或数据存储器的访问，支持高达 16 MB 的连续存储空间。

1. DS80C400 内置的网络接口

DS80C400 内部集成了 10/100 Mbit/s 以太网控制器，支持以太网/IEEE 802.3 协议的物理层设备，通过介质无关接口(MII)提供接收、发送和流控制机制。MII 包含一个串行管理总线，可以用来设置外围物理设备。MII 可以设置为半双工和全双工模式，速率可以是 10 Mbit/s 和 100 Mbit/s，也可以设置成 10 Mbit/s 的 ENDEC 操作模式。以太网控制模块如图 7-28 所示。

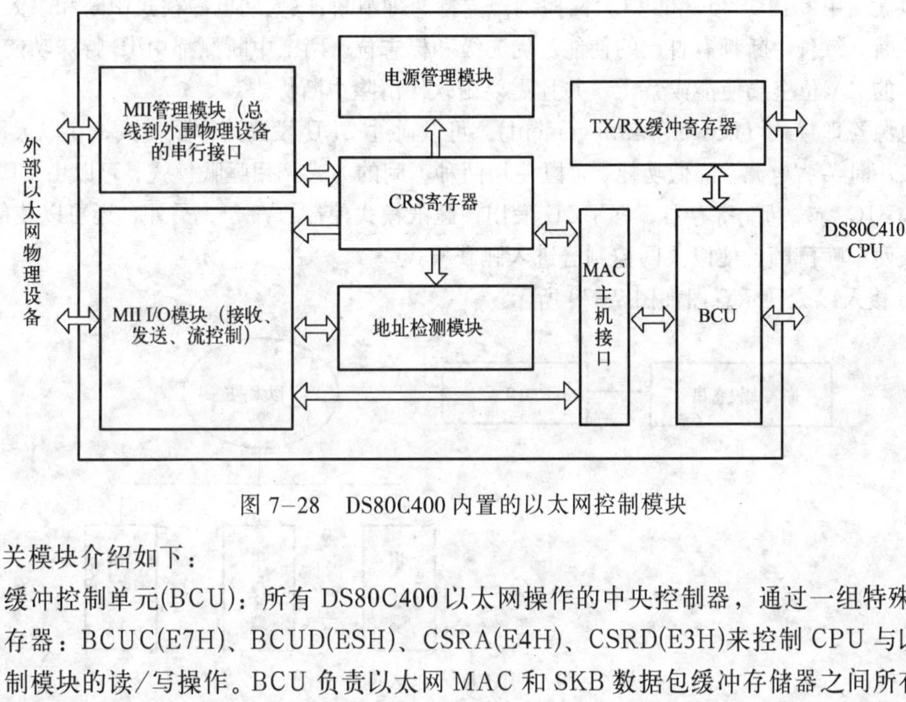

图 7-28　DS80C400 内置的以太网控制模块

相关模块介绍如下：

- 缓冲控制单元(BCU)：所有 DS80C400 以太网操作的中央控制器，通过一组特殊功能寄存器：BCUC(E7H)、BCUD(ESH)、CSRA(E4H)、CSRD(E3H)来控制 CPU 与以太网控制模块的读/写操作。BCU 负责以太网 MAC 和 SKB 数据包缓冲存储器之间所有数据包的处理并报告其状态。在接收和发送过程中，BCU 根据用户定义的缓冲区操作，跟踪接收缓冲区的使用情况，可报告接收缓冲区已满。
- 命令/状态寄存器(CSR)：旨在控制与检测以太网操作过程。CSR 寄存器保括：MAC 物理地址。MAC 发送、接收和流控，地址检查模块所采用的组播哈希表，地址检查模块的过滤模式和好/坏帧的控制，VLAN 标签标识符，唤醒帧过滤，串行 MIIPHY 管理总线寄存器接口。
- 介质无关接口(MII)：包括两个基本模块，即 MII IO 模块和 MII 管理模块。MII IO 模块提供独立的发送和接收数据路径和物理层网络状态信号输入，MII 管理模块执行 2 线串行通信总线便于访问 PHY 寄存器。MII 管理模块通过一个 2 线串行接口与外围物理层设备(PHY)进行通信，该接口由 MDC 串行时钟输出引脚和用作地址和数据处理 I/O 的 MDIO 引脚组成。

- 地址检测模块(Address Check)：监控所有输入数据包的目的地址，根据 CPU 配置的过滤标准决定是转发还是丢弃。地址检测结果和帧类型信号位一起由 BCU 存入数据包接收状态字中。所有到来的帧都可以分成 3 种类型：组播、广播、点到点通信。点到点通信的帧在目的地址位包含一个 0，而且指出一个网络结点。组播帧在目的地址的第一个接收位包含一个 1，指出网络中一组接收此帧的站点。广播帧是一种特殊组播帧，但是它的地址全部为 1，指出网络中的所有结点都要接收这个帧。除非取消 CSR 寄存器 MAC 控制寄存器(00H)的广播帧(DBF)位禁止，否则 DS80C400MAC 一直接收广播帧。
- 发送/接收数据包缓冲寄存器(TX/RX)：DS80C400 用内部的 SRAM 作为发送/接收数据包的缓冲寄存器，CPU 可用 MOVX 指令访问数据存储器，BCU 也可以访问 SRAM，在需要存储或找回以太网数据包信息时可自动读/写缓冲寄存器。SKB SRAM 的逻辑 MOVX 地址范围固定为 FFE000H～FFFFFFH。
- 以太网中断：DS80C400 以太网控制器支持两种中断：以太网电源模式中断和以太网活动中断。每种中断都有自己的使能、优先级和标志位。两个中断源都由 IE 特殊功能寄存器中的 EA 位全局使能或禁止，并且需要由软件清除中断标志。
- 电源管理模块 (Power Management)：可以通过 CPU 设置为休眠模式，在以太网流量较小时节省电源，降低功耗。可以使用两种不同的方式调用睡眠模式，可以由 CPU 写入 BCUC 特殊功能寄存器，向 BCU 发出“睡眠模式使能”命令。另外，还可以使能一个或两个唤醒帧，使以太网控制器进入睡眠模式。

TINI 接入以太网示意图如图 7-29 所示。

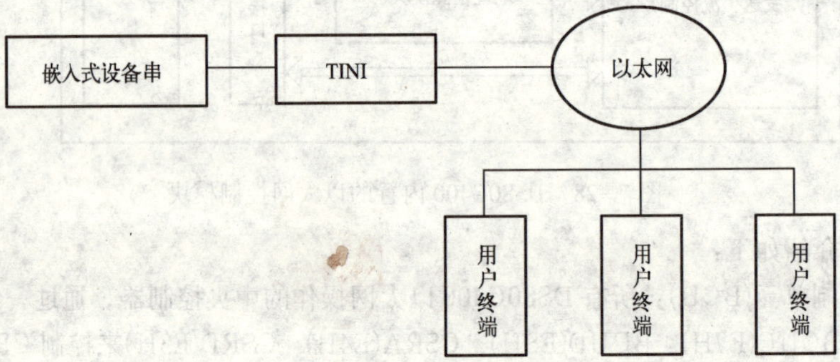

图 7-29　TINI 接入以太网示意图

2. DS80C400 的 ROM 固件

为了便于访问网络，DS80C400 通过嵌入一个 64 KB 的 ROM 提供了一个完整的、可被应用访问的 TCP IPv4/6 网栈和 OS。网栈支持最多 32 个并发的 TCP 连接，并且能够通过以太网 MAC 提供高达 5 Mbit/s 的吞吐率。

DS80C400 的嵌入式 ROM 专门用于装载 TINI（Tiny Internet Interface，微型因特网接口）运行环境和 TINI C 库。ROM 固件包含 3 个主要部分：带工业标准 Berkeley 套接字接口的完整 TCP/IPv4/v6 协议栈、抢先式任务调度程序以及 NetBoot 功能。NetBoot 使用 TCP/IP 堆栈、套接字层和任务调度程序来实现自动网络启动。NetBoot 允许从网络下载应用程序，并由微处理器执行。

小结

本章介绍了基于51单片机通信接口的基本设计方法，详细介绍了UART接口、IIC接口、SPI接口、USB接口以及常用的网络接口的设计原理和设计方法。通过本章的学习，使读者对通信接口有了更深入的了解，可以按照不同的应用需求选择不同的接口进行应用开发。

习题

1．简述串行接口的工作原理及串行接口的特点。
2．为何设计IIC总线需要上拉电阻？如果没有上拉电阻将出现什么问题？
3．SPI接口用于连接哪种类型的设备？简述SPI接口与IIC和UART的区别。

第 8 章　51 实时操作系统

本章导读

通用计算机具有完善的操作系统(OS)和应用程序接口(API)，是计算机基本组成不可分离的一部分，应用程序的开发以及完成后的软件都在 OS 平台上运行，但一般不是实时的。嵌入式系统则不同，应用程序可以没有操作系统直接在芯片上运行。但是，为了合理地调度多任务，利用系统资源、系统函数以及和专家库函数接口，用户必须自行选配 RTOS 开发平台，这样才能保证程序执行的实时性、可靠性，并减少开发时间，保障软件质量。

本章内容要点：

- 51 实时操作系统；
- RTX51 实时操作系统；
- μC/OS-II 实时操作系统。

如果课时较少，本章可以安排学生自学。

内容结构

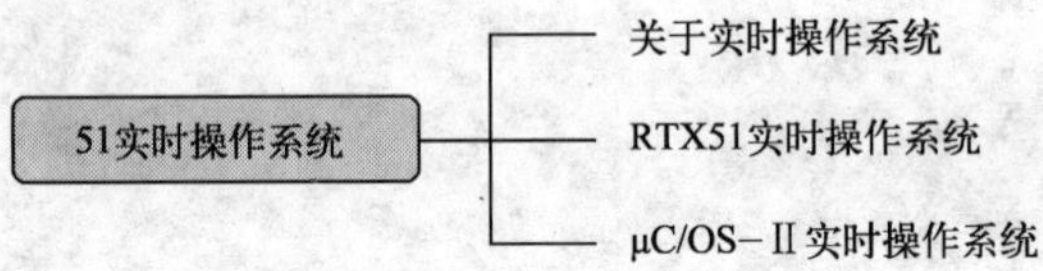

学习目标

本章内容一般只要求作认识性了解，通过学习，学生应该能够：

- 初步建立对实时操作系统的全面认识；
- 学会自行选配 RTOS 开发平台。

8.1　实时操作系统概述

1．实时多任务操作系统

实时多任务操作系统是根据操作系统的工作特性而言的，实时是指物理进程的真实时间。实时操作系统（Real-time Operating System，RTOS）是指具有实时性，能支持实时控制系统工作的操作系统。其首要任务是调度一切可利用的资源完成实时控制任务，其次才着眼于提高计算机系统的使用效率。其重要特点是要满足对时间的限制和要求。

2．实时多任务操作系统与分时多任务操作系统

它们有明显的区别。具体地说，对于分时操作系统，软件的执行在时间上的要求并不严格，时间上的错误一般不会造成灾难性的后果。而对于实时操作系统，主要任务是对事件进行实时的处理，虽然事件可能在无法预知的时刻到达，但是软件上必须在事件发生时能够在严格的时限内作出响应（系统响应时间），即使是在尖峰负荷下也应如此，系统时间响应超时就意味着致命的失败。另外，实时操作系统的重要特点是具有系统的可确定性，即系统能对运行情况的最好和最坏等情况能做出精确的估计。

3．实时操作系统的基本功能

① 任务管理（多任务和基于优先级的任务调度）；

② 任务间同步和通信（信号量和邮箱等）；

③ 存储器优化管理（含 ROM 的管理）；

④ 实时时钟服务；

⑤ 中断管理服务。

4．实时操作系统的工作特性

实时操作系统中的任务(Task)等同于分时操作系统中进程(Process)的概念。系统中的任务有 4 种状态：运行(Executing)、就绪(Ready)、挂起(Suspended)、冬眠(Dormant)。

① 运行：获得 CPU 控制权。

② 就绪：进入任务等待队列，通过调度转为运行状态。

③ 挂起：任务发生阻塞，移出任务等待队列，等待系统实时事件的发生而唤醒，从而转为就绪或运行。

④ 冬眠：任务完成或错误等原因被清除的任务，也可以认为是系统中不存在了的任务。系统中只能有一个任务在运行状态，各任务按级别通过时间片分别获得对 CPU 的访问权。

5．51 实时操作系统

针对 51CPU 构成的嵌入式系统，有 RTX51 及 UC/OS 等操作系统。由于受 CPU 本身资源的限制，功能都相对比较简单，但其性能完全能够满足以 51 系列单片机为核心的嵌入式系统的应用需求。

8.2　RTX51 实时操作系统

RTX51 是一个专门针对 8051 家族设计的实时多任务操作系统，代码完全开放。RTX51 使复杂的系统和软件设计以及有时间限制的工程开发变得简单。RTX51 是一个强大的工具，它可以在单个 CPU 上管理几个作业（任务)。

1．概述

(1) 版本

RTX51 有两种不同的版本。

① RTX51 Full：允许 4 个优先权任务的循环和切换，并且还能并行地利用中断功能。RTX51 支持信号传递以及与系统邮箱和信号量进行消息传递。RTX51 的 os_wait()函数可以等待以下事件：中断、时间到、来自任务或中断的信号、来自任务或中断的消息、信号量。

② RTX51 Tiny：RTX51 Full 的一个子集。RTX51 Tiny 可以很容易地运行在没有扩展外部存储器的单片机系统上。但是，使用 RTX51 Tiny 的程序可以访问外部存储器。RTX51 Tiny 允许循环任务切换，并且支持信号传递，还能并行地利用中断功能。RTX51 Tiny 的 os_wait()函数可以等待以下事件：时间到、时间间隔、来自任务或者中断的信号。

(2) RTX51 的性能参数

RTX51 的性能参数如表 8-1 所示。

表 8-1 RTX51 的性能参数

描　述	RTX-51 Full	RTX-51 Tiny
任务数量	最多 256 个：可同时激活 19 个	16 个
RAM 需求	40～46 B DATA 空间 20～200 B IDATA 空间（用户堆栈） 最小 650 B XDATA 空间	7 B DATA 空间 3 位于任务数量的 IDATA 空间
代码要求	6～8KB	900 B
硬件要求	定时器 0 或定时器 1	定时器 0
系统时钟	1 000～4 0000 个周期	1 000～65 535 个周期
中断请求时间	小于 50 个周期	小于 20 个周期
任务切换时间	70～100 个周期（快速任务） 180～700 个周期（标准任务）取决于堆栈的负载	100～700 个周期取决于堆栈的负载
邮箱系统	8 个分别带有整数入口的信箱	不提供
内存池	最多 16 个内存池	不提供
信号量	8 × 1 位	不提供

2. RTX51 的多任务结构

(1) 单任务程序

一个标准 C 程序从主函数开始执行。在嵌入式应用里，主函数经常被编写为一个无穷循环，也可以被认为是一个连续执行的单个任务。例如：

```
int counter;
void main(void)
{
        counter=0;
            while(1)        /*无限循环*/
        {
        counter++;          /*counter 递增*/
    }
}
```

(2) 伪任务系统

不利用操作系统，也可以实现一种伪任务系统，如循环（Round-Robin）方式的多任务系统。参见下例：

```
int counter;
void main(void)
{
    counter=0;
```

```
    while(1)                        /*无限循环*/
    {
        check_serial_io();
        process_serial_cmds();      /*处理串行输入*/
        check_kbd_io();
        process_kbd_cmds();         /*处理键盘输入*/
        adjust_ctrlr_parms();       /*调整 CPU 参数*/
        counter++;                  /*counter 递增*/
    }
}
```

(3) 循环任务切换

RTX51 Tiny 允许“准并行”的同时执行几个任务。每一个任务在预先定义好的时间片内得以执行。时间到使正在执行的任务挂起，并使另一个任务开始执行。下面的例子使用了循环任务切换的技术。

```
#include <rtx51tny.h>
int counter0;
int counter1;

void job0(void)_task_0
{
    os_create(1);           /*任务 1 已准备就绪*/
    while(1)                *无限循环*/
    {
        counter0++;         /*counter0 递增*/
    }
}

void job1(void)_task_1
{
    while(1)                /*无限循环*/
    {
        counter1++;         /*counter1 递增*/
    }
}
```

3. RTX51 程序的控制机制

(1) os_wait()函数

os_wait()函数提供了一种更为有效的方式来给几个任务分配可使用的处理器时间。

os_wait()函数中断当前正在运行的任务，并且等待特定的事件。在一个任务等待事件的时间里，其他任务可以被执行。

(2) 等待时间到

RTX51 使用 8051 的一个定时器来产生一个循环的中断（时钟周期）。响应 os_wait()的最简单事件是时间到，当前正在执行的任务被指定的时钟周期所中断。下面的延时例子使用的是等待时间到。

使用 os_wait()函数编程的例子如下：

```
#include <rtx51tny.h>
int counter0;
```

```
int counter1;

void job0(void)_task_0
{
   os_create(1);               /*任务 1 已准备就绪*/
   while(1)                    /*无限循环*/
   {
      counter0++;              /*counter0 递增*/
      os_wait(K_TMO, 3);       /*暂停 3 个定时节拍*/
   }
}

void job1(void)_task_1
{
   while(1)                    /*无限循环*/
   {
      counter1++;              /*counter1 递增*/
      os_wait(K_TMO, 5);       /*等待一信号*/
   }
}
```

(3) 等待信号

os_wait()函数的另一个事件是信号。信号被用来协调任务。直到另一个任务发出信号，在os_wait()函数控制下的任务才结束等待状态。如果信号预先就被发送出来，那么任务将立即继续执行。

```
#include <rtx51tny.h>
int counter0;
int counter1;

void job0(void)_task_0
{
   os_create(1);                   /*任务 1 已准备就绪*/
   while(1)                        /*无限循环*/
   {
      if(++counter0==0)            /*counter0 递增*/
      os_send_signal(1);
   }
}
void job1(void)_task_1
{
   while(1)                        /*无限循环*/
   {
      os_wait(K_SIG, 0, 0);        /*等待一信号*/
      counter1++;                  /*counter1 递增*/
   }
}
```

(4) 优先权机制

RTX51 Full 提供了优先权机制，RTX51 Tiny 不具备这个功能。

在上一个例子中，任务 1 收到一个信号后不会立即开始，只有当任务 0 发生了时间到事件后，任务 1 才会启动。如果任务 1 被赋予了比任务 0 高的优先级，通过抢先任务切换；如果任务 1 收到了信号，就会立即开始。优先级在任务定义中被指定（默认的优先级是 0）。

4．RTX51 函数

（1）RTX51 涉及的函数（见表 8-2）

表 8-2　RTX51 涉及的函数

函　　数		描　　述	CPU　周　期
isr_recv_message()	*	收到信息（来自中断调用）	71（具有消息）
isr_send_message()	*	发送消息（来自中断调用）	53
isr_send_signal		给任务发去信号（来自中断调用）	46
os_attach_interrupt()	*	分配中断资源给任务	119
os_clear_signal()		删除一个以前发送的信号	57
os_create_task()		将一个任务放入执行队列中	302
os_create_pool()	*	定义一个内存池	644（大小 20×10 B）
os_delet_task		从执行队列中移走一个任务	172
os_detach_interrupt()	*	移走一个分配的中断	96
os_disable_isr()	*	禁止 8051 硬件中断	81
os_enable_isr()	*	允许 8051 硬件中断	80
os_free_block()	*	归还一块存储空间给内存池	160
os_get_block()	*	从内存池获得一块存储空间	148
os_sebd_message()	*	发送一条消息（从任务中调用）	443（具有任务切换）
os_send_signal()		向任务发送一个信号（从任务中调用）	408（具有任务切换） 316（具有快速任务切换） 71（没有任务切换）
os_send_token()	*	发送一个信号量（从任务中调用）	343（具有快速任务切换） 94（没有任务切换）
os_set_slice()	*	设置 KTX51 系统时钟时间片	67
os_wait()		等待事件	68（用于等待信号） 160（用于等待消息）

注：*标记的函数仅仅在 RTX51 Full 中具备

（2）RTX51 Full 里附加的调试和支持函数（见表 8-3）

表 8-3　调试和支持函数

函　　数	描　　述
oi_reset_int_mask	禁止 RTX-51 的外部中断资源
oi_set_int_mask	允许 RTX-51 的外部中断资源
os_check_mailbox	返回指定信箱的状态信息
os_ check_mailboxes	返回所有的系统信箱的状态信息

续表

函　数	描　述
os_cheak_pool	返回内存池中的块信息
os_cheak_semaphore	返回指定信号量的状态信息
os_cheak_ semaphores	返回所有的系统信号量信息
os_cheak_task	返回指定任务的状态信息
os_ check_tasks	返回所有的系统任务的状态信息

（3）CAN()函数

CAN()函数仅在 RTX-51 Full 中提供，如表 8-4 所示。CAN 控制器支持菲利普 82C200 和 80C592 以及英特尔 82526。更多的 CAN 控制器正在准备中。

表 8-4　CAN()函数

CAN()函数	描　述
can_bind_obj	为一个任务绑定一个对象：当对象被接受的时候，任务启动
can_def_obj	定义通信对象
can_get_stantus	获取 CAN 控制器状态
can_hw_init	初始化 CAN 控制器硬件
can_read	直接读取一个对象的数据
can_receive	接受所有无界的对象
can_request	向一个指定的对象发送一个远程帧
can_send	通过 CAN 总线发送一个对象
can_start	开始 CAN 通信
can_stop	结束 CAN 通信
can_task_create	创建 CAN 通信任务
can_unbind_obj	断开任务和对象之间的绑定
can_wait	等待一个约束的对象被接收
can_write	向一个对象写入新数据，不用发送

5. RTX51 Tiny 程序

编写 RTX51 Tiny 程序，要求将 rtx51tny.h 头标文件包含在 C 语言程序的\c51\inc\子目录下，而且使用_task_函数属性声明任务。

RTX51 Tiny 程序不需要一个 C 语言主函数(main) ，连接过程将包含首先执行任务 0 的程序代码。

（1）RTX51 Tiny 配置

RTX51 Tiny 的配置文件 conf_tny.a51 在\c51\lib\子目录下，可以在这个配置文件中改变下列参数。

- 用于系统时钟报时中断的寄存器组；
- 系统计时器的间隔时间；
- 时间片轮转超时值；
- 内部数据存储器容量；

- RTX51 Tiny 运行之后释放的堆栈大小。

（2）编译 RTX51 Tiny 程序

RTX51 Tiny 应用程序不需要专门的编译程序，可以像编译普通的 C 语言源文件一样编译 RTX51 Tiny 源文件。

（3）连接 RTX51 Tiny 程序

RTX51 Tiny 应用程序必须使用 BL51 code banking linker/locator 进行连接。

必须在所有目标文件后，在命令行上规定 RTX51 Tiny 指令。

（4）优化 RTX51 Tiny 程序

在建立 RTX51 应用程序时，应该注意以下事项：

① 对于多重任务应尽可能采用 os_wait()函数触发，而不用时间片轮。

因为使用时间片轮切换任务需要 13B 的堆栈空间来存储任务环境（寄存器等），如果由 os_wait()函数触发，则不需要环境存储器。os_wait()函数还会改善系统反应时间。

② 不要将报时信号的中断速率设得太快。

因为每个时钟报时中断约需 100～200 个 CPU 周期，所以应该把时间报时信号速率设得足够高，以使中断等待时间减到最少。

6. RTX51 Tiny 应用程序实例

（1）实例名称：TRAFFIC

TRAFFIC 是一个定时控制的红绿灯控制器。

（2）基本控制要求

在一个用户定义的时间段内，红绿灯正常运行；超过正常运行时段时，黄色信号灯闪烁；如果一个行人按下请求按钮，红绿灯立即变成“walk”状态，以便行人通过；此后，红绿灯继续正常工作。

（3）红绿灯控制命令

红绿灯控制器通过 8051 的串口进行通信，其通信命令如表 8-5 所示。这些命令由 ASCII 字符组成，所有命令必须用回车结束。

表 8-5 红绿灯控制命令

命 令	串口文本	文字说明
Display	D	显示时钟，开始和结束时间
Time	T *hh*：mm：*ss*	按 24 小时格式设置当前时间
Start	S *hh*：mm：*ss*	开始按 24 小时格式设置启动时间。在开始和结束时间之间，红绿灯控制器正常地操作。超过这些时间范围时，黄色信号灯闪烁
End	E *hh*：mm：*ss*	按 24 小时格式设置结束时间

（4）应用程序组成

TRAFFIC 应用程序由 3 个文件组成，这 3 个文件在\C51V4\RTX_TINY\TRAFFIC 或\CDEMO\51\RTX_TINY\TRAFFIC 目录中可以找到。

① TRAFFIC.C：包括红绿灯控制程序，由下面几个任务组成。

- 任务 0：初始化。初始化串行接口，并启动其他任务，初始化仅需执行一次，执行完以后，任务 0 自己删除。

- 任务 1：命令处理。这是红绿灯控制器的命令处理程序，用于控制和处理接收到的串口命令。
- 任务 2：定时器。
- 任务 3：黄灯闪烁控制。在非正常运行时段，使黄色灯光闪烁。
- 任务 4：红绿灯控制。在正常运行时段（在开始和结束时间之间），控制红绿灯。
- 任务 5：按钮控制。读取行人操作的按钮状态，并发送信号给任务 4。
- 任务 6：退出。在串口字符流中检查 ESC 字符，如果发现 ESC 字符，就终止前一个显示命令。

② SERIAL.C：实现串行接口的中断程序。其中包括函数 putchar()和 getkey()，其他高层的输入/输出函数 printf()和 getline()将调用这两个基本的输入/输出子程序。

③ GETLINE.C：用于对来自串口的字符命令行进行处理。

(5) 参考源程序

① TRAFFIC.C

```
/******************************************************/
/* TRAFFIC.C: 红绿灯控制程序                          */
/******************************************************/
code char menu[] = "\n"
"+** 基于C51 和 RTX-51 tiny的红绿灯控制程序 **+\n"
"|这是一个简单的红绿灯控制程序。 |\n"
"|由起止时间自动控制点亮红绿灯， |\n"
"|其他时间黄灯闪亮。|\n"
"+ command -+ syntax -----+ function ---------------------------+\n"
"| Display | D | display times |\n"
"| Time | T hh:mm:ss | 设置时钟时间 |\n"
"| Start | S hh:mm:ss | 设置开始时间 |\n"
"| End | E hh:mm:ss | 设置结束时间 |\n"
"+----------+-------------+-----------------------------------+\n";
#include <reg52.h>                /* 8052专用寄存器定义*/
#include <rtx51tny.h>              /* RTX-51 tiny 定义*/
#include <stdio.h>
#include <ctype.h>
#include <string.h>
extern getline (char iData *,  char);
extern serial_init ();
#define INIT 0                    /*任务编号: init*/
#define COMMAND 1                 /*任务编号: command*/
#define CLOCK 2                   /*任务编号: clock*/
#define BLINKING 3                /*任务编号: blinking*/
#define LIGHTS 4                  /*任务编号: lights*/
#define KEYREAD 5                 /*任务编号: keyread*/
#define GET_ESC 6                 /*任务编号: get_escape*/
struct time {                     /* 时间记录*/
   unsigned char hour;            /*时*/
   unsigned char min;             /*分*/
   unsigned char sec;             /*秒*/
};
struct time ctime = { 12,  0,  0 };     /* 存储时钟时间*/
```

```
struct time start = { 7, 30, 0 };      /* 存储开始时间*/
struct time end = { 18, 30, 0 };       /* 存储结束时间*/
sbit red = P1^2;                     /* I/O 引脚定义: 红灯输出*/
sbit yellow = P1^1;                  /* I/O 引脚定义: 黄灯输出*/
sbit green = P1^0;                   /* I/O 引脚定义: 绿灯输出*/
sbit stop = P1^3;                    /* I/O 引脚定义: 禁行灯输出*/
sbit walk = P1^4;                    /* I/O 引脚定义: 步行灯输出*/
sbit key = P1^5;                     /* I/O 引脚定义: 自助键输入*/
iData char inline[16];               /* 存储命令输入行*/
/*****************************************************/
/* 任务 0 'init':初始化*/
/*****************************************************/
init () _task_ INIT {                   /* program execution starts here*/
   serial_init ();                      /*初始化串行接口*/
   os_create_task (CLOCK);              /*启动 clock 任务*/
   os_create_task (COMMAND);            /*启动 command 任务*/
   os_create_task (LIGHTS);             /*启动 lights 任务*/
   os_create_task (KEYREAD);            /*启动 keyread 任务*/
   os_delete_task (INIT);               /*停止 init 任务 (不再需要了)*/
}
bit display_time = 0;
/****************************************************/
/*任务 2 'clock'*/
/****************************************************/
clock () _task_ CLOCK {
   while (1) {
      if (++ctime.sec == 60) {             /* 计算"秒" */
         ctime.sec = 0;
         if (++ctime.min == 60) {          /* 计算"分" */
            ctime.min = 0;
            if (++ctime.hour == 24) {      /* 计算"时" */
               ctime.hour = 0;
            }
         }
      }
      if (display_time) {
         os_send_signal (COMMAND);
      }
      os_wait (K_IVL, 100, 0);  /* 等待 1s*/
   }
}
struct time rtime;  /*暂存 rtime*/
/***************************************/
/* readtime:*/
/***************************************/
bit readtime (char iData *buffer) {
   unsigned char args;
   rtime.sec = 0;
   args = sscanf (buffer, "%bd:%bd:%bd",
   &rtime.hour,
   &rtime.min,
```

```
    &rtime.sec);
    if (rtime.hour > 23 || rtime.min > 59 ||
    rtime.sec > 59 || args < 2 || args == EOF) {
       printf ("\n*** ERROR: INVALID TIME FORMAT\n");
       return (0);
    }
    return (1);
}
#define ESC 0x1B
bit escape;
/****************************************************/
/*任务 6 'get_escape':*/
/****************************************************/
get_escape () _task_ GET_ESC {
    while (1) { /* endless loop*/
       if (_getkey () == ESC) escape = 1;
       if (escape) {
          os_send_signal (COMMAND);
       }
    }
}
/****************************************************/
/*任务 1 'command':                                */
/****************************************************/
command () _task_ COMMAND {
    unsigned char I;
    printf (menu);                                   /* 显示命令菜单 */
    while (1) {
       printf ("\nCommand: ");
       getline (&inline, sizeof (inline));          /* 输入命令行 */
       for (i = 0; inline[i] != 0; i++) {          /* 转换为大写字母 */
          inline[i] = toupper(inline[i]);
       }
       for (i = 0; inline[i] == ' '; i++);          /* 忽略空白 */
       switch (inline[i]) {                         /* 进入命令功能 */
       case 'D':                                    /* 显示时间命令 */
          printf ("Start Time: %02bd:%02bd:%02bd "
          "End Time: %02bd:%02bd:%02bd\n",
          start.hour, start.min, start.sec,
          end.hour, end.min, end.sec);
          printf (" type ESC to abort\r");
          os_create_task (GET_ESC);
          escape = 0;
          display_time = 1;
          os_clear_signal (COMMAND)
          while (!escape) {
             printf ("Clock Time: %02bd:%02bd:%02bd\r", /* 显示时间 */
             ctime.hour, ctime.min, ctime.sec);
             os_wait (K_SIG, 0, 0);                 /* 等待 */
          }
          os_delete_task (GET_ESC);
```

```
            display_time = 0;
            printf ("\n\n");
            break;
        case 'T':                                        /* 设置时钟命令 */
            if (readtime (&inline[i+1])) {
                ctime.hour = rtime.hour;
                ctime.min = rtime.min;
                ctime.sec = rtime.sec;
            }
            break;
        case 'E':                                        /* 设置结束时间命令 */
            if (readtime (&inline[i+1])) {
            end.hour = rtime.hour;
            end.min = rtime.min;
            end.sec = rtime.sec;
            }
            break;
        case 'S':                                        /* 设置开始时间命令 */
            if (readtime (&inline[i+1])) {
                start.hour = rtime.hour;
                start.min = rtime.min;
                start.sec = rtime.sec;
            }
            break;
        default:                                         /* 出错处理 */
            printf (menu);                               /* 显示命令菜单 */
            break;
        }
    }
}
/*********************************************/
/* signalon: 验证时钟时间在启停之间*/
/*********************************************/
bit signalon () {
    if (memcmp (&start, &end, sizeof (struct time)) < 0) {
        if (memcmp (&start, &ctime, sizeof (struct time)) < 0 &&
        memcmp (&ctime, &end, sizeof (struct time)) < 0) return (1);
    }
    else {
        if (memcmp (&end, &ctime, sizeof (start)) > 0 &&
        memcmp (&ctime, &start, sizeof (start)) > 0) return (1);
    }
    return (0);
}
/***********************************************/
/*任务 3 'blinking':*/
/***********************************************/
blinking () _task_ BLINKING {                            /* 黄灯闪 */
    red = 0;
    yellow = 0;
    green = 0;
```

```
    stop = 0;
    walk = 0;
    while (1) {
        yellow = 1;                                    /* 黄灯亮 */
        os_wait (K_TMO, 30, 0);                        /* 延时 */
        yellow = 0;                                    /* 黄灯灭 */
        os_wait (K_TMO, 30, 0);                        /* 延时 */
        if (signalon ()) {                             /* 如果闪光时间到 */
            os_create_task (LIGHTS);                   /* 启动 lights 任务 */
            os_delete_task (BLINKING);                 /* 停止 blinking 任务 */
        }
    }
}
/******************************************/
/*任务 4 'lights':*/
/******************************************/
lights () _task_ LIGHTS {
    red = 1;                                           /* 红灯亮，其余灯灭 */
    yellow = 0;
    green = 0;
    stop = 1;
    walk = 0;
    while (1) {
        os_wait (K_TMO, 30, 0);                        /* 延时 */
        if (!signalon ()) {                            /* 如果任务时间到 */
            os_create_task (BLINKING);                 /* 启动 blinking 任务 */
            os_delete_task (LIGHTS);                   /* 停止 lights 任务 */
        }
        yellow = 1;
        os_wait (K_TMO, 30, 0);                        /* 延时*/
        red = 0;                                       /* 绿灯亮，其余灯灭 */
        yellow = 0;
        green = 1;
        os_clear_signal (LIGHTS);
        os_wait (K_TMO, 30, 0);                        /* 延时*/
        os_wait (K_TMO + K_SIG, 250, 0);
        yellow = 1;
        green = 0;
        os_wait (K_TMO, 30, 0);                        /* 延时*/
        red = 1;                                       /* 红灯亮，其余灯灭 */
        yellow = 0;
        os_wait (K_TMO, 30, 0);                        /* 延时 */
        stop = 0;                                      /* 人行绿灯亮 */
        walk = 1;
        os_wait (K_TMO, 100, 0);                       /* 延时 */
        stop = 1;                                      /* 人行红灯亮 */
        walk = 0;
    }
}
/******************************************/
/*任务 5 'keyread':*/
```

```
/*********************************************/
keyread () _task_ KEYREAD {
   while (1) { /* endless loop*/
      if (key) { /* if key pressed*/
         os_send_signal (LIGHTS);
      }
      os_wait (K_TMO, 2, 0);
   }
}
```

② SERIAL.C

```
/*********************************************/
/* SERIAL.C:*/
/*********************************************/
#include <reg52.h>
#include <rtx51tny.h>
#define OLEN 8
unsigned char ostart;
unsigned char oend;
iData char outbuf[OLEN];
unsigned char otask = 0xff;
#define ILEN 8
unsigned char istart;
unsigned char iend;
iData char inbuf[ILEN];
unsigned char itask = 0xff;
#define CTRL_Q 0x11
#define CTRL_S 0x13
bit sendfull;
bit sendactive;
bit sendstop;
/*****************************************************/
/* putbuf:*/
/*****************************************************/
putbuf (char c) {
   if (!sendfull) {                          /* 若缓冲区空，就发送 */
      if (!sendactive && !sendstop) {
         sendactive = 1;
         SBUF = c;
      }
      else {
         outbuf[oend++ & (OLEN-1)] = c;
         if (((oend ^ ostart) & (OLEN-1)) == 0) sendfull = 1;
      }
   }
}
/*****************************************************/
/* putchar:*/
/*****************************************************/
char putchar (char c) {
```

```
    if (c == '\n') {
        while (sendfull) {
            otask = os_running_task_id ();
            os_wait (K_SIG, 0, 0);                 /* RTX-51 调用：等待信号*/
        otask = 0xff;                              /* 清除输出任务数 */
        }
        putbuf (0x0D);                             /* 在 LF 前，发送 CR */
    }
    while (sendfull) {                             /* 等待发送缓冲区空 */
        otask = os_running_task_id ();             /* 设置输出任务数 */
        os_wait (K_SIG, 0, 0);                     /* RTX-51 调用：等待信号*/
        otask = 0xff;                              /* 清除输出任务数 */
    }
    putbuf (c);                                    /* 发送字符*/
    return (c);
}
/*****************************************************/
/* _getkey:                                         */
/*****************************************************/
char _getkey (void) {
    while (iend == istart) {
        itask = os_running_task_id ();             /* 设置输入任务数 */
        os_wait (K_SIG, 0, 0);                     /* RTX-51 调用：等待信号*/
        itask = 0xff;                              /* 清除输入任务数 */
    }
    return (inbuf[istart++ & (ILEN-1)]);
}
/***************************************************/
/* serial:*/
/***************************************************/
serial () interrupt 4 using 2 {
    unsigned char c;
    bit start_trans = 0;
    if (RI) {                                      /* 接收中断*/
        c = SBUF;                                  /* 读入字符*/
        RI = 0;                                    /* 清除接收中断标志*/
        switch (c) {                               /* 处理字符*/
            case CTRL_S:
            sendstop = 1;                          /* 若为 Control+S，停止传送*/
            break;
            case CTRL_Q:
            start_trans = sendstop;                /*若为 Control+Q，启动传送*/
            sendstop = 0;
            break;
            default:
            if (istart + ILEN != iend) {
                inbuf[iend++ & (ILEN-1)] = c;
            }
            if (itask != 0xFF) isr_send_signal (itask);
            break;
        }
```

```
    }
    if (TI || start_trans) {                        /* 发送中断*/
       TI = 0;                                      /* 清除发送中断标志*/
       if (ostart != oend) {
          if (!sendstop) {                          /* 若非 Control+S */
             SBUF = outbuf[ostart++ & (OLEN-1)];    /* 发送字符*/
             sendfull = 0;
             if (otask != 0xFF) isr_send_signal (otask);
          }
       }
       else sendactive = 0;
    }
}
/*****************************************************/
/* serial_init:*/
/*****************************************************/
serial_init () {
    SCON = 0x50;
    TMOD |= 0x20;
    TH1 = 0xf3;                          /* 波特率 2400 */
    TR1 = 1;                             /* 启动定时器 1*/
    ES = 1;                              /* 开串行口中断*/
}
```

③ GETLINE.C

```
GETLINE.C
/*****************************************************/
/* GETLINE.C:*/
/*****************************************************/
#include <stdio.h>
#define CNTLQ 0x11
#define CNTLS 0x13
#define DEL 0x7F
#define BACKSPACE 0x08
#define CR 0x0D
#define LF 0x0A
/*****************************************************/
/* Line Editor*/
/*****************************************************/
void getline (char iData *line,  unsigned char n) {
    unsigned char cnt = 0;
    char c;
    do {
       if ((c = _getkey ()) == CR) c = LF;       /* 读入字符*/
       if (c == BACKSPACE || c == DEL) {
          if (cnt != 0) {
             cnt--;
             line--;
             putchar (0x08);
             putchar (' ');
```

```
                putchar (0x08);
            }
        }
        else if (c != CNTLQ && c != CNTLS) {
            putchar (*line = c); /
            line++;
            cnt++;
        }
    } while (cnt < n - 1 && c != LF);
    *line = 0;
}
```

8.3 μC/OS-II 实时操作系统

μC/OS 是一个特殊风格的嵌入式操作系统，它有多个版本，可以适应从 x86 到 8051 的各种不同类型不同规模的嵌入式系统，原来代码开放，但某些改进版本，代码不开放。

1. μC/OS-II 的特点

μC/OS－Ⅱ具有以下特点：

① 可移植性：绝大部分 μC/OS 的源码是用移植性很强的 ANSI C 写的，和微处理器硬件相关的那部分是用汇编语言写的，汇编语言写的部分已经压到最低限度。

② 可固化：μC/OS 是为嵌入式应用而设计的，用户可以通过固化手段将 μC/OS 嵌入到产品中成为产品的一部分。

③ 可裁减：μC/OS 系统由多个相对独立的、短小精炼的目标模块组成，用户可根据需要选择适当模块来裁剪和配置系统。这样，通过目标模块之间的按需组合，可以减少产品中的 μC/OS 所需的存储空间，这种裁减性是靠条件编译实现的。

④ 占先式：μC/OS 完全是占先式的实时内核，即 μC/OS 总是运行就绪条件下优先级最高的任务。

⑤ 多任务：μC/OS 可以管理 64 个任务，每个任务的优先级必须是不同的，其中系统占用 8 个，应用程序最多可以有 56 个任务。

⑥ 可确定性：全部 μC/OS 的函数调用与服务的执行时间是可知的，即 μC/OS 系统服务的执行时间不依赖于应用程序任务的多少。

⑦ 任务栈：μC/OS 允许每个任务有不同的堆栈空间，以便压低应用程序对 RAM 的需求。

⑧ 系统服务：μC/OS 由多个相对独立的、短小精炼的目标模块组成，这些模块有：任务管理、时间管理、任务间的通信与同步、内存管理。其中，任务管理提供建立任务、删除任务、请求删除任务、任务的堆栈检查、改变任务的优先级、挂起任务、恢复任务和任务信息查询的系统调用；时间管理提供任务延时、取消任务延时和查询系统时间的系统调用；任务间通信与同步提供基于信号量、邮箱和消息队列机制的系统调用；内存管理提供内存分区的建立、分配、释放和查询的系统调用。

⑨ 中断管理：中断可以使正在执行的任务暂时挂起，如果优先级更高的任务被该中断唤醒，则高优先级的任务在中断嵌套全部退出后立即执行，中断嵌套层数可达 255 层。

⑩ 稳定性和可靠性：μC/OS 自 1992 年以来已经有好几百个商业应用。

2. μC/OS-II 内核

实时操作系统对系统资源进行管理，主要包括任务调度、时间管理、内存管理、资源管理（信号灯、邮箱、消息队列）四大部分。μC/OS 所有系统服务均由内核提供。内核将应用系统和底层硬件结合成一个完整的实时系统。

(1) 任务调度

任务可以是一个无限的循环，也可以在一次执行完毕后被删除。这里要注意的是，任务代码并不是被真正的删除，而只是 μC/OS-Ⅱ不再理会该任务代码，所以该任务代码不会再运行。

任务看起来与任何 C 函数一样，具有一个返回类型和一个参数，只是它从不返回。任务的返回类型必须被定义成 void 型。

任务的调度包括如何在用户的应用程序中建立任务、删除任务、改变任务的优先级、挂起和恢复任务，以及获得有关任务的信息。它主要由下列函数组成：

- 建立任务 OSTaskCreate()；
- 建立任务 OSTaskCreateExt()；
- 堆栈检验 OSTaskStkChk()；
- 删除任务 OSTaskDel()；
- 请求删除任务 OSTaskDelReq()；
- 改变任务的优先级 OSTaskChangePrio()；
- 挂起任务 OSTaskSuspend()；
- 恢复任务 OSTaskResume()；
- 获得有关任务的信息 OSTaskQuery()。

以上函数可以在 OS_TASK 文件中找到。

① 建立任务函数 OSTaskCreate()或 OSTaskCreateExt()。

想让 μC/OS-Ⅱ管理用户的任务，用户必须要先建立任务。用户可以通过传递任务地址和其他参数到以下两个函数之一来建立任务：OSTaskCreate() 或 OSTaskCreateExt()。OSTaskCreate()与 μC/OS 是向下兼容的，OSTaskCreateExt()是 OSTaskCreate()的扩展版本，提供了一些附加的功能。用两个函数中的任何一个都可以建立任务。

任务可以在多任务调度开始前建立，也可以在其他任务的执行过程中建立。在开始多任务调度(即调用 OSStart())前，用户必须至少建立一个任务。任务不能由中断服务程序(ISR)来建立。

OSTaskCreate() 格式为：

```
INT8U OSTaskCreate (void (*task) (void *pd), void *pData, OS_STK *ptos, INT8U
prio)
```

其中参数说明如下：

- OSTaskCreate()：需要 4 个参数。
- task：任务代码的指针。
- pData：当任务开始执行时传递给任务的参数的指针。
- ptos：分配给任务的堆栈的栈顶指针。
- prio：分配给任务的优先级。

返回值：

- OS_NO_ERR：任务成功建立。
- OS_PRIO_EXIST：此优先级上已有一个任务。
- OS_PRIO_INVALID：此优先级上已有一个休眠的任务。

OSTaskCreateExt() 格式为：

```
INT8U OSTaskCreateExt (void  (*task)(void *pd), void  *pData, OS_STK *ptos,
INT8U  prio, INT16U  id, OS_STK *pbos, INT32U  stk_size, void  *pext, INT16U  opt)
```

其中参数说明如下：

OSTaskCreateExt()需要 9 个参数，前 4 个参数(task、pData、ptos 和 prio)与 OSTaskCreate()的 4 个参数完全相同，连先后顺序都一样。

- id 参数为要建立的任务创建一个特殊的标识符。该参数在 μC/OS 以后的升级版本中可能会用到，但在 μC/OS-Ⅱ中还未使用。这个标识符可以扩展 μC/OS-Ⅱ功能，使它可以执行的任务数超过 64 个。但在这里，用户只要简单地将任务的 id 设置成与任务的优先级一样的值就可以了。
- pbos 是指向任务的堆栈栈底的指针，用于堆栈的检验。
- stk_size 用于指定堆栈成员数目的容量。也就是说，如果堆栈的入口宽度为 4 字节宽，那么 stk_size 为 10000 是指堆栈有 40000 个字节。该参数与 pbos 一样，也用于堆栈的检验。
- pext 是指向用户附加的数据域的指针，用来扩展任务的 OS_TCB。
- opt 用于设置 OSTaskCreateExt()的选项，指定是否允许堆栈检验，是否将堆栈清零，任务是否要进行浮点操作，等等。μCOS_Ⅱ.H 文件中有一个所有可能选项(OS_TASK_OPT_STK_CHK、OS_TASK_OPT_STK_CLR 和 OS_TASK_OPT_SAVE_FP)的常数表。每个选项占有 opt 的一位，并通过该位的置位来选定(用户在使用时只需要将以上 OS_TASK_OPT_???选项常数进行位或(OR)操作即可)。

② 任务堆栈和堆栈检验函数 OSTaskStkChk()。

每个任务都有自己的堆栈空间。堆栈必须声明为 OS_STK 类型，并且由连续的内存空间组成。用户可以静态分配堆栈空间(在编译的时候分配)也可以动态地分配堆栈空间(在运行的时候分配)。

堆栈检验函数 OSTaskStkChk()可以用来统计从堆栈栈底开始的堆栈空闲空间。这样用户就可以避免为任务分配过多的堆栈空间，从而减少自己的应用程序代码所需的 RAM(内存)数量。

OSTaskStkChk() 格式为：

```
INT8U OSTaskStkChk (INT8U prio,  OS_STK_DATA *pData)
```

其中：

- prio 是想检验的任务的优先级。
- OS_STK_DATA 数据结构用来保存有关任务堆栈的信息。

③ 删除任务 OSTaskDel()。

通过调用 OSTaskDel()就可以完成删除任务的功能。OSTaskDel()一开始应确保用户所要删除的任务并非是空闲任务，因为删除空闲任务是不允许的。

OSTaskDel() 格式为：

```
INT8U OSTaskDel (INT8U prio)
```

其中，prio 是想删除的任务的优先级。

④ 请求删除任务 OSTaskDelReq()。

有时候，如果任务 A 拥有内存缓冲区或信号量之类的资源，而任务 B 想删除该任务，这些资源就可能由于没被释放而丢失。在这种情况下，用户可以设法让拥有这些资源的任务在使用完资源后，先释放资源，再删除自己。用户可以通过 OSTaskDelReq()函数来完成该功能。

发出删除任务请求的任务(任务 B)和要删除的任务(任务 A)都需要调用 OSTaskDelReq()函数。

任务 B 在需要请求删除任务的情况下调用 OSTaskDelReq()函数。如果要被删除的任务不存在(即任务已被删除或是还没被建立)，OSTaskDelReq()返回 OS_TASK_NOT_EXIST。如果 OSTaskDelReq()的返回值为 OS_NO_ERR，则表明请求已被接受但任务还没被删除。

任务 A 通过调用 OSTaskDelReq(OS_PRIO_SELF)来确认自己是否需要被删除。

⑤ 改变任务的优先级 OSTaskChangePrio()。

在用户建立任务的时候会分配给任务一个优先级。在程序运行期间，用户可以通过调用 OSTaskChangePrio()来改变任务的优先级。μC/OS-Ⅱ允许用户动态地改变任务的优先级。

OSTaskChangePrio() 格式为：

```
INT8U OSTaskChangePrio (INT8U oldprio， INT8U newprio)
```

其中，oldprio 表示旧的优先级，newprio 表示新的优先级。

μC/OS-Ⅱ不允许多个任务具有相同的优先级，所以 OSTaskChangePrio()需要检验新优先级是否是合法的（即不存在具有新优先级的任务）。如果新优先级是合法的，则保留这个优先级。

⑥ 挂起任务 OSTaskSuspend()。

通过调用 OSTaskSuspend()函数可以挂起任务。被挂起的任务只能通过调用 OSTaskResume()函数来恢复。

OSTaskSuspend() 格式为：

```
INT8U OSTaskSuspend (INT8U prio)
```

其中，prio 是想挂起的任务的优先级。

返回值：

- OS_NO_ERR：任务被成功挂起。
- OS_SUSPEND_IDLE：任务已休眠，不能被挂起。
- OS_PRIO_INVALID：此优先级大于 OS_MAX_TASK。
- OS_TASK_SUSP_PRIO：此优先级没有被注册的任务。

⑦ 恢复任务 OSTaskResume()。

通过调用 OSTaskResume()函数来恢复被挂起的任务。

OSTaskResume() 格式为：

```
INT8U OSTaskResume (INT8U prio)
```

其中，prio 是想恢复的任务的优先级。

返回值：

- OS_NO_ERR：任务被成功激活。
- OS_TASK_NOT_SUSP：任务并没有被挂起。
- OS_PRIO_INVALID：此优先级大于 OS_MAX_TASK。
- OS_TASK_NOT_EXIST：此优先级没有被注册的任务。

⑧ 获得有关任务的信息 OSTaskQuery()。

用户的应用程序可以通过调用 OSTaskQuery()来获得自身或其他应用任务的信息。

OSTaskQuery() 格式为：

```
INT8U OSTaskQuery (INT8U prio, OS_TCB *pData)
```

其中：

- prio 是想获得信息的任务的优先级。
- OS_TCB 是想获得信息的任务控制块。

(2) 时间管理

μC/OS-Ⅱ(其他内核也一样)要求用户提供定时中断来实现延时与超时控制等功能。这个定时中断叫做时钟节拍，它应该每秒发生 10～100 次。时钟节拍的实际频率是由用户的应用程序决定的。时钟节拍的频率越高，系统的负荷就越重。

与时钟节拍有关的系统服务主要有：

- 任务延时函数 OSTimeDly()；
- 按时分秒延时函数 OSTimeDlyHMSM()；
- 结束延时函数 OSTimeDlyResume()；
- 设置系统时间 OSTimeGet()；
- 返回系统时间 OSTimeSet()。

它们都包含在 OS_TIME.C 文件中。

① 任务延时函数 OSTimeDly()。

OSTimeDly()函数可以使用户按时钟节拍数来定义延时时间。该函数的参数是延时的时钟节拍数——一个 1～65 535 之间的数。使用该函数，用户的应用程序需要知道延时时间对应的时钟节拍的数目。

任务调用 OSTimeDly()后，一旦规定的时间期满或者有其他的任务通过调用 OSTimeDlyResume()取消了延时，它就会马上进入就绪状态。注意，只有当该任务在所有就绪任务中具有最高的优先级时，它才会立即运行。

OSTimeDly() 格式为：

```
void OSTimeDly (INT16U ticks)
```

其中，ticks 是延时的时钟节拍数（1~65535）。

② 按时分秒延时函数 OSTimeDlyHMSM()。

OSTimeDlyHMSM()函数可以使用户按小时(h)、分(m)、秒(s)和毫秒(ms)来定义延时时间。

任务调用 OSTimeDlyHMSM()后，一旦规定的时间期满或者有其他的任务通过调用 OSTimeDlyResume()取消了延时，它就会马上处于就绪态。同样，只有当该任务在所有就绪态任务中具有最高的优先级时，它才会立即运行。

OSTimeDlyHMSM() 格式为：

```
INT8U OSTimeDlyHMSM (INT8U hours, INT8U minutes, INT8U seconds, INT16U milli)
```

其中：

- hours 表示小时。
- minutes 表示分。
- seconds 表示秒。
- milli 表示毫秒。

③ 结束延时函数 OSTimeDlyResume()。

μC/OS-Ⅱ允许用户结束延时正处于延时期的任务。通过调用 OSTimeDlyResume()可以取消指定任务的延时，不等待延时期满，就使指定的任务处于就绪态。实际上，OSTimeDlyResume()也可以唤醒正在等待事件的任务，虽然这一点并没有提到过。在这种情况下，等待事件发生的任务会考虑是否终止等待事件。

该函数的参数是要恢复的任务的优先级。

OSTimeDlyResume() 格式为：

```
INT8U OSTimeDlyResume (INT8U prio)
```

其中，prio 是想唤醒的任务的优先级。

返回值：

- OS_NO_ERR：任务被成功唤醒。
- OS_TIME_DLY：任务并没有休眠。
- OS_PRIO_INVALID：此优先级大于 OS_MAX_TASK。
- OS_TASK_NOT_EXIST：此优先级没有被注册的任务。

④ 设置系统时间 OSTimeSet()。

通过调用 OSTimeSet()可以改变时钟节拍计数器的值。

该函数的参数是时钟节拍计数器的新值。

OSTimeSet() 格式为：

```
void OSTimeSet (INT32U ticks)
```

其中，ticks 是时钟节拍计数器的新值。

⑤ 返回系统时间 OSTimeGet()。

通过调用 OSTimeGet()可以获得时钟节拍计数器的当前值。

OSTimeGet() 格式为：

```
INT32U OSTimeGet (void)
```

返回值：ticks——时钟节拍计数器的当前值。

(3) 内存管理

内存管理模块用来对需要管理的内存块进行简单的管理：分配（动态分配）和释放（动态回收）。它主要由一个数据结构体和 5 个函数组成：

- 内存控制块数据结构 OS_MEM。
- 内存分区建立函数 OSMemCreate ( )。
- 内存块分配函数 OSMemGet ( )。
- 内存块释放函数 OSMemPut ( )。
- 内存分区状态查询函数 OSMemQuery ( )。
- 内存控制块链表初始化函数 OSMemInit ( )。

① 内存控制块数据结构 OS_MEM。

为了便于内存的管理，在 μC/OS-II 中使用内存控制块（Memory Control Blocks）的数据结构来跟踪每一个内存分区。

其定义如下：

```
typedef struct {
    void *OSMemaddr;
```

```
    void *OSMemFreeList;
    INT32U OSMemBlkSize;
    INT32U OSMemNBlks;
    INT32U OSMemNFree;
} OS_MEM;
```

系统中每个内存分区必须有一个属于自己的内存控制块，只有这样，内存管理模块中的 5 个函数才能对这个内存分区进行管理和操作。

- OSMemaddr 是指向内存分区起始地址的指针。它在建立内存分区时被初始化，在此之后就不能更改了。
- OSMemFreeList 是指向下一个空闲内存控制块或者下一个空闲的内存块的指针，具体含义要根据该内存分区是否已经建立来决定。
- OSMemBlkSize 是内存分区中内存块的大小，是用户建立该内存分区时指定的。
- OSMemNBlks 是内存分区中总的内存块数量，也是用户建立该内存分区时指定的。
- OSMemNFree 是内存分区中当前可以空闲的内存块数量。

如果要在 μC/OS-II 中使用内存管理，需要：

- 打开配置文件 OS_CFG.H，将开关量 OS_MEM_EN 设置为 1：#define OS_MEM_EN 0。
- 打开配置文件 OS_CFG.H，设置系统要建立的任务分区的数量：#define OS_MAX_MEM_PART，该常数值至少应为 2。

② 内存分区建立函数 OSMemCreate()。

在使用一个内存分区之前，必须先建立该内存分区。这个操作可以通过调用 OSMemCreate() 函数来完成。

OSMemCreate() 格式为：

```
OSMemCreate(OSMemaddr, OSMemNBlks, OSMemBlkSize, &err)
```

该函数共有 4 个参数：内存分区的起始地址、分区内的内存块总块数、每个内存块的字节数和一个指向错误信息代码的指针。

③ 内存块分配函数 OSMemGet()。

应用程序调用 OSMemGet()函数可以从已经建立的内存分区中申请一个内存块。该函数的唯一参数是指向特定内存分区的指针，该指针在建立内存分区时，由 OSMemCreate()函数返回。显然，应用程序必须知道内存块的大小，并且在使用时不能超过该容量。

OSMemGet() 格式为：

```
void *OSMemGet (OS_MEM *pmem, INT8U *err)
```

其中：

- *pmem 是指向特定内存分区的指针。
- *err 是指向错误信息代码的指针。

④ 内存块释放函数 OSMemPut()。

用户创建的任务不再使用申请来的内存块时，必须及时地调用 OSMemPut()来把内存块释放到相应的内存分区中。需要注意的是，这个内存块从哪个内存分区中申请来的就必须释放到那个内存分区中，否则会造成系统崩溃；这个用户在编写任务时注意就可以避免。

OSMemGet()和 OSMemPut()应该成对使用。

OSMemPut() 格式为：

```
INT8U OSMemPut (OS_MEM *pmem, void *pblk)
```

其中：

- *pmem 是指向特定内存分区的指针。
- *pblk 是空闲内存块链表。

⑤ 内存分区状态查询函数 OSMemQuery()。

在 μC/OS-II 中，可以使用 OSMemQuery()函数来查询一个特定内存分区的相关信息。通过该函数可以知道特定内存分区中内存块的大小、可用内存块数和正在使用的内存块数等信息。所有这些信息都放在一个叫做 OS_MEM_DATA 的数据结构中。

OSMemQuery() 格式为：

```
INT8U OSMemQuery (OS_MEM *pmem， OS_MEM_DATA *pData)
```

其中：

- *pmem 是指向特定内存分区的指针。
- *pData 是指 OS_MEM_DATA 的数据结构。

(4) 资源管理

μC/OS-II 中的资源管理主要包括信号灯、邮箱、消息队列等。

① 信号灯：信号灯管理模块主要由 5 个函数组成。

- 信号灯初始化函数 OSSemInit ( )。
- 信号灯获取函数 OSSemPend ( )。
- 信号灯计数器函数 OSSemAccept ( )。
- 信号灯释放函数 OSSemPost ( )。
- 信号灯删除函数 OSSemClear ( )。

Ⅰ. 信号灯初始化函数 OSSemInit()。

OSSemInit()函数初始化一个信号灯，可用来同步对公共资源的存取。

OSSemInit() 格式为：

```
UBYTE OSSemInit (OS_SEM *psem， UWORD cnt)
```

其中：

- *psem 是信号灯指针。
- cnt 可同时支持的最大进程数。

返回值：OS_NO_ERR——信号灯被初始化。

Ⅱ. 信号灯获取函数 OSSemPend()。

OSSemPend()函数用来获取一个信号灯以及对其保护资源的存取。

OSSemPend() 格式为：

```
UBYTE OSSemPend(OS_SEM *psem， UWORD timeout)
```

其中：

- *psem 是信号灯指针。
- timeout 以内核时钟节拍为单位的等待时间(1~65 534)。

返回值：

- OS_NO_ERR：获得信号灯。
- OS_SEM_NODATA：信号灯被占用（ timeout =OS_NO_SUSP 时）。
- OS_TIMEOUE：信号灯被占用（经过等待 timeout 后）。

Ⅲ. 信号灯计数器函数 OSSemAccept()。

OSSemAccept()函数可用来利用信号灯实现事件计数器的功能。

OSSemAccept()格式为：

```
UBYTE OSSemAccept(OS_SEM *psem, UWORD *cnt, UWORD timeout)
```

其中：

- *psem 是信号灯指针。
- *cnt 是变量指针，该变量获得计数值。
- timeout 以内核时钟节拍为单位的等待时间(1~65534)。

返回值：

- OS_NO_ERR：至少有一次事件发生。
- OS_SEM_NODATA：计时器为 0（ timeout =OS_NO_SUSP 时）。
- OS_TIMEOUE：计时器为 0（经过等待 timeout 后）。

Ⅳ. 信号灯释放函数 OSSemPost()。

OSSemPost()函数用来释放使用完的信号灯，释放被保护资源。

OSSemPost() 格式为：

```
UBYTE OSSemPost(OS_SEM *psem)
```

其中：*psem 是信号灯指针。

返回值：

- OS_NO_ERR：信号灯被释放。
- OS_SEM_OVF：信号灯操作出错（计数值太大）。

Ⅴ. 信号灯删除函数 OSSemClear()。

OSSemClear()函数用来删除信号灯的计数值。

OSSemClear() 格式为：

```
UBYTE OSSemClear(OS_SEM *psem)
```

其中，*psem 是信号灯指针。

② 邮箱：邮箱管理模块主要由 3 个函数组成。

- 邮箱初始化函数 OSMboxInit（）。
- 邮箱获取函数 OSMboxPend（）。
- 邮箱释放函数 OSMboxPost（）。

Ⅰ. 邮箱初始化函数 OSMboxInit()。

OSMboxInit()函数用来初始化一个信箱。

OSMboxInit() 格式为：

```
UBYTE OSMboxInit(OS_MBOX*pmbox)
```

其中：*pmbox 是信箱指针。

返回值：OS_NO_ERR——信箱被初始化。

Ⅱ. 邮箱获取函数 OSMboxPend()。

OSMboxPend()函数用来从信箱获取信息。

OSMboxPend()格式为：

```
UBYTE OSMboxPend(OS_MBOX*pmbox, void OS_FAR *msg, UWORD timeout)
```

其中：

- *pmbox：信箱指针。

- *msg：接收缓冲区指针。
- Timeout：以内核时钟节拍为单位的等待时间(1~65534)。

返回值：

- OS_NO_ERR：成功获取信息。
- OS_MBOX_NODATA：信箱中没有信息（ timeout =OS_NO_SUSP 时）。
- OS_TIMEOUE：信箱中没有信息（经过等待 timeout 后）。

Ⅲ. 邮箱释放函数 OSMboxPost()。

OSMboxPost()函数用来向信箱发送一个信息。

OSMboxPost()格式为：

```
UBYTE OSMboxPost(OS_MBOX*pmbox, void OS_FAR *msg, UWORD timeout)
```

其中：

- *pmbox：信箱指针。
- *msg：发送缓冲区指针。
- timeout：以内核时钟节拍为单位的等待时间(1~65534)。

返回值：

- OS_NO_ERR：成功发送信息。
- OS_MBOX_FULL：信箱已满（ timeout =OS_NO_SUSP 时）。
- OS_TIMEOUE：信箱已满（经过等待 timeout 后）。

③ 消息队列：消息队列管理模块主要由 6 个函数组成：

- 队列初始化函数 OSQueueInit()。
- 队列状态获取函数 OSQueueInfo()。
- 队列获取函数 OSQueuePend()。
- 队列发送函数 OSQueuePost()。
- 队列头发送函数 OSQueueFrontPost()。
- 队列删除函数 OSQueueClear()。

Ⅰ. 队列初始化函数 OSQueueInit()。

OSQueueInit()函数用来初始化一个队列。

OSQueueInit() 格式为：

```
UBYTE OSQueueInit(OS_Q*pq, void OS_HUGE*buffer, UWORD size)
```

其中：

- *pq：是队列指针。
- *buffer：是内核缓冲区指针。
- Size：以字节为单位的内核缓冲区大小。

返回值：OS_NO_ERR——队列被初始化。

Ⅱ. 队列状态获取函数 OSQueueInfo()。

OSQueueInfo()函数用来获取一个队列的状态。

OSQueueInfo() 格式为：

```
UBYTE OSQueueInfo(OS_Q*pq, UWORD*size, UWORD*used, UBYTE *prio)
```

其中：

- *pq：是队列指针。

- *size：指向变量的指针，将获得队列大小。
- *used：指向变量的指针，将获得队列中已用字节数。
- *prio：指向变量的指针，将获得处于等待状态的任务的优先级。

返回值：OS_NO_ERR——无错误。

Ⅲ. 队列获取函数 OSQueuePend()。

OSQueuePend()函数用来从队列中获取一个字节。

OSQueuePend() 格式为：

```
UBYTE OSQueuePend(OS_Q*pq， UBYTE OS_FAR *msg， UWORD timeout)
```

其中：

- *pq：是队列指针。
- *msg：接收字节指针。
- timeout：以内核时钟节拍为单位的等待时间(1~65534)。

若使 timeout=OS_NO_SUSP ，没有可用字节，函数也会立即返回；若使 timeout=OS_SUSPEND，没有可用字节，函数将一直等到有可用字节才返回。

返回值：

- OS_NO_ERR：成功获取信息。
- OS_Q_NODATA：队列中没有信息（ timeout =OS_NO_SUSP 时）。
- OS_TIMEOUE：队列中没有信息（经过等待 timeout 后）。

Ⅳ. 队列发送函数 OSQueuePost()。

OSQueuePost()函数用来发送一个字节到队列中。

OSQueuePost() 格式为：

```
UBYTE OSQueuePost(OS_Q*pq， UBYTE OS_FAR *msg， UWORD timeout)
```

其中：

- *pq：是队列指针。
- *msg：接收字节指针。
- timeout：以内核时钟节拍为单位的等待时间(1~65534)。

若使 timeout=OS_NO_SUSP，队列没有可用空间，函数也会立即返回；若使 timeout=OS_SUSPEND，队列没有可用空间，函数将一直等到有可用空间才返回。

返回值：

- OS_NO_ERR：成功发送。
- OS_Q_FULL：队列满（ timeout =OS_NO_SUSP 时）。
- OS_TIMEOUE：队列满（经过等待 timeout 后）。

Ⅴ. 队列头发送函数 OSQueueFrontPost()。

OSQueueFrontPost()函数用来发送一个字节到队列头部。

OSQueueFrontPost() 格式为：

```
UBYTE OSQueueFrontPost(OS_Q*pq， UBYTE OS_FAR *msg， UWORD timeout)
```

其中：

- *pq：是队列指针。
- *msg：接收字节指针。
- timeout：以内核时钟节拍为单位的等待时间(1~65 534)。

若使 timeout=OS_NO_SUSP，队列没有可用空间，函数也会立即返回；若使 timeout=OS_SUSPEND，队列没有可用空间，函数将一直等到有可用空间才返回。

返回值：

- OS_NO_ERR：成功发送。
- OS_Q_FULL：队列满（ timeout =OS_NO_SUSP 时）。
- OS_TIMEOUE：队列满（经过等待 timeout 后）。

Ⅵ. 队列删除函数 OSQueueClear()。

OSQueueClear()函数用来删除一个队列中的内容。

OSQueueClear() 格式为：

```
UBYTE OSQueueClear(OS_Q*pq)
```

其中，*pq 是队列指针。

返回值：OS_NO_ERR——队列中的内容被删除。

3. μC/OS 51 移植

移植时内核是不变的，开发者根据自己应用系统的需要来选择实时操作系统内核，开发者不能对内核随意访问，只能使用内核提供的功能服务来开发自己的应用系统。内核确定，那么根据所提供的系统管理能力，系统服务也就得到了限定。开发者只能在规定的范围内对系统作些改动。

μC/OS 51 移植涉及两个方面：与处理器相关的代码和与应用相关的代码。

（1）与处理器相关的代码

这是移植中最关键的部分。内核将应用系统和底层硬件有机地结合成一个实时系统，要使同一个内核能适用于不同的硬件体系，就需要在内核和硬件之间有一个中间层，这就是与处理器相关的代码。处理器不同，这部分代码也不同。

在移植时需要自己处理这部分代码，可以自己编写，也可以直接使用已经成功移植的代码。在 μC/OS 中这一部分代码包括 3 个文件：OS_CPU.H、OS_CPU_A.ASM、OS_CPU_C.C。

① OS_CPU.H：包括用#define 定义的与处理器相关的常量、宏和类型定义。

具体来讲有系统数据类型定义、栈增长方向定义、关中断和开中断定义、系统软中断的定义等。

② OS_CPU_A.ASM：这部分需要对处理器的寄存器进行操作，所以必须用汇编语言来编写。包括 4 个子函数：OSStartHighRdy()、OSCtxSw()、OSIntCtxSw()、OSTickISR()。

- OSStartHighRdy()：在多任务系统启动函数 OSStart()中调用。完成的功能是：设置系统运行标志位 OSRunning = TRUE；将就绪表中最高优先级任务的栈指针 Load 到 SP 中，并强制中断返回。这样就绪的最高优先级任务就如同从中断里返回到运行态一样，使得整个系统得以运转。
- OSCtxSw()：在任务级任务切换函数中调用。任务级切换是通过 SWI 或者 TRAP 人为制造的中断来实现的 ISR 的向量地址必须指向 OSCtxSw()。这一中断完成的功能：保存任务的环境变量(主要是寄存器的值，通过入栈来实现)，将当前 SP 存入任务 TCB 中，载入就绪最高优先级任务的 SP，恢复就绪最高优先级任务的环境变量，中断返回。这样就完成了任务级的切换。

- OSIntCtxSw()：在退出中断服务函数 OSIntExit()中调用，实现中断级任务切换。由于是在中断里调用，处理器的寄存器入栈工作已经做完，就不用作这部分工作了。具体完成的任务：调整栈指针(因为调用函数会使任务栈结构与系统任务切换时堆栈标准结构不一致)，保存当前任务 SP，载入就绪最高优先级任务的 SP，恢复就绪最高优先级任务的环境变量，中断返回。这样就完成了中断级任务切换。
- OSTickISR()：系统时钟节拍中断服务函数，这是一个周期性中断，为内核提供时钟节拍。频率越高系统负荷越重。其周期的大小决定了内核所能给应用系统提供的最小时间间隔服务。一般只限于 ms 级(跟 MCU 有关)，对于要求更加苛刻的任务需要用户自己建立中断来解决。该函数具体内容：保存寄存器(如果硬件自动完成就可以省略)，调用 OSIntEnter()，调用 OSTimeTick()，调用 OSIntExit()，恢复寄存器，中断返回。

③ OS_CPU_C.C：μC/OS 中共定义了 6 个函数在该文件中。但是，最重要的是 OSTaskStkInit()，其他都是对系统内核的扩展时用的。

OSTaskStkInit()是在用户建立任务时系统内部自己调用的，对用户任务的堆栈进行初始化。使建立好的进入就绪态任务的堆栈与系统发生中断并且将环境变量保存完毕时的栈结构一致。这样，就可以用中断返回指令使就绪的任务运行起来。

具体的入栈方式要根据不同的 MCU 而定，需要参考用户使用的 MCU 说明书，同时还要考虑 MCU 的栈生成方式。这需要根据具体问题来分析，在此不做过多论述。

(2) 与应用相关的代码

这一部分是用户根据自己的应用系统来定制合适的内核服务功能。包括两个文件：OS_CFG.H、INCLUDES.H。

① OS_CFG.H：配置内核，用户根据需要对内核进行定制，留下需要的部分，去掉不需要的部分，设置系统的基本情况。比如，系统可提供的最大任务数量，是否定制邮箱服务，是否需要系统提供任务挂起功能，是否提供任务优先级动态改变功能等。

② INCLUDES.H：系统头文件，整个实时系统程序所需要的文件，包括内核和用户的头文件。

4. 用户应用系统编写的模式

用户应用系统是整个实时系统的最高层，用户通过利用实时操作系统提供的服务来开发自己的具体程序。

kernel 提供给用户一些功能函数，使得用户的系统建立更加方便，但是 kernel 内部不会处理用户的工作，对于整个系统的具体应用工作还需要用户自己去考虑。因此，如何利用好这些功能服务函数就成为一个比较重要的问题。

(1) main()函数的结构

```
void main (void)
{
  初始化系统的硬件;
  OSInit();
  任务的建立，消息机制的建立;
  OSStart();
}
```

这里需要的是在 OSStart()执行之前不得启动中断，硬件系统还不能工作，必须先让软件系统进入工作状态后才行。

（2）中断的结构

```
ISR:
  {
    保存处理器寄存器的值;
    调用 OSIntEnter();

    执行用户的工作;
    调用 OSIntExit();
    恢复处理器寄存器的值;
    RTI;
  }
```

用户的中断形式和以前一样，没有什么大的变化，仅仅是在原来用户 ISR 的基础上在固定的位置加了两个函数：OSIntEnter()、OSIntExit()。

（3）各个任务的结构

```
void YourTask (void)
{
    for(;; )
    {
       用户代码
       调用的系统服务
    }
}
```

在任务启动函数执行完后，系统会切换到最高优先级的任务去执行，此时，可以将系统硬件部分的启动放在该任务的最前边，仅仅是启动时执行一次，主要是启动系统的节拍中断，或者一些必须在多任务系统调度后才能初始化的部分，使系统真正开始工作，达到软件、硬件的基本同步。

```
Void  HighestPrioTask(void)
{
    OSStartHardware();
    For (;; )
    {
       用户代码
       调用的系统服务
   }
}
```

用户可以按照这些格式去编写自己的任务，建立自己的应用系统。

小结

本章简单介绍了实时操作系统的基本概念，详细介绍了适合 51 单片机系统的 RTX51 及 UC/OS 等实时操作系统。通过本章的学习，读者可以初步建立对实时操作系统的全面认识，学会自行选配 RTOS 开发平台。

习题

1. 什么是实时操作系统？
2. 实时多任务操作系统与分时多任务操作系统有什么区别？

3．实时操作系统应具有哪些基本功能?

4．实时操作系统中的任务(Task)有哪几种基本状态?

5．请列举几种针对 51CPU 的实时操作系统。

6．RTX51 实时操作系统有哪两种不同的版本，它们之间有什么区别?

7．RTX51 是怎样在多个任务之间切换的?

8．μC/OS 是一种什么样的操作系统?

9．μC/OS-II 有哪些基本特点?

10．μC/OS-II 的内核主要包括哪些组成部分?

11．μC/OS 51 的移植主要涉及哪几个代码文件?

第9章 单片机应用系统的开发实例

本章导读

本章主要介绍单片机应用系统的一般开发步骤，并且通过实例介绍应用系统开发的全过程，帮助读者进一步理解单片机应用系统的开发过程与设计原则，使其对单片机应用系统的开发有更为清楚的整体认识。

本章内容要点：

- 单片机应用系统的开发步骤；
- 单片机应用系统的开发实例。

内容结构

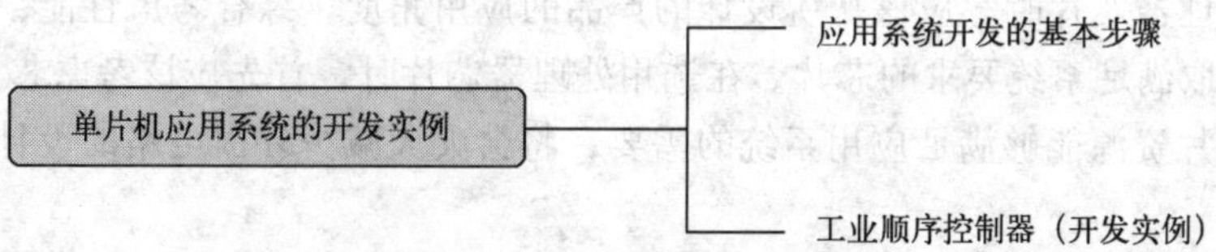

学习目标

通过学习本章内容，学生应该能够：

- 了解单片机应用系统的开发步骤；
- 完成一个简单的单片机应用系统的开发设计。

9.1 应用系统开发的基本步骤

应用系统开发的基本过程一般分为以下 5 个步骤：方案论证、硬件系统的设计、系统软件的设计、系统仿真调试和脱机运行。

9.1.1 方案论证

确定开发题目后，首先要进行方案调研，这个过程至关重要，制定出一个好的方案，会使后面的开发工作较为顺利。调研工作主要解决以下几个问题：

① 了解用户的需求，确定设计规模和总体框架。

"以应用为中心"是嵌入式系统的基本特点，在开发设计嵌入式系统时，必须充分体现"以应用为中心"这一特点，这就需要充分了解用户的需求。

首先，必须明确要设计的系统是用来干什么的，需要具备哪些功能。由此可以设置系统由哪些功能模块构成，从而确定系统的设计规模和总体框架。

其次，必须明确该系统的使用者是谁，他希望如何使用，画出使用流程图。由此可以确定系统的控制流程和软件模块。

② 摸清软硬件技术难度，明确技术主攻问题。

系统的设计规模和框架出来以后，明确系统由哪些（软硬件）功能模块构成，各个功能模块的实现存在哪些技术难题，从而明确技术的主攻问题。

③ 针对主攻问题开展调研工作，查找有关资料，确定初步方案。

如果存在技术难题，就要通过查找资料、调研分析，确定解决的初步方案。

④ 嵌入式应用开发技术是软硬件结合的技术，方案设计要权衡任务的软硬件分工。

有时硬件设计会影响到软件程序结构。如果系统中增加某个硬件接口芯片，而给系统程序的模块化带来了可能和方便，那么这个硬件开销是值得的。在无碍大局的情况下，以软件代替硬件正是计算机技术的长处。

⑤ 尽量采纳可借鉴的成熟技术，减少重复性劳动。

9.1.2 硬件系统的设计

硬件系统的设计主要包括处理器芯片的选择、各个功能部件的选择和接口的设计。

1. 处理器芯片的选择

在选用处理器芯片时，应该从所设计的产品的应用角度，综合考虑性能、成本、技术支持等因素，选取满足系统要求的芯片。在选用处理器芯片时，首先应该考虑芯片的在片资源，如果芯片的在片资源能够满足应用系统的需要，将会大大减少外围电路的设计，降低成本，减小体积。

2. 各个功能部件的选择

为了满足应用的需要，选择相应的输入/输出部件（如：数据采集系统的传感器、控制系统的伺服驱动部件、输入用的键盘、显示器等）。

3. 接口的设计

将硬件系统的各个功能模块与微处理器连接在一起，以构成满足对象全部要求的单片机硬件环境。

设计应用系统的硬件时，应注意以下几个方面：

① 从应用系统的总线观念出发，各局部系统和通道接口设计与微处理器要做到全局一盘棋。例如，芯片间的时间是否匹配，电平是否兼容，能否实现总线隔离缓冲等，避免"拼盘"战术。

② 尽可能选用符合微处理器用法的典型电路。

③ 尽可能采用新技术，选用新的元件及芯片。

选用集成度高的芯片，以减少芯片数量，缩小印制电路板面积。选用无黏合接口，如数据采集系统等集成度高、功能强的数字或模拟电路芯片，取代许多小规模集成电路芯片的集合。选用 PLD 可编程逻辑器件，取代部分电路设计。

④ 抗干扰设计是硬件设计的重要内容，如看门狗电路、去耦滤波、通道隔离、合理的印制电路板布线等。

⑤ 当系统扩展的各类接口芯片较多时，要充分考虑到总线驱动能力。当负载超过允许范围时，为了保证系统可靠工作，必须加总线驱动器。

⑥ 可用印制电路板辅助设计软件，如用 Protel 进行印制电路板的设计。

9.1.3　应用软件的设计

应用系统中任务的实现，最终是靠程序的执行来完成的。应用软件设计的好坏，将决定系统的效率和它的优劣。

应用软件的设计依据是使用流程。根据使用流程可以确定系统的控制流程和软件模块。

在设计软件时，需注意以下几个方面：

① 采用模块程序设计。模块程序是把一个较长的完整的程序（如监控程序），分成若干个小的功能程序模块，在分别进行独立设计、编程、调试之后，最终装配在一起，链接成一个完整的程序。模块化程序设计便于程序移植和修改。

② 采用自顶向下的程序设计

设计程序时，要首先根据使用的流程画出控制的流程，然后根据控制的流程设计系统的主程序。从属的程序或子程序用程序标志代替。当主程序编好后，再将标志扩展为从属程序或子程序。

③ 外围设备和外部事件尽量采用中断方式与 CPU 联络，这样，既便于系统模块化，也可提高程序效率。

④ 尽可能使用高级语言编程，这样可大大提高开发和调试效率。ARM 应用系统的程序设计，一般可基于某个嵌入式操作系统，采用 C 语言进行。

⑤ 尽量借鉴一些成熟的程序段。目前，已有一些实用子程序发表，设计程序时可适当使用，其中包括运行子程序和控制算法程序等。

9.1.4　软硬件调试

一个嵌入式应用系统，经过方案论证、硬件设计、印制电路板设计加工和焊接、软件的编写，还要进行软硬件的调试，验证理论设计的正确性。

在利用开发装置进行调试时，应先把硬件电路调通。硬件调试可采用分块调试的方法，先易后难，先局部调试，局部调试都通过后再进行总调。对硬件的分块调试可编制相应模块的测试程序，有的测试程序稍加改动就可成为功能模块程序。

在硬件基本调通，验证存储空间分配可行时，进行自顶向下的主程序的设计调试。程序的调试可以在 DEBUG 环境下进行，采用断点调试或连续调试的方法，通过程序执行过程中内存或有关寄存器的状态变化找出故障点，也可借助于仪器仪表测试电路的状态和波形来验证软硬件的正确性。

9.1.5　程序的下载

所有开发装置调试通过的程序，最终要下载到应用系统的程序存储器中，应用系统才能够脱机运行。

有时在开发装置上运行正常的程序，下载后脱机运行并不一定同样正常。若脱机运行有问题，需分析原因，例如，是否总线驱动功率不够，或是对接口芯片操作的时间不匹配等，将修改后的程序再次输入。

9.2 工业顺序控制器（开发实例）

9.2.1 方案论证

“以应用为中心”是嵌入式系统的基本特点，在开发设计嵌入式系统时，必须充分体现这一特点，这就需要充分了解用户的需求。

首先，必须明确要设计的系统是用来干什么的，需要具备哪些功能。由此可以设置系统由哪些功能模块构成，从而确定系统的设计规模和总体框架。

其次，必须明确该系统的使用者是谁，他希望如何使用，画出使用流程图。由此可以确定系统的控制流程和软件模块。

1. 了解用户的需求，确定设计规模和总体框架

(1) 系统的基本功能

在工业控制中，有一些连续的生产过程，按照顺序有规律地完成预定的动作，这类连续生产过程的控制称为顺序控制。例如，注塑机的工艺过程大致按“合模→注射→延时→开模→产伸→产退”的顺序动作。本课题要求设计一种工业顺序控制器。

首先需要明确：是设计一个专用的工业顺序控制器，还是一个通用的工业顺序控制器。

专用的工业顺序控制器是为某特定的工业控制设计，需要有明确的应用对象（应用目标），然后按照该应用对象的具体要求（循环控制的步数、每一步的延时值、每一步的输出值）来进行设计。

通用的工业顺序控制器可以用于不同的工业控制，为此需要有可供用户编程（由用户自己设置循环控制的步数、每一步的延时值、每一步的输出值）的功能。

在此，我们假定设计的目标是一个通用的工业顺序控制器。

(2) 系统的主要功能模块

由系统的基本功能，可以设置系统主要由一个控制模块、一个用户编程模块、一个存储器模块、一个键盘输入模块和一个输出驱动模块构成。

- 控制模块：系统的控制中心，用来控制系统的操作与运行。
- 用户编程模块：由用户自己设置循环控制的步数、每一步的延时值、每一步的输出值。
- 存储器模块：用来存放用户编程设置数据。
- 键盘输入模块：用于操作者对机器的控制操作。
- 输出驱动模块：用来实现对机器的控制。

(3) 系统的组成框图

根据系统的功能要求，可以得到系统的组成框图，如图 9-1 所示。

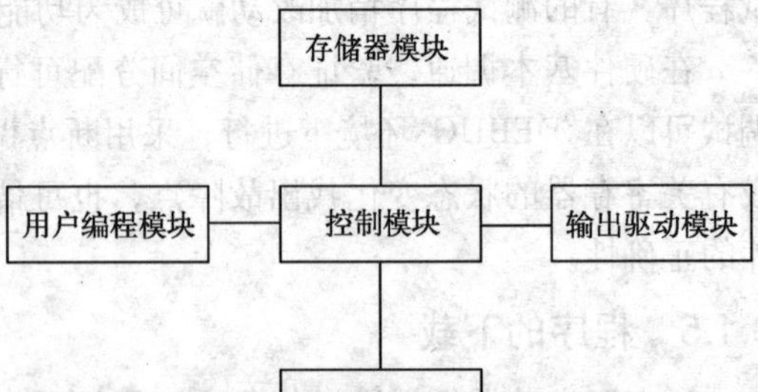

图 9-1 通用的工业顺序控制器系统框图

2. 顺序控制器的操作流程

必须明确该模块如何使用，画出使用流程图。由此，可以确定系统的控制流程和软件模块。

(1) 使用方法

顺序控制器在通电后，首先要确定是用户编程还是自动运行，这两个状态的确定可以由一个转换开关来控制。

① 用户编程状态下的操作：

在用户编程状态下，用户可以通过编程器来设定循环控制的步数、每一步的延时值，每一步的输出值。

编程器主要由数码显示器和键盘构成，参考界面如图 9–2 所示。数码显示器用来显示当前编程的步序号、延时时间和输出值；键盘用来设置当前编程步序的延时时间和输出值。

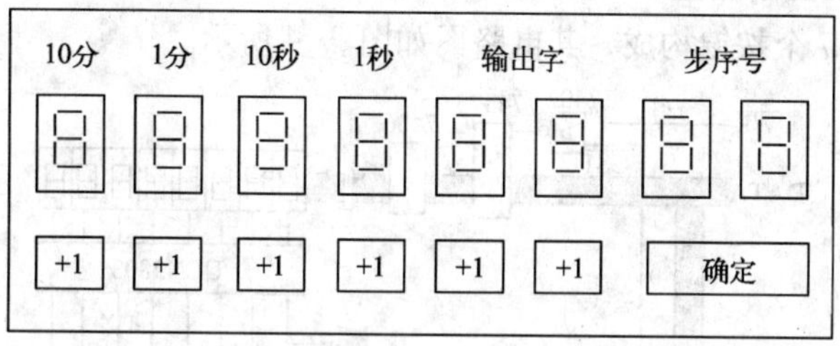

图 9–2　编程器界面

刚进入编程操作时，显示器显示全部为“0”，用户通过按+1 键，来设置当前编程步序的延时时间和输出值。按一次+1 键，相应的数码显示+1，时间“分”、“秒”采用六十进制，两位输出字分别采用十六进制，步序号采用十进制。按“确定”键，进入下一步。

② 自动运行状态下的操作：

进入自动运行状态，系统首先关闭输出。用户可以通过“启动/停止”键启动系统工作，启动后系统自动地按照用户编程设置参数进行循环顺序控制。在工作过程中，用户可以通过“启动/停止”键停止系统工作，也可以通过“暂停/恢复”键暂停或恢复系统的工作。

（2）使用流程

根据使用，可以画出使用流程图，如图 9–3 所示。

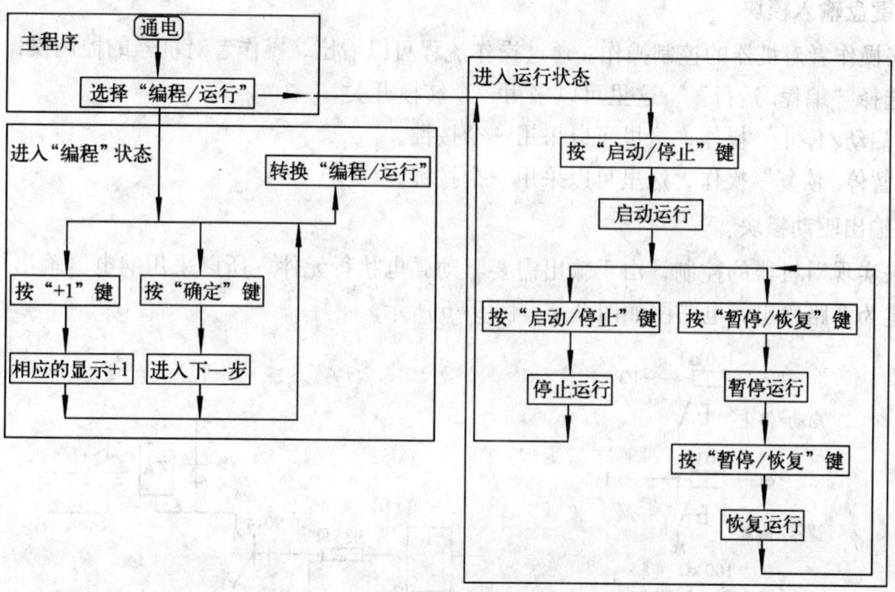

图 9–3　使用流程图

9.2.2　硬件系统的设计

硬件系统的设计主要包括处理器芯片的选择、各个功能部件的选择和接口的设计。

1. 控制模块的选择

这里没有接口的特殊要求，所以选用处理器芯片比较简单，可以从价格和可靠性方面考虑，选择一般的 51 单片机即可。例如，选择 AT89S51。

2. 用户编程模块的设计

用来由用户自己设置循环控制的步数、每一步的延时值，每一步的输出值。编程模块主要由 8 位 LED 数码管和 7 个按键构成，其电路图如图 9-4 所示。

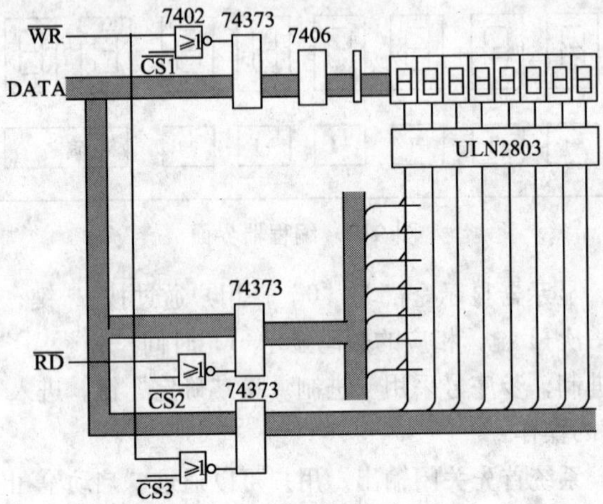

图 9-4 编程模块电路图

3. 存储器模块

用来存放用户编程设置数据，这里可以采用 28C64 扩展片外 RAM。

4. 键盘输入模块

用来操作者对机器的控制操作。通过操作流程可以看出，操作者对机器的控制操作有 3 种：

- 选择“编程/运行”，这里可以采用一个转换开关。
- “启动/停止”操作，这里可以采用一个按键。
- “暂停/恢复”操作，这里可以采用一个按键。

5. 输出驱动模块

用来实现对机器的控制，由于输出需要驱动强电执行元件，所以采用继电器输出驱动。本设计确定为 8 路输出，电路图如图 9-5、图 9-6 所示。

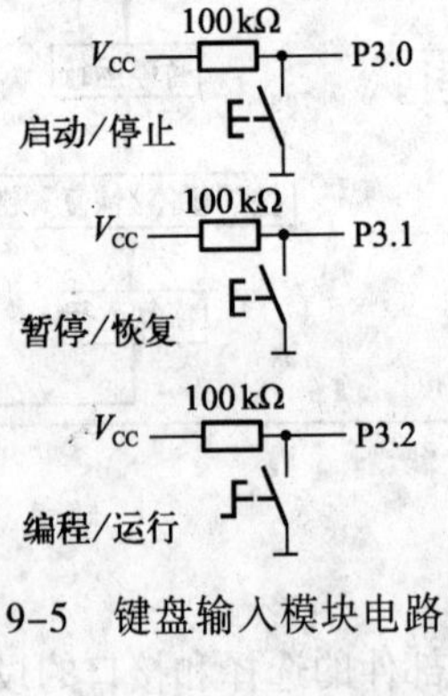

图 9-5 键盘输入模块电路图

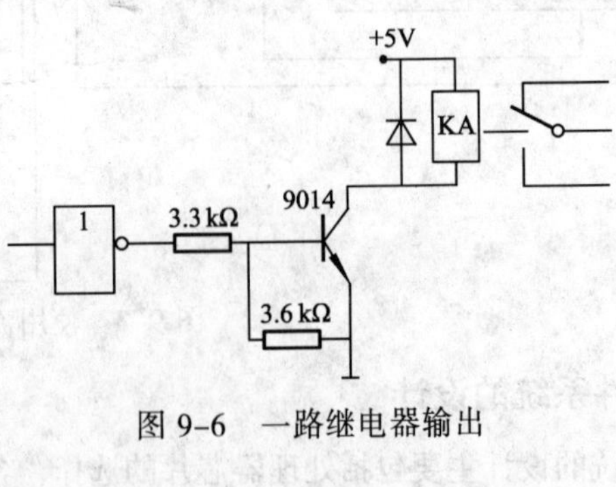

图 9-6 一路继电器输出

6．接口的设计

将硬件系统的各个功能模块与微处理器连接在一起，以构成满足对象全部要求的单片机硬件环境。

编程模块通过数据总线与单片机连接，显示的段选控制—CS1、位选控制—CS3 和键盘输入控制信号分别连接地址译码电路，分别由地址 4000H、6000H、8000H 控制选通。

存储器模块也通过数据总线与单片机连接，分配地址空间为 0000～1FFFH。

键盘输入模块的 3 个按键分别连接单片机的 P3.0、P3.1 和 P3.2 口。

输出驱动模块连接单片机的 P1 口。

9.2.3　应用软件的设计

应用系统中任务的实现，最终是靠程序的执行来完成的。应用软件设计的好坏，将决定系统的效率和优劣。

应用软件的设计依据是使用流程。根据使用流程可以确定系统的控制流程和软件模块。根据顺序控制器的操作流程可以确定，本系统软件主要由 4 个模块构成：主程序、编程控制模块、运行控制模块和定时器中断服务模块。

1．主程序

主程序的任务首先是进行初始化，然后根据“编程/运行”开关的状态判别，进入“编程状态”或“运行状态”。

初始化的工作主要包括：

- 关闭输出；
- 设置定时计数器 0。

作为计时的基准，需要有秒信号，由于定时器不能直接产生秒信号，所以采用软件计数器辅助。首先，将定时器 0 设置为 100 ms 产生一次中断，每次中断都让软件计数单元+1，加到 10，1s 时间到。

- 开定时器 0 中断。

根据主程序的操作流程，可以确定主程序的控制流程，如图 9–7 所示。

主程序设计如下：

```
STAR: MOV P1, #0FFH          ;关闭输出
      MOV TMOD,#01H          ;定时器 0 设置为方式 1，软件启动
      MOV TH0,#3DH           ;假定时钟频率为 6 MHz，定时为 100 ms
      MOV TL0,#B0H
      MOV IE,#82H            ;开定时器 0 中断
      JNB P3.2, PRO          ;转入“编程状态”
RUN:                         ;进入“运行状态”
```

2．编程控制模块

根据编程状态的操作流程，可以确定编程操作的控制流程，如图 9–8 所示。

其中，确定 8 个 LED 数码管的显示缓存和按键的键值如下：

8 个 LED 数码管的显示缓存对应如下：

10 分	70H
1 分	71H
10 秒	72H

1 秒	73H
输出字高位	74H
输出字低位	75H
步序号十位	76H
步序号个位	77H

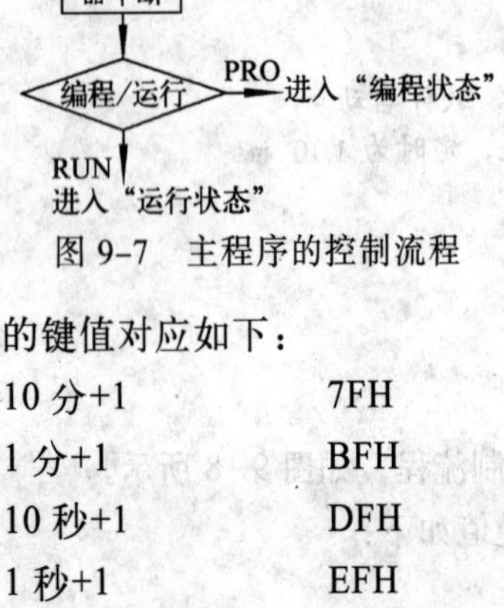

图 9-7 主程序的控制流程

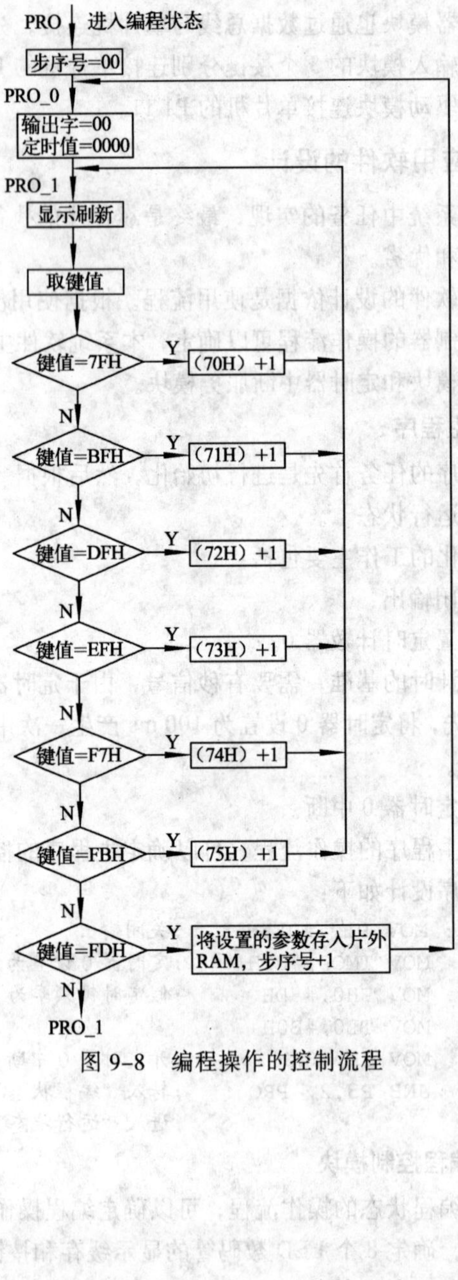

图 9-8 编程操作的控制流程

按键的键值对应如下：

10 分+1	7FH
1 分+1	BFH
10 秒+1	DFH
1 秒+1	EFH
输出字高位+1	F7H
输出字低位+1	FBH
确认	FDH

根据控制流程，设计程序如下：

```
PRO: MOV 77H, #0
    MOV 76H, #0
PRO_0: MOV 75H, #0
    MOV 74H, #0
    MOV 73H, #0
    MOV 72H, #0
    MOV 71H, #0
    MOV 70H, #0
PRO_1: LCALL DISP        ;显示刷新
    LCALL SCAN_KEY       ;取键值
    CJNE A,#7FH,KEY1
    MOV R0,#70H
    LCALL DIS1_6
    LJMP PRO_1
KEY1: CJNE A,#0BFH,KEY2
    MOV R0,#71H
    LCALL DIS1_10
    LJMP PRO_1
KEY2:CJNE A,#0DFH,KEY3
    MOV R0,#70H
    LCALL DIS1_6
    LJMP PRO_1
KEY3: CJNE A,#0EFH,KEY4
    MOV R0,#71H
    LCALL DIS1_10
    LJMP PRO_1
KEY4:CJNE A,#0F7H,KEY5
    INC 74H
    LJMP PRO_1
KEY5: CJNE A,#0FBH,KEY6
    INC 75H
    LJMP PRO_1
KEY6:CJNE A,#0FDH, PRO_1
    MOV R0,#76H
    LCALL D_10_2
    MOV R2, A
    RL A
    ADD A,R2
    MOV DPH,#0
    JNC L3
    ADD DPH,#1
L3: MOV DPL,A
    MOV R0,#70H
    LCALL D_10_2        ;写“分”
    MOVX @DPTR,A
    INC R0
    INC DPTR
```

```
    LCALL D_10_2            ;写"秒"
    MOVX @DPTR,A
    INC DPTR
    MOV A,74H
    SWAP A
    ADD A,75H
    MOVX @DPTR,A            ;写控制字
    MOV R0,#77H
    LCALL DIS1_10
    JNZ L4
    MOV R0,#76H
    LCALL DIS1_10
L4: LJMP PRO_0
; 六进制+1 子程序
DIS1_6: MOV A,@R0
    INC A
    CJNE A,#6,L1
    CLR A
L1: MOV @R0,A
    RET
;十进制+1 子程序
DIS1_10: MOV A,@R0
    INC A
    CJNE A,#10,L2
    CLR A
L2: MOV @R0,A
    RET
;地址生成子程序
D_10_2: MOV A,@R0
    RL A
    MOV R2,A
    INC A
    INC A
    ADD A,R2
    INC R0
    ADD A,@R0
    RET
;取键值子程序
SCAN_KEY: MOV A,#0FFH
    MOV DPTR, #4000H
    MOVX @DPTR,A
    MOV DPTR, #6000H
    MOVX @DPTR,A
    MOV DPTR, #8000H
    MOVX A, @DPTR
RET
;显示刷新子程序
DISP: MOV   A,#0FFH
    MOV DPTR,#4000H
```

```
    MOVX     @DPTR,A
    MOV R0,#70H
    MOV R3,#01H
DIS1:   MOV  A,R3
DIS2:   MOV  DPTR,#6000H
    MOVX     @DPTR,A
    MOV A,@R0
    ADD A,#19H
    MOVC     A,@A+PC
    MOV DPTR,#4000H
    MOVX     @DPTR,A
    ACALL   DELA
    INC R0
    MOV A,R3
    JB  ACC.7,DIS3
    RL  A
    MOV R3,A
    AJMP    DIS2
DIS3:   RET
DELA:   MOV R7,#01H
DEL1:   MOV R6,#0FFH
DEL2:   DJNZ  R6,DEL2
    DJNZ      R7,DEL1
    RET
    DB  0C0H,0F9H,0A4H,0B0H,99H,92H,82H,0F8H  ;0、1、2、3、4、5、6、7
    DB  80H,90H,88H,83H,0C6H,0A1H,86H,8EH  ;8、9、A、B、C、D、E、F
    DB  0BFH,0FFH    ;-、全灭、
```

3. 运行控制模块

根据运行状态的操作流程，可以确定运行操作的控制流程，如图 9-9 所示。

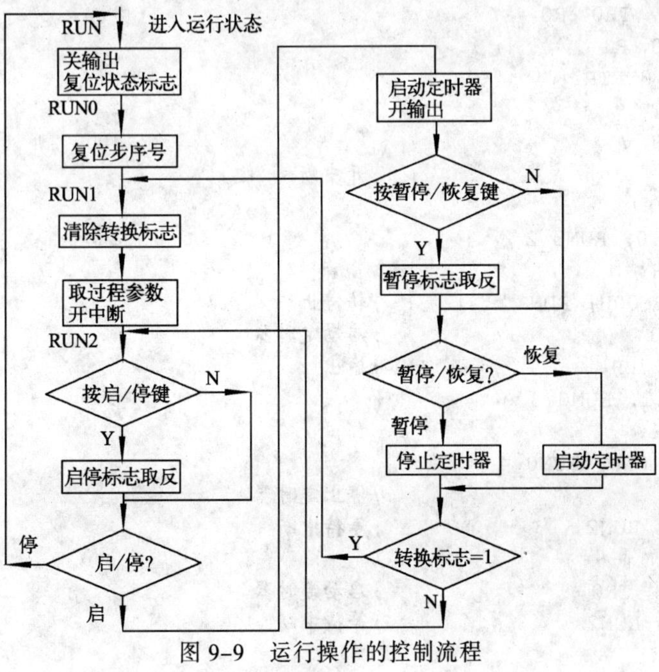

图 9-9　运行操作的控制流程

其中，定义了几个状态标志和缓存如下：

状态标志	缓存	
00H 启停标志	79H	定时参数“分”
0__停止	7AH	定时参数“秒”
1__启动	7BH	输出控制字
01H 暂停标志	7CH	步序号
0__运行	78H	软件计数器
1__暂停		
02H 转换标志		
0__不转换		
1__转换		

根据控制流程，设计程序如下：

```
RUN: MOV P1, #0FFH                     ;关输出
   MOV 20H, #0                         ;复位状态标志
RUN0: MOV   DPTR, #0
   MOV 7CH, #0                         ;复位步序号
RUN1: CLR   02H                        ;清除转换标志
   MOVX  A, @DPTR
   MOV   R0, A
   INC   DPTR
   MOVX  A, @DPTR
   INC   DPTR
   MOV   R1, A
   ADD   A, R0
   JNZ   RUN0_1                        ;表是否查完
   AJMP  RUN0                          ;是
RUN0_1: MOV   TH0, R0
   MOV   TL0, R1
   MOVX  A, @DPTR
   INC   DPTR
   MOV   7BH, A
   SETB  EA                            ;开中断
   SETB  ET0
RUN2: JB P3.0, RUN0_2
   CPL   00H
RUN0_2:  JNB 00H, RUN                  ;转停止
   SETB  TR0                           ;启动定时器
   MOV   P1,7BH                        ;输出
   JB    P3.1, RUN0_3
   CPL   01H
RUN0_3: JNB 01H, RUN0_4
   CLR  TR0                            ;停止定时器
   JNB  02H, RUN2                      ;等待中断
   AJMP  RUN1
RUN0_4: SETB  TR0                      ;启动定时器
   JNB  02H, RUN2                      ;等待中断
   AJMP  RUN1
```

4．定时器中断服务模块

定时器中断服务的基本任务是：判别延时时间是否到，若时间到，则置转换标志(02H)=1。由于定时器 0 每 0.1S 产生一次中断，根据任务可以确定中断服务的控制流程，如图 9−10 所示。

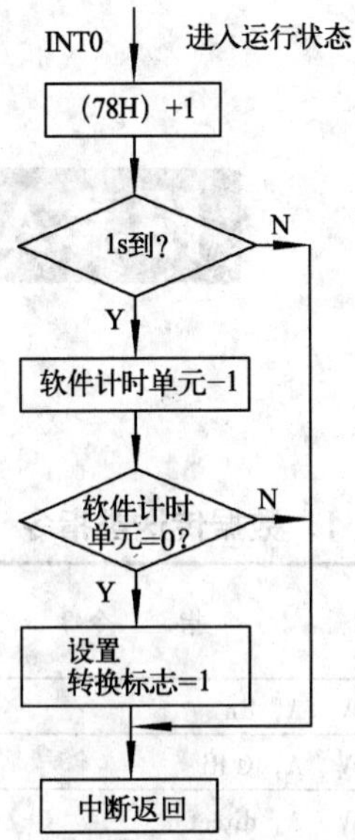

图 9-10　中断服务的控制流程

根据控制流程，设计程序如下：

```
INT0: MOV R0,#78H
    INC @R0
    CJNE @R0, #10, INT0_1
    RETI
INT0_1: MOV A,7AH
    CJNE A, #0, INT0_2
    MOV 7AH, #59
    DEC 79H
    AJMP INT0_3
INT0_2: DEC 7AH
INT0_3: MOV A, 79H
    ADD A,7AH
    JNZ INT0_4
    SETB 02H
INT0_4: RETI
```

小结

本章通过系统设计实例，详细地介绍了一个单片机应用系统的开发过程，从系统选题、需求分析、系统的软硬件设计及调试等方面都作了详细地介绍。希望本章内容能为大家在今后学习、工作过程中的系统开发有一定的帮助，并能快速、正确、高效地进行系统开发。

习题

1．应用系统开发的基本过程一般可分为哪几个过程？

2．嵌入式系统的基本特点是“以________为中心”。

3．系统方案设计的依据是什么？

4．硬件系统的设计主要包括哪几项工作？

5．应用软件的设计依据是什么？

附录A 51单片机指令速查表

1．数据传送类指令

指 令	字节数	周期数	对标志位的影响			
			Cy	AC	OV	P
MOV A，Rn	1	1	×	×	×	√
MOV A，@Ri	1	1	×	×	×	√
MOV A，direct	2	1	×	×	×	√
MOV A，#Data	2	1	×	×	×	√
MOV direct，# Data	3	2	×	×	×	×
MOV direct，A	2	1	×	×	×	×
MOV direct，Rn	2	2	×	×	×	×
MOV direct，@Ri	2	2	×	×	×	×
MOV direct，direct	3	2	×	×	×	×
MOV Rn，A	1	1	×	×	×	×
MOV Rn，direct	2	2	×	×	×	×
MOV Rn，# Data	2	1	×	×	×	×
MOV @Ri，A	1	1	×	×	×	×
MOV @Ri，direct	2	2	×	×	×	×
MOV @Ri，# Data	2	1	×	×	×	×
MOV DPTR，# Data16	3	2	×	×	×	×
MOVX A，@Ri	1	2	×	×	×	√
MOVX @Ri，A	1	2	×	×	×	×
MOVX A，@DPTR	1	2	×	×	×	√
MOVX @DPTR，A	1	2	×	×	×	×
MOVC A，@A + DPTR	1	2	×	×	×	√
MOVC A，@A+PC	1	2	×	×	×	√
PUSH direct	2	2	×	×	×	×
POP direct	2	2	×	×	×	×
XCH A，Rn	1	1	×	×	×	√
XCH A，direct	2	1	×	×	×	√
XCH A，@Ri	1	1	×	×	×	√
XCHD A，@Ri	1	1	×	×	×	√
SWAPA	1	1	×	×	×	√

2. 算术运算类指令

指　令	字节数	周期数	对标志位的影响			
			Cy	AC	OV	P
INC　A	1	1	×	×	×	√
INC　Rn	1	1	×	×	×	×
INC　@Ri	1	1	×	×	×	×
INC　direct	2	1	×	×	×	×
INC　DPTR	1	2	×	×	×	×
DEC　A	1	1	×	×	×	√
DEC　Rn	1	1	×	×	×	×
DEC　@Ri	1	1	×	×	×	×
DEC　direct	2	1	×	×	×	×
ADD　A，Rn	1	1	√	√	√	√
ADD　A，@Ri	1	1	√	√	√	√
ADD　A，# Data	2	1	√	√	√	√
ADD　A，direct	2	1	√	√	√	√
ADDC　A，Rn	1	1	√	√	√	√
ADDC　A，@Ri	1	1	√	√	√	√
ADDC　A，# Data	2	1	√	√	√	√
ADDC　A，direct	2	1	√	√	√	√
SUBB　A，Rn	1	1	√	√	√	√
SUBB　A，@Ri	1	1	√	√	√	√
SUBB　A，# Data	2	1	√	√	√	√
SUBB　A，direct	2	1	√	√	√	√
DA　A	1	1	√	×	×	√
MUL　AB	1	4	0	×	√	√
DIV　AB	1	4	0	×	√	√

3. 逻辑运算类指令

指　令	字节数	周期数	对标志位的影响			
			Cy	AC	OV	P
CLR　A	1	1	×	×	×	0
CPL　A	1	1	×	×	×	√
RL　A	1	1	×	×	×	√
RR　A	1	1	×	×	×	√
RLC　A	1	1	√	×	×	√
RRC　A	1	1	√	×	×	√
ANL　A，Rn	1	1	×	×	×	√
ANL　A，@Ri	1	1	×	×	×	√

续表

指　　令	字节数	周期数	对标志位的影响			
			Cy	AC	OV	P
ANL　A，direct	2	1	×	×	×	√
ANL　A，# Data	2	1	×	×	×	√
ORL　A，Rn	1	1	×	×	×	√
ORL　A，@Ri	1	1	×	×	×	√
ORL　A，direct	2	1	×	×	×	√
ORL　A，# Data	2	1	×	×	×	√
XRL　A，Rn	1	1	×	×	×	√
XRL　A，@Ri	1	1	×	×	×	√
XRL　A，direct	2	1	×	×	×	√
XRL　A，# Data	2	1	×	×	×	√
ANL　direct，A	2	1	×	×	×	×
ANL　direct，# Data	3	2	×	×	×	×
ORL　direct，A	2	1	×	×	×	×
ORL　direct，# Data	3	2	×	×	×	×
XRL　dirrect，A	2	1	×	×	×	×
XRL　direct，# Data	3	2	×	×	×	×

4. 控制程序转移类指令

指　　令	字节数	周期数	对标志位的影响			
			Cy	AC	OV	P
LJMP　addr	3	2	×	×	×	×
AJMP　addr	2	2	×	×	×	×
SJMP　rel	2	2	×	×	×	×
JMP　@A + DPTR	1	2	×	×	×	×
LCALL　addr	3	2	×	×	×	×
ACALL　addr	2	2	×	×	×	×
RET	1	2	×	×	×	×
JZ　rel	2	2	×	×	×	×
JNZ　rel	2	2	×	×	×	×
CJNE　A，direct，rel	3	2	√	×	×	×
CJNE　A，#Data，rel	3	2	√	×	×	×
CJNE　Rn，#Data，rel	3	2	√	×	×	×
CJNE　@Ri，#Data，rel	3	2	√	×	×	×
DJNZ　Rn，rel	2	2	×	×	×	×
DJNZ　direct，rel	3	2	×	×	×	×

5. 位处理类指令

指令	字节数	周期数	对标志位的影响			
			Cy	AC	OV	P
MOV C, bit	2	1	√	×	×	×
MOV bit, C	2	2	×	×	×	×
CLR C	1	1	0	×	×	×
CLR bit	2	1	×	×	×	×
CPL C	1	1	√	×	×	×
CPL bit	2	1	×	×	×	×
SETB C	1	1	1	×	×	×
SETB bit	2	1	×	×	×	×
ANL C, bit	2	2	√	×	×	×
ANL C, /bit	2	2	√	×	×	×
ORL C, bit	2	2	√	×	×	×
ORL C, /bit	2	2	√	×	×	×
JC rel	2	2	×	×	×	×
JNC rel	2	2	×	×	×	×
JB bit, rel	3	2	×	×	×	×
JNB bit, rel	3	2	×	×	×	×
JBC bit, rel	3	2	×	×	×	√

6. 空操作指令

指令	字节数	周期数	对标志位的影响			
			Cy	AC	OV	P
NOP	1	1	×	×	×	×

附录B 51单片机指令操作码速查表

L / H	0	1	2	3	4	5	6～7	8～F
0	NOP	AJMP addr8	LJMP addr16	RR A	INC A	INC direct	INC @Ri	INC Rn
1	JBC bit,rel	ACALL addr8	LCALL addr16	RRC A	DEC A	DEC direct	DEC @Ri	DEC Rn
2	JB bit,rel	AJMP addr8	RET	RL A	ADD A,#Data	ADD A, direct	ADD A, @Ri	ADD A, Rn
3	JNB bit,rel	ACALL addr8	RETI	RLC A	ADDC A,#Data	ADDC A, direct	ADDC A, @Ri	ADDC A, Rn
4	JC rel	AJMP addr8	ORL direct,A	ORL direct,#Data	ORL A,#Data	ORL A, direct	ORL A, @Ri	ORL A, Rn
5	JNC rel	ACALL addr8	ANL direct,A	ANL direct,#Data	ANL A,#Data	ANL A, direct	ANL A, @Ri	ANL A, Rn
6	JZ rel	AJMP addr8	XRL direct,A	XRL direct,#Data	XRL A,#Data	XRL A, direct	XRL A, @Ri	XRL A, Rn
7	JNZ rel	ACALL addr8	ORL C,bit	JMP @A+DPTR	MOV A,#Data	MOV direct, #Data	MOV @Ri, #Data	MOV Rn, #Data
8	SJMP rel	AJMP addr8	ANL C,bit	MOVC A, @A+PC	DIV AB	MOV direct, direct	MOV direct, @Ri	MOV direct, Rn
9	MOV DPTR,#Data 16	ACALL addr8	MOV bit,C	MOVC A, @A+DPTR	SUBB A,#Data	SUBB A, direct	SUBB A, @Ri	SUBB A, Rn
A	ORL C,bit	AJMP addr8	MOV C,bit	INC DPTR	MUL AB		MOV @Ri,direct	MOV Rn,direct
B	ANL C,bit	ACALL addr8	CPL bit	CPL C	CJNE A, #Data,rel	CJNE A, direct,rel	CJNE @Ri, direct,rel	CJNE Rn, direct,rel
C	PUSH direct	AJMP addr8	CLR bit	CLR C	SWAP A	XCH A, direct	XCH A, @Ri	XCH A, Rn
D	POP direct	ACALL addr8	SETB bit	SETB C	DA A	DJNZ direct,rel	XCHD A, @Ri	DJNZ Rn ,rel
E	MOVX A,@DPTR	AJMP addr8	MOVX A,@R0	MOVX A,@R1	CLR A	MOV A, direct	MOV A, @Ri	MOV A, Rn
F	MOVX @DPTR,A	ACALL addr8	MOVX @R0,A	MOVX @R1,A	CPL A	MOV direct,A	MOV @Ri,A	MOV Rn ,A

参 考 文 献

[1] 蔡美琴，等．MCS-51系列单片机系统及其应用[M]．北京：高等教育出版社，1999．

[2] 余永权，等．89系列Flash单片机原理及应用[M]．北京：电子工业出版社，1997．

[3] 陈光初，等．单片微型计算机原理与接口技术[M]．武汉：华中科技大学出版社，1999．

[4] 张仕斌．单片机原理及应用[M]．北京：高等教育出版社，2003．

[5] 谢永宁．51嵌入式系统教程[G/OL]．2005．北京：http://ishare.iask.sina.com.cn/f/5509517.html．

[6] 马长林，等．单片机实践应用与技术[M]．北京：清华大学出版社，2008．

[7] 穆兰，等．单片微型计算机原理与接口技术[M]．北京：机械工业出版社，2006．

[8] 华邦电子公司．华邦 8 位单片机-8051 内核系列[G/OL]．2004．http://wenku.baidu.com/view/16fab3c52cc 58bd63186bd91.html?from=rec&pos=1&weight=27&lastweight=11&count=5．

[9] 新华龙电子有限公司．Cygnal C8051F 单片机开发[G/OL]．2010．http://wenku.baidu.com/view/7c35fdce 0508763231121287.html．

[10] Cypress 公司．CY7C68013 器件中文手册[G/OL].2010.http://wenku.baidu.com/view/07a3e6f9aef8941ea 76e05a0.html?from=rec&pos=2&weight=25&lastweight=15&count=5．

[11] 百度百科．8255芯片[G/OL].2011.http://baike.baidu.com/view/1684872.htm．

[12] 百度百科．8155[G/OL]．2011.http://baike.baidu.com/view/3480130.html．

[13] 百度百科．8279芯片[G/OL] .2011.http://baike.baidu.com/view/3024183.htm．

[14] 百度百科．DAC0832[G/OL] .2011.http://baike.baidu.com/view/2525920.htm．

[15] 百度百科．《ADC0809[G/OL] .2011.http://baike.baidu.com/view/1595179.htm．

Learn more about it!

笔记栏